中国科学院大学研究生教材系列

计 算 声 学

张海澜　著

科 学 出 版 社
北 京

内 容 简 介

随着科学技术的发展，数值计算在声学研究中的应用越来越广泛，计算声学已逐渐成为声学研究的一个重要分支。本书介绍计算声学多种方法的基本原理和实际步骤，主要包括角谱方法、有限差分法、射线跟踪法、有限元方法、格子气自动机及非线性声学的数值计算。重点介绍如何把基本的物理问题变换为计算机能够处理的形式，再选用合适的计算方法解决问题，同时给出了具体计算实例的源码，以方便读者学习和使用。

本书可作为研究生计算声学课的教材，也可以供相关专业人员参考，以了解计算声学的概貌。

图书在版编目(CIP)数据

计算声学/张海澜著. —北京: 科学出版社, 2021.6

中国科学院大学研究生教材系列

ISBN 978-7-03-068967-2

Ⅰ. ①计…　Ⅱ. ①张…　Ⅲ.①声学-计算-研究生-教材　Ⅳ. ①O42

中国版本图书馆 CIP 数据核字 (2021) 第 106917 号

责任编辑: 刘凤娟　郭学雯／责任校对: 杨　然
责任印制: 吴兆东／封面设计: 陈　敬

科学出版社 出版
北京东黄城根北街 16 号
邮政编码: 100717
http://www.sciencep.com
北京建宏印刷有限公司印刷
科学出版社发行　各地新华书店经销
*
2021 年 6 月第　一　版　开本: 720×1000　B5
2025 年 1 月第三次印刷　印张: 13 1/2
字数: 265 000
定价: 99.00 元
(如有印装质量问题, 我社负责调换)

前　言

声学与人类生活和生产实践密切相关，应用遍及许多领域。它的历史十分久远，而当前发展又很迅速，充满了新鲜的活力。传统的声学理论通常只能针对比较简单的情况得到解析结果，对于大量复杂的实际问题很难得到定量的结果。计算机出现后，数值计算被用于声学研究，得到了许多重要的结果。随着计算机的飞速发展，许多以前难以想象的计算，今天在个人计算机上几分钟就可以完成，数值计算成为研究声学的有力工具，一方面可以对解析的理论结果做大量的计算，得到直观形象的定量结果，总结规律，提高研究水平；另一方面可以计算没有解析结果的复杂问题，为解决实际问题提供依据。在这个过程中，计算方法方面的研究不断深入，新的方法不断出现，有关的计算理论不断发展。现在，数值计算已经成为与理论分析和实验并列的三大研究手段之一，计算声学已经成为一门新兴的重要的声学分支。

过去五年来，作者在中国科学院大学讲授计算声学，介绍计算声学多种方法的基本原理和实际步骤，包括角谱方法、有限差分法、射线跟踪法、有限元方法、格子气自动机及非线性声学的数值计算。本书是在这门课讲义的基础上整理而成的，主要介绍计算声学的基本概念和思路，重点是如何把基本的物理问题变换为计算机能够处理的形式，再选用合适的计算方法解决问题。学生通过课堂学习和对实际问题的计算，了解计算声学的研究现状，掌握基本数值计算的方法，为今后的科研工作打好基础。

作者在教学和编写书稿过程中，得到了中国科学院声学研究所、中国科学院大学物理科学学院许多老师和同学，以及科学出版社编辑的鼓励和帮助，纠正了很多错误。中国科学院声学研究所李超老师完成了课堂讲义到书稿的整理和修正，并补充了部分复习题内容，此外，本书的出版得到了中国科学院大学教材出版中心的资助，在此一并表示感谢。

计算声学内容丰富，发展迅速，选材编书困难很大，书中不妥之处在所难免，希望得到读者的指正。

作　者

2020 年 12 月于北京

目　录

绪　论

0.1 计算声学

声，就是声音，通常指人耳能够感觉到的空气振动。广义地说，声音是各种弹性介质中的机械波，包括人耳不能感知的超声波和次声波。

声和我们的关系非常密切。语音和音乐伴随着我们的生活，噪声令人讨厌，甚至危害健康。大自然中充满了各种各样的声音，如风雨雷声、各种动物的叫声、江河湖海的水声等。随着科学技术的发展，音响的录放处理、噪声控制、超声治疗和诊断、工业超声检测和加工、水下声呐、语音处理和通信等在人类生活中的作用越来越大。

研究声音的性质及其发生、传播、接收、与介质相互作用的规律的学科就是声学，它是物理学的一个分支，是物理学中历史最悠久而当前仍然十分活跃的一个学科。

声学的研究方法大致可以分为三类。其中，传统的方法是实验和理论分析。实验是声学研究的最基本方式，它通过对自然和人为的声学现象的观察、控制、测量、记录和分析，总结出声学的规律，应用到不同的领域。理论分析是根据物理学的基本原理，对声学现象作深入分析，建立数学方程，应用数学方法求得声场的解析解。在声学理论研究中最常用的数学方法是求解偏微分方程，由于对有些困难的问题无法得到解析解，理论研究中发展了许多近似方法。理论分析得到的这些结果使我们对声学现象的认识更加深刻，更加系统。理论与实验方法结合，形成了传统的声学理论体系。

但是，在许多的实际问题中，声波传播介质是复杂的，传播路径、目标等的形状是不规则的。对于这样的声学问题，理论分析常常得不到解析解和近似解，实验研究耗时耗力，难以得到规律性的结论，这是传统声学长期面临的困难。随着计算机和计算科学的发展，人们试图采用数值计算方法来研究这样的复杂问题。近年来，计算技术发展很快。几十年前，算盘和对数计算尺等机械式计算器还是主要的计算工具 (图 0.1)，那时的数值计算研究水平非常低，基本上是理论研究结果的少量计算例子，只作为理论研究的附属，不能成为一个重要的方面。现在计算机性能日新月异，许多以前难以想象的计算，今天在个人计算机 (PC) 上几分钟就可以完成。同时计算方法和软件开发也在不断进步，促进了数值计算的飞速发展。一方面，可以对理论结果做大量的计算，得到直观形象的定量结果，总结规律, 加深对理论结果的理解；另一方面，可以计算没有解析结果的复杂问题，为实际问题提供依据。利用数值计算研究的问题越来越多，当前数值计算已经应用到声学研究的各个领域，成为连接声学理论研究和实际应用的桥梁。数值计算的采用对计算方法提出了许多新的问题，新的方法不断出现，有关的计算理论不断发展，逐渐成为一个新兴的分支学科——计算声学。

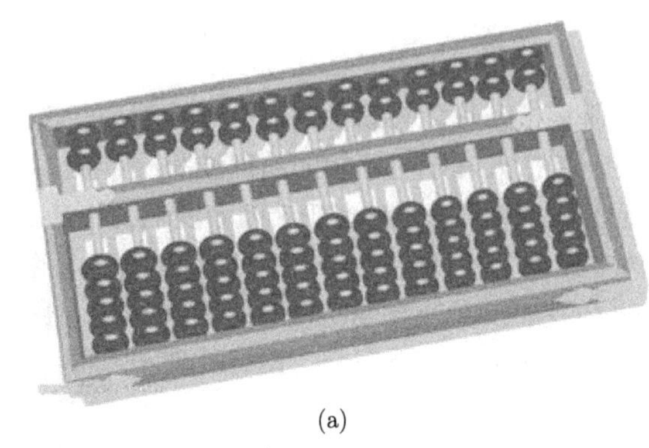

(a)

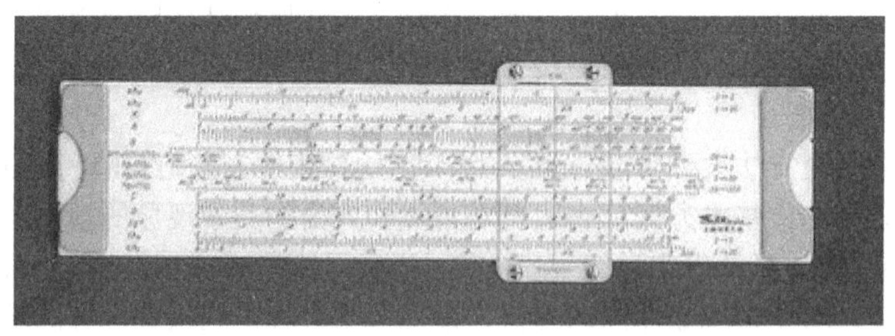

(b)

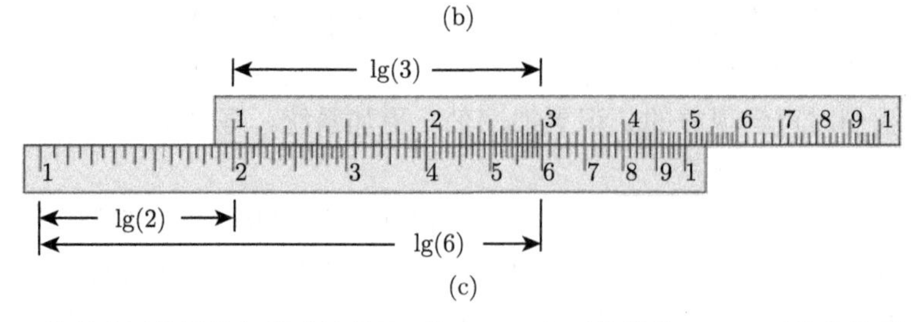

(c)

图 0.1　曾经广泛使用的机械式计算器: 算盘 (a) 和对数计算尺 (b) 及其计算原理 (c)

0.2　本书的内容和重点

用数值计算的方法研究声学，需要考虑一些问题。第一，经过几十年的发展，计算方法本身已经成为一门庞大的独立分支学科，内容繁多，许多算法已经有了成熟的软件。从事计算声学的研究，主要考虑的是如何把声学问题变换为计算机能够处理的形式，再选用合适的计算方法和软件解决问题。第二，在实际科研工作中运用数值计算的一个重要而比较困难的问题是对计算结果正确性的判断。算法设计中总有许多近似，这些近似是否合理，牵涉到对研究的声学问题和采用的近似假设是否有足够的认识，这个问题需要在长期的研究过程中不断考虑和积累。第三，在运用算法和程序编写的过程中总会有许多错误，许多软件提供了检查和纠错的功能，但是一般只能查出比较低级的语法错误。检查程序的正确性有一些常用的方法，例如，不同方法的计算结果的对比，对有已知结果的简单问题进行计算。但这些方法也不能完全解决问题，只能靠长期研究积累经验。在分析结果的正确性时不放过任何疑点，查找出错误并分析出原因，往往会大大提高运用计算方法的水平。第四，应用中的另一个重要问题是对结果的分析，如何从计算结果中提取有用的物理规律，提出新的研究问题，也是反映研究水平的一个标志，这方面的分析必须与理论分析和实验研究紧密结合，才能得到好的效果。

考虑这些问题不但需要深入分析声学问题，而且要掌握各种算法的原理、性能和误差，这些都是计算声学课程的主要内容。随着各种计算软件的发展，计算声学研究的主要任务不再是编写程序，因此在课程中不深入介绍各种算法的具体编程细节。希望通过课堂学习和实际问题的计算，同学们能了解计算声学的研究现状，基本掌握利用数值计算研究声学问题的一般思路和方法，为今后的科研工作打好基础。

本书介绍的算法大致可以分为两大类。第一类是以理论声学中得到的解析解为基础发展起来的计算软件和方法，本书前 3 章介绍这一类算法。这部分内容一般不归入计算声学的范围，但是它们在实际科研工作中很重要，其他理论教材一般也不作深入的分析，因此本书编入了这部分内容。第二类是后续几章介绍的比较通用的算法，如有限差分、有限元、边界元、射线跟踪和格子型算法等。最后简单介绍非线性声学的一些计算例子。

0.3 计算软件的选择

计算声学需要各种计算软件，首先是实现基本数学运算的软件。这些运算包括四则运算、逻辑计算、线性和非线性方程的数值求解、行列式计算、矩阵特征值和特征矢量计算、傅里叶变换、特殊函数计算等。过去几十年曾经流行过许多这类软件，目前，运用最广的软件是 Matlab。它的应用范围非常广泛，涵盖了上面列举的所有计算问题，还具有符号计算的功能。它能产生形式多样的图形，满足各种需要；效率高、性能好；操作简便，可以产生和运行脚本文件 (后缀为 m)，也可以通过软件界面以交互方式运行；具有很好的开放性，可以用它进一步开发专用的软件，其本身带有的各种工具箱就是这样的软件，网上有许多软件也是基于 Matlab 开发的。

使用 Matlab 软件时要特别注意充分发挥它的功能，特别是矩阵运算的特点。优化程序不仅可以简化算法，还能显著地提高运算效率。

Matlab 不是免费的。针对这个问题，有人开发了能运行 Matlab 脚本文件的免费软件。其中运用比较广泛的是 Octave 软件，它的官方网站是

http://www.gnu.org/software/octave/

这个网站提供了 Octave 软件的各种信息，并可下载软件。Octave 软件虽然可以运行 Matlab 的脚本文件，但有时候效率稍低。

在有些场合不便使用 Matlab 软件，例如，在特定硬件平台上开发的系统，这时就要使用其他的软件，本书的例子都是以 Matlab 脚本的形式给出的，但是讨论的计算方法问题是各种计算软件共有的。

有了完成基本运算的软件，还需要针对研究的问题编写或选用专用的软件。随着计算技术的发展，越来越多的场合需要选择已有的软件来进行计算，选择软件最重要的途径是网络。通过网络的搜索引擎可以发现许多软件。有些软件是需要购买的，还有一些是免费的，可以在一定条件下使用。有的软件还提供源程序，可以二次开发。通过文献也可以找到软件，许多文献介绍研究结果时都会说明使用的软件。另外通过科研人员之间的交流也可以得到软件的信息。下面以 Field II 软件为例，介绍运用已有软件的基本步骤。

例　Field II 软件

Field II 是丹麦学者 Jensen 等研发的一个针对超声诊断应用的超声声场模拟系统。Field II 软件在国际超声界得到了广泛的应用和信任。Field II 可以通过下列网站下载:

http://field-ii.dk/?./

下载和使用 Field II 都是免费的，但是在发表研究结果时必须按照使用手册的要求引用 Jensen 的相关文献，并说明这些结果是用 Field II 计算得到的。

医学超声诊断用于人体内许多器官的检查，针对不同的诊断要求，有许多不同的仪器和工作模式。各种不同的诊断模式都包括三个步骤。首先，由仪器控制的超声波探头向人体内部待查的部位辐射超声波，称为入射波。其次，入射波在人体内传播会遇到各种器官的界面和性质不均匀的介质，于是发生散射 (反射)，产生散射波，散射波的性质与人体组织性质有关，携带了人体内部健康状况的信息。最后，散射波传到体表，再被超声波探头接收转换成电信号，经过处理形成超声

图像，供医生分析诊断。Field Ⅱ 能够模拟辐射、散射和接收三个过程，产生超声诊断的仿真图像。

Field Ⅱ 是用 C 语言编写的，以 Matlab 函数的形式给出，需要在 Matlab 平台上运行。Field Ⅱ 软件附带两个 PDF 格式的说明文件，一个介绍超声诊断的基本过程和仿真计算的基本原理，这对用户了解软件的计算方法和性能很重要。另一个是软件的使用手册，给出了如何使用 Field Ⅱ 函数 (function) 的详细信息，用户可以根据需要使用这些函数计算，也可以用这些函数编制自己的 Matlab 程序。但是网站和手册并没有给出这些函数的具体文本，因此 Field Ⅱ 不是一个完全开源的软件。

Field Ⅱ 的函数可以分为三大类。第一类共 7 个函数，利用它们可以建立运行软件的初始环境和调试等。其中，field_init 是初始化函数，每次应用 Field Ⅱ 时必须首先调用。第二类共 30 个函数，用于建立发射和接收换能器的数据结构。第三类共 6 个函数，用于声场计算。使用 Field Ⅱ 就是按照规定在 Matlab 环境下调用这些函数和 Matlab 本身的函数。Field Ⅱ 下载网站上还有一些程序的例子。用户可以下载这些例子，对照说明书阅读、运行这些程序并分析计算结果。还可以改变程序的一些参数和调用的函数，观察计算结果的变化。这些试用的过程对了解 Field Ⅱ 很有帮助。

上面介绍了 Field Ⅱ 软件的大致情况，也是网络上许多软件的基本情况，如果我们今后要把自己编写的程序分享给大家，也可以参考这些做法。

复 习 题

1. 说明计算声学在声学研究中的作用。

2. 从第 1 章开始，会附有一些程序，请选择一些在计算机上运行。尝试对程序和一些参数做一些改变，观察和分析结果的变化。

第 1 章　直角坐标系中的角谱方法

本章介绍角谱方法，角谱可以看作是频谱的推广，与傅里叶变换有着密切的关系，因此我们先回顾一下傅里叶变换和频谱的概念，并特别仔细地分析一下与角谱方法有关的傅里叶变换的一些性质。

1.1　傅里叶变换和频谱

1.1.1　傅里叶级数和傅里叶变换

根据傅里叶级数的理论，周期为 T 的函数 $p(t)$ 可以表示为傅里叶级数

$$p(t)=\sum_{n=-\infty}^{\infty} c_n \exp\left(-\frac{\mathrm{i}2\pi nt}{T}\right) \tag{1.1}$$

其中，

$$c_n=\frac{1}{T}\int_0^T p(t)\exp\left(\frac{\mathrm{i}2\pi nt}{T}\right)\mathrm{d}t \tag{1.2}$$

式 (1.1) 中的每一项都是简谐函数，第 n 项的频率是 $f=\dfrac{n}{T}$，角频率 $\omega=2\pi f$。

作为一个例子，考虑图 1.1 所示的间距为 T 的 δ 脉冲串

$$p(t)=\sum_{m=-\infty}^{\infty} \delta\left[t-(t'+mT)\right] \tag{1.3}$$

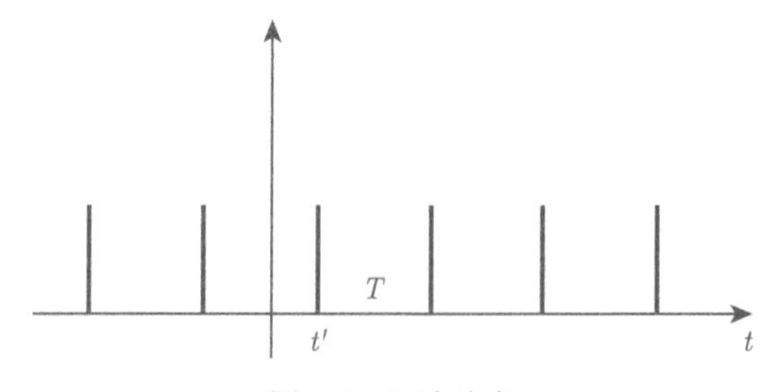

图 1.1　δ 脉冲串

其中，$0 \leqslant t' < T$；$\delta(t)$ 是尖脉冲函数，对于任意的连续函数 $\varphi(t)$，有

$$\int_{\alpha}^{\beta} \varphi(t)\,\delta(t-\tau)\,\mathrm{d}t = \begin{cases} \varphi(\tau), & \tau \subset (\alpha,\beta) \\ 0, & \tau \not\subset (\alpha,\beta) \end{cases} \tag{1.4}$$

因此，$\int_{-\infty}^{\infty} \varphi(t)\,\delta(t-\tau)\,\mathrm{d}t = \varphi(\tau)$。根据广义函数的理论, 这是 δ 函数的定义。把式 (1.3) 代入式 (1.2)，利用式 (1.4)，得到 $c_n = \frac{1}{T}\exp\left(\frac{\mathrm{i}2\pi n t'}{T}\right)$，因此，

$$\sum_{m=-\infty}^{\infty} \delta\left[t-(t'+mT)\right] = \frac{1}{T}\sum_{n=-\infty}^{\infty} \exp\left[-\frac{\mathrm{i}2\pi n\,(t-t')}{T}\right] \tag{1.5}$$

上式把等间距的 δ 函数串表示成傅里叶级数，这是一个有用的公式。严格地说，上式右边并不收敛，要用广义函数的概念来理解。根据广义函数弱形式的概念，式 (1.5) 的含义是任意取一个满足一定连续性的所谓“试验函数”$\varphi(t)$，乘以式 (1.5) 等式两边，分别积分后得到的结果相等。如果取积分范围为 $0 \sim T$，则左边积分结果是 $\varphi(t')$，右边积分结果是 $\frac{1}{T}\int_{0}^{T}\sum_{n=-\infty}^{\infty}\exp\left[-\frac{\mathrm{i}2\pi n\,(t-t')}{T}\right]\varphi(t)\,\mathrm{d}t$，根据式 (1.2)，$\frac{1}{T}\int_{0}^{T}\varphi(t)\exp\left(-\frac{\mathrm{i}2\pi n t}{T}\right)\mathrm{d}t$ 是 $\varphi(t)$ 的傅里叶级数的系数 c_{-n}，得到

$$\varphi(t') = \sum_{n=-\infty}^{\infty} c_{-n}\exp\left(\frac{\mathrm{i}2\pi n t'}{T}\right) = \sum_{n=-\infty}^{\infty} c_{n}\exp\left(-\frac{\mathrm{i}2\pi n t'}{T}\right)$$

这正是 $\varphi(t)$ 的傅里叶级数展开式 (1.1)。因此，式 (1.5) 的意义就是周期函数的傅里叶级数展开。

一般的非周期函数可以看作是周期无限大的函数，这时傅里叶级数成为积分格式。根据傅里叶变换的理论，满足一定条件的函数 $p(t)$ 可以表示为

$$p(t) = \frac{1}{2\pi}\int_{-\infty}^{\infty} P(\omega)\exp(-\mathrm{i}\omega t)\mathrm{d}\omega \tag{1.6}$$

其中，$P(\omega)$ 称为 $p(t)$ 的频谱，它是

$$P(\omega) = \int_{-\infty}^{\infty} p(t)\exp(\mathrm{i}\omega t)\mathrm{d}t \tag{1.7}$$

这里，$|P(\omega)|$ 是幅度谱，有时候也简称频谱。式 (1.7) 称为 $p(t)$ 的傅里叶变换，式 (1.6) 是它的逆变换，称为傅里叶逆变换，有时也统称为傅里叶变换，分别记作 $P(\omega)=\mathcal{F}[p(t)]$ 和 $p(t)=\mathcal{F}^{-1}[P(\omega)]$，两者构成傅里叶变换对。这里 $\mathcal{F}$ 是傅里叶变换算子，它把时间域中的一个波形映射为频率域中的一个频谱。它的逆算子就是 $\mathcal{F}^{-1}$。如果用频率代替角频率，式 (1.6) 和式 (1.7) 分别成为 $p(t)=\int_{-\infty}^{\infty}P(f)\exp(-\mathrm{i}2\pi ft)\mathrm{d}f$ 和 $P(f)=\int_{-\infty}^{\infty}p(t)\exp(\mathrm{i}2\pi ft)\mathrm{d}t$，其中 $P(f)=P(\omega)|_{\omega=2\pi f}$。如果改变式 (1.6) 和式 (1.7) 中 i 前面的符号，则得到傅里叶变换的另一种定义

$$p(t)=\frac{1}{2\pi}\int_{-\infty}^{\infty}P(\omega)\exp(\mathrm{i}\omega t)\mathrm{d}\omega,\quad P(\omega)=\int_{-\infty}^{\infty}p(t)\exp(-\mathrm{i}\omega t)\mathrm{d}t \tag{1.8}$$

不同的学科和不同的作者可能采用不同的定义，例如，Matlab 就采用式 (1.8) 形式的定义，使用中要注意。

傅里叶变换式 (1.7) 表征的是信号 $p(t)$ 和角频率 ω 的简谐信号 $\exp(-\mathrm{i}\omega t)$ 的复内积，它从 $p(t)$ 中"提取"出所包含的 $\exp(-\mathrm{i}\omega t)$ 的成分。傅里叶逆变换表明信号 $p(t)$ 可以表示为这些成分的叠加，$p(t)$ 可以分解为不同 ω 的简谐信号 $\exp(-\mathrm{i}\omega t)$ 的加权叠加，加权因子是频谱，$\exp(-\mathrm{i}\omega t)$ 称为基函数。傅里叶变换之所以重要，是因为基函数具有许多重要的性质，其中最主要的是它对时间的导数等于与因子 $-\mathrm{i}\omega$ 的乘积，用泛函的语言说，$\exp(-\mathrm{i}\omega t)$ 是微分算子 $\dfrac{\mathrm{d}}{\mathrm{d}t}$ 的特征函数。

物理学中频率是正的，但是傅里叶变换中用到了负的频率，因此需要考虑负频率的频谱。如果 $p(t)$ 是实函数，根据傅里叶变换式 (1.7) 有

$$P(-\omega)=\int_{-\infty}^{\infty}p(t)\exp(-\mathrm{i}\omega t)\mathrm{d}t=P^{*}(\omega) \tag{1.9}$$

实信号的负频率频谱是正频率频谱的复共轭。在实际工作中，根据物理规律得到正频率的频谱后，可以根据上式定义负频率的频谱，再利用傅里叶逆变换得到实的信号。

把频谱的辐角记作 ϕ，$P(\omega)=|P(\omega)|\exp[\mathrm{i}\phi(\omega)]$，$\phi(\omega)$ 称为相位谱。根据式 (1.9)，对于实信号有 $\phi(-\omega)=-\phi(\omega)$。把幅度谱和相位谱代入式 (1.6)，把变换的正频率部分和负频率部分分开，得到

$$p(t)=\frac{1}{2\pi}\int_{-\infty}^{\infty}|P(\omega)|\exp[-\mathrm{i}(\omega t-\phi)]\mathrm{d}\omega$$

$$
\begin{aligned}
&= \frac{1}{2\pi}\int_{0}^{\infty}|P(\omega)|\exp\left[-\mathrm{i}(\omega t-\phi)\right]\mathrm{d}\omega+\frac{1}{2\pi}\int_{-\infty}^{0}|P(\omega)|\exp\left[-\mathrm{i}(\omega t-\phi)\right]\mathrm{d}\omega \\
&= \frac{1}{2\pi}\int_{0}^{\infty}|P(\omega)|\exp\left[-\mathrm{i}(\omega t-\phi)\right]\mathrm{d}\omega+\frac{1}{2\pi}\int_{0}^{\infty}|P(\omega)|\exp\left[\mathrm{i}(\omega t-\phi)\right]\mathrm{d}\omega \\
&= \frac{1}{\pi}\int_{0}^{\infty}|P(\omega)|\cos(\omega t-\phi)\mathrm{d}\omega
\end{aligned}
\tag{1.10}
$$

如果作傅里叶逆变换式 (1.6) 时把负频率部分的频谱取为零，得到的变换结果为

$$
p_{\mathrm{c}}(t)=\frac{1}{2\pi}\int_{0}^{\infty}|P(\omega)|\exp\left[-\mathrm{i}(\omega t-\phi)\right]\mathrm{d}\omega \tag{1.11}
$$

其中，$p_{\mathrm{c}}(t)$ 是时间的复函数，它的实部是 $\frac{1}{2\pi}\int_{0}^{\infty}|P(\omega)|\cos(\omega t-\phi)\mathrm{d}\omega$，和式 (1.10) 比较知道，$p_{\mathrm{c}}(t)$的实部是实际信号的一半。它的虚部是$-\frac{1}{2\pi}\int_{0}^{\infty}|P(\omega)|\sin(\omega t-\phi)\mathrm{d}\omega$，这是实际信号的希尔伯特变换。$p_{\mathrm{c}}(t)$ 称为解析信号，它的频谱只有正频率部分。

对实信号的频谱作傅里叶逆变换时，除了上面介绍的用正频率频谱的共轭定义负频率频谱外，也可以只用正频率部分变换，所得结果的实部的两倍就是实际的信号。

1.1.2 傅里叶变换的一些性质

傅里叶变换有许多重要的性质，下面列出一些对我们有用的性质。

(1) 根据 $\int_{-\infty}^{\infty}\delta(t-t')\exp(\mathrm{i}\omega t)\mathrm{d}t=\exp(\mathrm{i}\omega t')$ 可知，t' 时刻的脉冲 $\delta(t-t')$ 的傅里叶变换是 $\mathcal{F}\left[\delta(t-t')\right]=\exp(\mathrm{i}\omega t')$。因此 $\delta(t-t')$ 的幅度谱是常数 1。$t'=0$ 时刻的脉冲 $\delta(t)$ 的频谱 $\mathcal{F}\left[\delta(t)\right]=1$。上式的逆变换是

$$
\delta(t-t')=\frac{1}{2\pi}\int_{-\infty}^{\infty}\exp\left[\mathrm{i}\omega(t'-t)\right]\mathrm{d}\omega=\frac{1}{2\pi}\int_{-\infty}^{\infty}\exp\left[\mathrm{i}\omega(t-t')\right]\mathrm{d}\omega \tag{1.12}
$$

这是 δ 函数有用的表达式。类似地，

$$\delta(\omega-\omega')=\frac{1}{2\pi}\int_{-\infty}^{\infty}\exp\left[\mathrm{i}\left(\omega-\omega'\right)t\right]\mathrm{d}t \tag{1.13}$$

上式表明，简谐振动的连续信号 $\exp(-\mathrm{i}\omega' t)$ 的频谱是位于 ω' 的线谱，$P(\omega)=2\pi\delta(\omega-\omega')$。

仿照式 (1.5) 的分析，用广义函数的概念分析式 (1.12)，可以得到它的意义就是傅里叶变换式 (1.7) 和式 (1.6)。

(2) 式 (1.6) 两边对 t 求导，得到 $\dfrac{\mathrm{d}}{\mathrm{d}t}p(t)=\dfrac{1}{2\pi}\displaystyle\int_{-\infty}^{\infty}-\mathrm{i}\omega P(\omega)\exp(-\mathrm{i}\omega t)\mathrm{d}\omega$。与式 (1.6) 对比得到 $f\left(t\right)$ 的导数的傅里叶变换：

$$\mathcal{F}\left[\frac{\mathrm{d}p\left(t\right)}{\mathrm{d}t}\right]=-\mathrm{i}\omega\mathcal{F}\left[p\left(t\right)\right] \tag{1.14}$$

(3) 考虑延迟的信号 $p(t-t')$ 的频谱，设 $\tau=t-t'$，得到

$$\mathcal{F}\left[p(t-t')\right]=\int_{-\infty}^{\infty}p(\tau)\exp\left(\mathrm{i}\omega\tau\right)\mathrm{d}\tau\exp\left(\mathrm{i}\omega t'\right)=\exp\left(\mathrm{i}\omega t'\right)\mathcal{F}\left[p(t)\right] \tag{1.15}$$

这是傅里叶变换的平移性质，信号的平移不改变幅度谱。

类似地，考虑调制信号 $p\left(t\right)\exp\left(-\mathrm{i}\omega' t\right)$ 的频谱，这里 ω' 是载波的角频率。$p\left(t\right)$ 是调制包络信号，它随时间的变化比较缓慢，它的频谱 $P(\omega)=\mathcal{F}\left[p(t)\right]$ 比较窄。调制信号的频谱是

$$\mathcal{F}\left[p\left(t\right)\exp\left(-\mathrm{i}\omega' t\right)\right]=\int_{-\infty}^{\infty}p\left(t\right)\exp\left(-\mathrm{i}\omega' t\right)\exp\left(\mathrm{i}\omega t\right)\mathrm{d}t=P\left(\omega-\omega'\right) \tag{1.16}$$

因此，把包络的频谱按照载波的频率平移，就得到调制信号的频谱。

(4) 周期函数的傅里叶级数可以看作傅里叶变换的特例。利用 δ 函数可以把傅里叶级数式 (1.1) 写成 $p\left(t\right)=\displaystyle\int_{-\infty}^{\infty}\sum_{n=-\infty}^{\infty}c\left(\omega\right)\delta\left(\omega-\omega_n\right)\exp\left(-\mathrm{i}\omega t\right)\mathrm{d}\omega$，其中 $\omega_n=\dfrac{2\pi n}{T}=n\Delta\omega$，记 $\Delta\omega=\dfrac{2\pi}{T}=2\pi\Delta f$，$\Delta f=\dfrac{1}{T}$，$c\left(\omega_n\right)=c_n$。和傅里叶变换定义式 (1.6) 比较，$p\left(t\right)$ 的频谱 $P\left(\omega\right)=2\pi\displaystyle\sum_{n=-\infty}^{\infty}c_n\delta\left(\omega-\omega_n\right)$，是在 ω_n 处的 δ 函数，称为线谱或梳状谱。

对于 δ 脉冲串式 (1.3)，有 $c_n = \dfrac{\Delta\omega}{2\pi}\exp(\mathrm{i}n\Delta\omega t')$，因此，

$$\mathcal{F}\left[\sum_{m=-\infty}^{\infty}\delta\left[t-(t'+mT)\right]\right]=\sum_{n=-\infty}^{\infty}\Delta\omega\exp(\mathrm{i}n\Delta\omega t')\,\delta(\omega-\omega_n)$$

如果 $t'=0$，上式是

$$\mathcal{F}\left[\sum_{m=-\infty}^{\infty}\delta(t-mT)\right]=\sum_{n=-\infty}^{\infty}\frac{2\pi}{T}\delta\left(\omega-\frac{2\pi n}{T}\right) \tag{1.17}$$

时间域的 δ 系列的傅里叶变换是频率域的线谱序列，线谱的间隔 $\dfrac{2\pi}{T}$ 与时间序列的间隔的乘积为 2π。

(5) 已知两个信号 $p_1(t)$ 和 $p_2(t)$ 的频谱分别是 $P_1(\omega)=\mathcal{F}[p_1(t)]$ 和 $P_2(\omega)=\mathcal{F}[p_2(t)]$，考虑它们的乘积 $p_1(t)\,p_2(t)$ 的频谱

$$\begin{aligned}\mathcal{F}[p_1(t)\,p_2(t)]&=\int_{-\infty}^{\infty}p_1(t)\,p_2(t)\exp(\mathrm{i}\omega t)\mathrm{d}t\\&=\frac{1}{4\pi^2}\int_{-\infty}^{\infty}\int_{-\infty}^{\infty}P_1(\omega_1)\exp(-\mathrm{i}\omega_1 t)\mathrm{d}\omega_1\\&\quad\times\int_{-\infty}^{\infty}P_2(\omega_2)\exp(-\mathrm{i}\omega_2 t)\mathrm{d}\omega_2\exp(\mathrm{i}\omega t)\mathrm{d}t\end{aligned}$$

上式中对 t 的积分，根据式 (1.13)，是 $\int_{-\infty}^{\infty}\exp\left[\mathrm{i}(\omega-\omega_1-\omega_2)t\right]\mathrm{d}t=2\pi\delta(\omega-\omega_1-\omega_2)$，再对 ω_2 积分得到

$$\mathcal{F}[p_1(t)\,p_2(t)]=\frac{1}{2\pi}P_1(\omega)\otimes P_2(\omega) \tag{1.18}$$

其中，$P_1(\omega)\otimes P_2(\omega)=\int_{-\infty}^{\infty}P_1(\omega_1)P_2(\omega-\omega_1)\mathrm{d}\omega_1=\int_{-\infty}^{\infty}P_1(\omega-\omega_1)P_2(\omega_1)\mathrm{d}\omega_1$，是 $P_1(\omega)$ 和 $P_2(\omega)$ 的卷积。因此，两个信号的积的频谱是它们频谱的卷积。

同样，

$$\mathcal{F}^{-1}[P_1(\omega)P_2(\omega)]=p_1(t)\otimes p_2(t)=\int_{-\infty}^{\infty}p_1(t-t')p_2(t')\mathrm{d}t' \tag{1.19}$$

即两个信号的卷积的频谱等于它们频谱的乘积。

(6) 高斯函数 $\exp(-a^2t^2)$ 的傅里叶变换仍然是高斯函数：

$$\mathcal{F}\left[\exp\left(-a^2t^2\right)\right]=\frac{\sqrt{\pi}}{a}\exp\left(-\frac{\omega^2}{4a^2}\right)$$

参数 a 与时间域的高斯信号的脉冲宽度成反比，与频率域的高斯频谱的宽度成正比。因此，持续时间越短的高斯信号的频谱越宽，频谱越窄的高斯信号对应的持续时间越长。非高斯的脉冲信号也有这个性质。

由式 (1.20) 和式 (1.16) 得到高斯包络调制的信号的频谱是高斯函数：

$$\mathcal{F}\left[\exp\left(-a^2t^2-\mathrm{i}\omega't\right)\right]=\frac{\sqrt{\pi}}{a}\exp\left(-\frac{\left(\omega-\omega'\right)^2}{4a^2}\right) \tag{1.20}$$

1.1.3 离散傅里叶变换的混叠

在计算机上实现傅里叶变换，首先要将时间函数离散和截断，我们先考虑离散。如果采样的步长为 Δt，采样点是 $t_m=m\Delta t$(这里 m 是整数)，采样结果是 $p_m=p(t_m)$。用加法近似积分，傅里叶变换式 (1.7) 近似为 $\bar{P}(\omega)=\sum\limits_{m=-\infty}^{\infty}p_m\exp(\mathrm{i}\omega t_m)\Delta t$，称为离散傅里叶变换。如果 Δt 趋于零，$\bar{P}(\omega)$ 的极限正是数学分析中无穷积分的定义。但是，在数值计算中 Δt 是一个小量，上式求和给出一个近似的频谱，现在我们来分析它的误差。

利用 δ 函数，离散傅里叶变换可以写成 $\bar{P}(\omega)=\int\limits_{-\infty}^{\infty}p(t)\exp(\mathrm{i}\omega t)\sum\limits_{m=-\infty}^{\infty}\delta(t-t_m)\Delta t\mathrm{d}t$，这是 $p(t)$ 和 $\sum\limits_{m=-\infty}^{\infty}\delta(t-t_m)\Delta t$ 乘积的傅里叶变换，根据傅里叶变换的性质式 (1.18)，$\bar{P}(\omega)$ 应该等于两者频谱的卷积 $\mathcal{F}\left[p_1(t)\,p_2(t)\right]=\frac{1}{2\pi}P_1(\omega)\otimes P_2(\omega)$。式 (1.17) 给出 δ 脉冲串的频谱，将 T 改写成 Δt 得到 $\mathcal{F}\left[\sum\limits_{m=-\infty}^{\infty}\delta\left(t-m\Delta t\right)\Delta t\right]=2\pi\sum\limits_{n=-\infty}^{\infty}\delta\left(\omega-\frac{2\pi n}{\Delta t}\right)$，而 $p(t)$ 的频谱是 $P(\omega)$。根据式 (1.18) 得到

$$\bar{P}(\omega)=P(\omega)\otimes\sum_{n=-\infty}^{\infty}\delta\left(\omega-\frac{2\pi n}{\Delta t}\right)=\sum_{n=-\infty}^{\infty}P\left(\omega-\frac{2\pi n}{\Delta t}\right) \tag{1.21}$$

如果表示成频率的函数为 $\bar{P}(f)=\sum\limits_{n=-\infty}^{\infty}P\left(f-\frac{n}{\Delta t}\right)$。这两个式子表明，离散后

的傅里叶变换 $\bar{P}(f)$ 由无穷多项组成，其中 $n=0$ 的项就是离散前的频谱 $P(f)$，其他各项是 $P(f)$ 沿频率轴平移 nF 得到的项 (这里 n 是整数)，$F - \dfrac{1}{\Delta t}$，这种现象称为混叠。

由于

$$\bar{P}(f+F)=\sum_{n=-\infty}^{\infty} P\left(f-\frac{n-1}{\Delta t}\right)=\sum_{n'=-\infty}^{\infty} P\left(f-\frac{n'}{\Delta t}\right)=\bar{P}(f) \tag{1.22}$$

所以 $\bar{P}(f)$ 是频率的周期函数，周期是 $F=\dfrac{1}{\Delta t}$。因此，我们只能得到长度为 F 的频率范围内的 $\bar{P}(f)$，通常取 $-\dfrac{F}{2}<f<\dfrac{F}{2}$ 范围内的 $\bar{P}(f)$，此范围外的 $\bar{P}(f)$ 是这个范围内的 $\bar{P}(f)$ 的重复，没有价值，也就是说信号的离散使频谱截断了。

一般的信号是不同频率的简谐信号的叠加，如果其中最高的频率是 $f_{\max}$，当 $f_{\max}<\dfrac{F}{2}=\dfrac{1}{2\Delta t}$ 时，在区间 $-\dfrac{F}{2}<f<\dfrac{F}{2}$ 以外，$P(f)$=0，因此它们的叠加对 $-\dfrac{F}{2}<f<\dfrac{F}{2}$ 的频谱没有影响，在 $-\dfrac{F}{2}<f<\dfrac{F}{2}$ 范围内，$\bar{P}(f)=P(f)$。也就是说，当 $\Delta t<\dfrac{1}{2f_{\max}}\equiv\dfrac{T_{\min}}{2}$ 时，在 $-\dfrac{F}{2}<f<\dfrac{F}{2}$ 范围内得到 $\bar{P}(f)=P(f)$，等于真实的频谱。这里，$T_{\min}=\dfrac{1}{f_{\max}}$ 是最高频率简谐信号的周期。这个结论就是信号处理中的奈奎斯特定理。图 1.2 是两个混叠现象的示意图。图中虚线是信号的频谱 $P(f)$，实线是 $P(f)$ 沿频率轴平移得到的 $P(f-nF)$。图 1.2(a) 的信号满足奈奎斯特定理，虚线在 $-\dfrac{F}{2}<f<\dfrac{F}{2}$ 范围内，实线对虚线没有影响。图 1.2(b) 的信号不满足奈奎斯特定理，虚线延伸到 $-\dfrac{F}{2}<f<\dfrac{F}{2}$ 范围之外，实线对虚线有影响，这时从 $\bar{P}(f)$ 无法得到 $P(f)$。

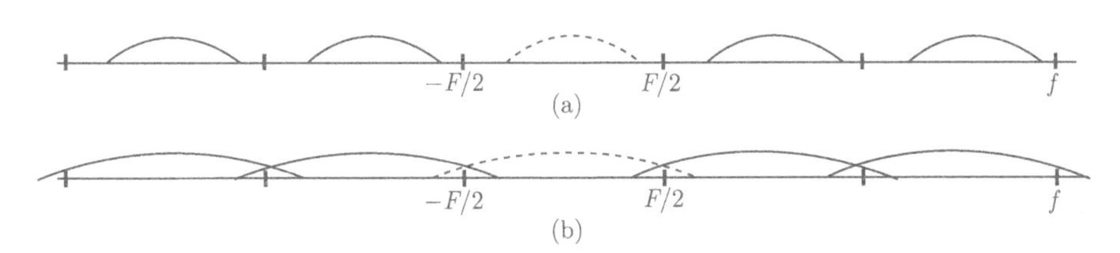

图 1.2　离散信号的傅里叶变换

(a) 满足奈奎斯特定理的情况；(b) 不满足奈奎斯特定理的情况

对于式 (1.11) 表示的解析信号，$f<0$, $P(f)=0$，如果 $f_{\max}<\dfrac{1}{\Delta t}$，那么 $0<f<F$ 范围内 $\bar{P}(f)=P(f)$，即采样步长可以增大一倍。

如果信号的频带比较窄，限于某一个区间 $\left(n-\dfrac{1}{2}\right)F<f<\left(n+\dfrac{1}{2}\right)F$ 内，在此区间外 $P(f)=0$，这时离散化后得到的 $-\dfrac{F}{2}<f<\dfrac{F}{2}$ 内的频谱是真实频谱平移的结果，如果知道 n，根据这段频谱可以推得真实的频谱。实际处理这类窄带信号时往往先作检波，将信号频谱移至 $-\dfrac{F}{2}<f<\dfrac{F}{2}$ 的基带，再作频谱分析。

傅里叶变换和傅里叶逆变换形式上是对应的，因此上面的讨论可以用于傅里叶逆变换的离散和截断产生的混叠。把傅里叶逆变换式 (1.6) 离散化为求和，频率间隔为 Δf，得到的时间信号 $\bar{p}(t)$ 也是周期信号，周期 $T=\dfrac{1}{\Delta f}$。在一个周期 $-\dfrac{T}{2}<t<\dfrac{T}{2}$ 内的 $\bar{p}(t)$ 等于无穷多个周期 $\left(n-\dfrac{1}{2}\right)T'<t<\left(n+\dfrac{1}{2}\right)T'$ 内的信号的叠加, $\bar{p}(t)=\sum\limits_{n=-\infty}^{\infty}p(t-nT)$。当信号长度 $t_{\max}>\dfrac{1}{\Delta f}$ 时无法从 $\bar{p}(t)$ 得到 $p(t)$。

下面看一个高斯包络的窄带信号的混叠的例子。

```
程序1.1
(1) n=1024;
(2) dt=0.025;
(3) df=1/dt/n;
(4) nn=0:n-1;
(5) t=dt*nn;t0=300*dt;tb=0.02*t0;
(6) f=df*nn;f0=6;
(7) td=dt/16*[0:16*n-1];
(8) p1=exp(-(t-t0).*(t-t0)/tb/tb).*cos(2*pi*f0*t);
(9) pd=exp(-(td-t0).*(td-t0)/tb/tb).*cos(2*pi*f0*td);
(10) p2=exp(-(t-t0).*(t-t0)/tb/tb).*exp(-i*2*pi*f0*t);
(11) fp1=ifft(p1);
(12) fp2=ifft(p2);
(13) figure(1),plot(td,real(pd),t,p1,'ro'),
     axis([7.2 7.8 -1.1 1.1])
(14) figure(2),plot(f,abs(fp1))
(15) figure(3),plot(f,abs(fp2))
(16) f0=30;
(17) p1=exp(-(t-t0).*(t-t0)/tb/tb).*cos(2*pi*f0*t);
```

```
(18) pd=exp(-(td-t0).*(td-t0)/tb/tb).*cos(2*pi*f0*td);
(19) p2=exp(-(t-t0).*(t-t0)/tb/tb).*exp(-i*2*pi*f0*t);
(20) fp1=ifft(p1);
(21) fp2=ifft(p2);
(22) figure(4),plot(f,abs(fp1))
(23) figure(5),plot(f,abs(fp2))
(24) figure(15),plot(td,real(pd),t,real(p1),'r-o'),
     axis([7.2 7.8 -1.1 1.1])
(25) f0=48;
(26) p1=exp(-(t-t0).*(t-t0)/tb/tb).*cos(2*pi*f0*t);
(27) pd=exp(-(td-t0).*(td-t0)/tb/tb).*cos(2*pi*f0*td);
(28) p2=exp(-(t-t0).*(t-t0)/tb/tb).*exp(-i*2*pi*f0*t);
(29) fp1=ifft(p1);
(30) fp2=ifft(p2);
(31) figure(6),plot(t,real(p1),'o-r',td,pd,'-'),
     axis([7.2 7.8 -1.1 1.1])
(32) figure(7),plot(f,abs(fp1))
(33) figure(8),plot(f,abs(fp2))
```

程序 1.1 开始给出取 $n=1024$ 点的傅里叶变换，时间步长 $\mathrm{d}t$=0.025 s，因此频谱的周期 $F=\dfrac{1}{\Delta t}$ 是 40 Hz。第 (3) 行算出频率步长。第 (4)~ 第 (7) 行给出计算的参数，第 (8) 行信号 $p_1=\exp\left[-\dfrac{(t-t_0)^2}{t_\mathrm{b}^2}\right]\cos(2\pi f_0 t)$，这是一个实信号，中心频率取 6 Hz，如图 1.3(a) 所示。第 (9) 行是加密采样的信号，供下面作图用。第 (10) 行信号 $p_2=\exp\left[-\dfrac{(t-t_0)^2}{t_\mathrm{b}^2}-\mathrm{i}2\pi f_0 t\right]$，是高斯包络的复简谐信号，它的幅度谱是高斯函数，其中心位于 f_0，宽度与 $\dfrac{1}{t_\mathrm{b}}$ 成正比。对于窄带信号，$f_0 t_\mathrm{b}$ 比 1 大得多，幅度谱的负频率部分很小，可以忽略，这时 p_2 是解析信号。对 p_1 和 p_2 分别作傅里叶变换 (这里程序选用 ifft，如果选用 fft，并不影响结果) 得到的幅度谱如图 1.3(b) 和 (c) 所示。两个图在信号的中心频率 6 Hz 处有一个峰。p_1 的谱在 34 Hz 处还有一个峰，这实际上是 −6 Hz 处的峰，这时频谱的右半段 (20~40 Hz) 代表负频率 (−20~0 Hz) 的谱，而解析信号没有这个峰。

程序 1.1 的第 (16)~ 第 (24) 行将中心频率提高到 30 Hz，重复这个过程，得到的谱如图 1.3(d) 和 (e) 所示。图中 30 Hz 的峰反映了信号的中心频率。但是由于信号的频率大于 $\frac{F}{2}$，发生混叠。这里 30 Hz 的峰确实位于信号的中心频率，而不对应 -10 Hz 的峰。而 10 Hz 处的峰实际上是 -30 Hz 的峰混叠而来的 (10 Hz=F -30 Hz)。这时如果采用实信号作谱，就不能直接得到谱的信息。

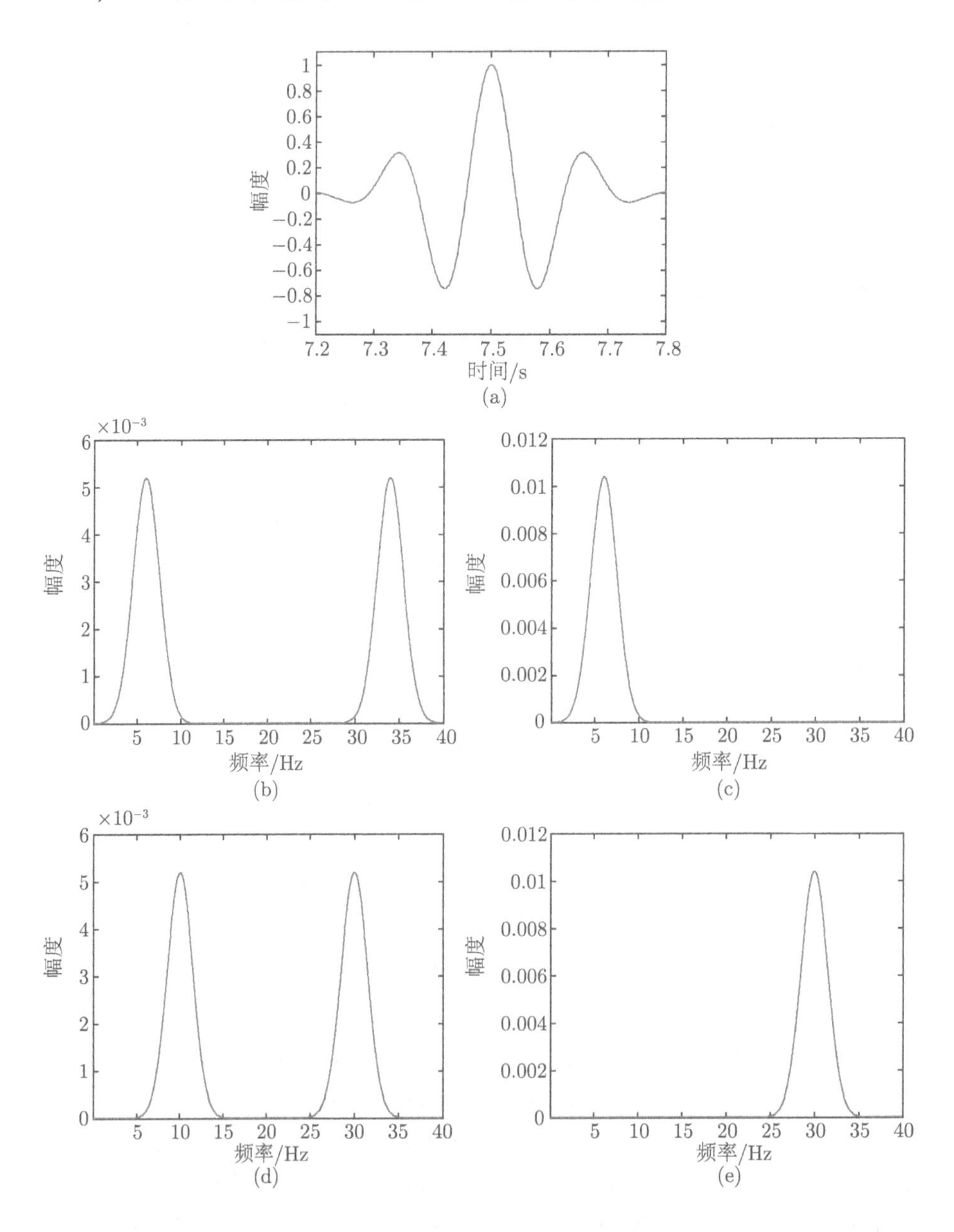

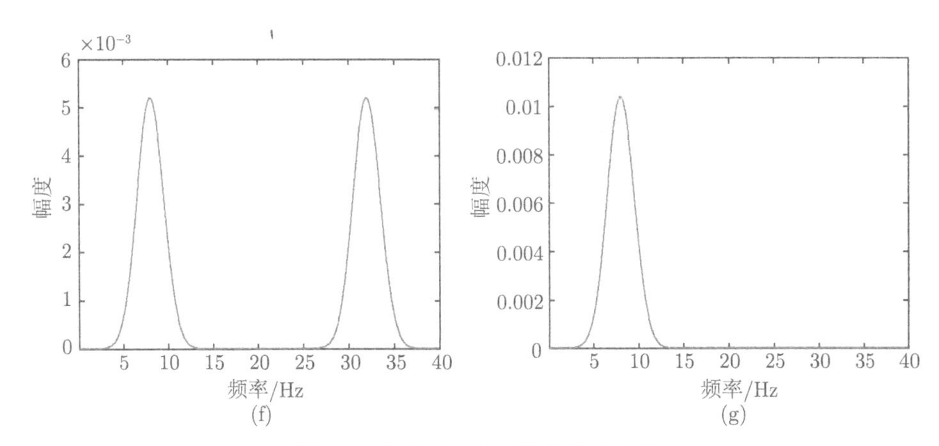

图 1.3 高斯包络的窄带信号的混叠

程序的第 (25) 行以后将中心频率提高到 48 Hz，得到结果为图 1.3(f) 和 (g) 的谱。由于信号的中心频率大于 F，图 (f) 和 (g) 的谱都发生了混叠，图中 8 Hz 的峰是中心频率经过混叠产生的 (48 Hz$-F$)，而图 (f) 右边的谱在 32 Hz 的峰是 -48 Hz 的峰经过混叠产生的 (32 Hz$=2\times F-48$ Hz)。

观察图 1.4 所示的信号波形，可以从另一个角度理解混叠现象。图中蓝线是 48 Hz 的信号，而红圈是采样点的位置。这时采样的间隔已大于信号的周期，不能反映信号的细节。如果把采样点连起来，可以得到一条频率比较低的曲线，它的周期大约是蓝线的 6 倍，因此频率约为 8 Hz，正是上面得到的混叠的结果。

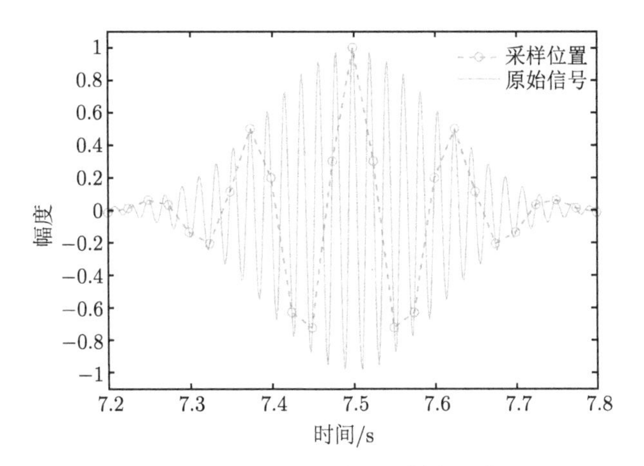

图 1.4 信号的混叠 (彩图扫封底二维码)

1.1.4 截断信号的频谱

现在讨论信号截断对频谱的影响。考虑一个单频信号 $\exp(-\mathrm{i}\omega_0 t)$，$\omega_0 = 2\pi f_0$ 是信号的角频率，根据式 (1.13)，信号的频谱是线谱 $2\pi\delta(\omega-\omega_0)$。如果信号用

$t'-\frac{T}{2}$ 到 $t'+\frac{T}{2}$ 的窗截断，窗的长度为 T，截断后的信号是

$$p(t)=\begin{cases}\exp(-\mathrm{i}\omega_0 t), & t'-\frac{T}{2}<t<t'+\frac{T}{2}\\ 0, & \text{其余}\end{cases} \tag{1.23}$$

其傅里叶变换是

$$\mathcal{F}[p(t)]=\int_{t'-\frac{T}{2}}^{t'+\frac{T}{2}}\exp[\mathrm{i}(\omega-\omega_0)t]\,\mathrm{d}t=\frac{2\sin\frac{(\omega-\omega_0)T}{2}}{\omega-\omega_0}\exp[\mathrm{i}(\omega-\omega_0)t'] \tag{1.24}$$

幅度谱 $\left|\frac{\sin\frac{(\omega-\omega_0)T}{2}}{\left(\frac{\omega-\omega_0}{2}\right)}\right|=\left|\frac{\sin[\pi(f-f_0)T]}{\pi(f-f_0)T}\right|$ 是 sinc 函数的绝对值，在 $f=f_0$ 处取最大值，$f=f_0\pm\frac{1}{T}$ 是两个零点，它们之间是主瓣，宽度是 $\frac{2}{T}$。截断使原来信号的线谱展宽了。理论上，求出幅度谱最大值的频率就得到了信号的频率。但是实际处理时会有各种误差，如离散以及信号中其他成分的干扰和噪声等，因此，一般认为频率的精度与主瓣宽度成比例，也就是与信号的长度成反比。如果要得到精确的频率，信号必须有足够的长度。

根据傅里叶变换和傅里叶逆变换的对应关系，从上面的讨论可以知道，如果从信号的频谱作傅里叶逆变换得到信号，信号的到达时间等时间参数的误差 Δt 与频谱的带宽成反比。

上面关于离散和截断的分析表明，从时间步长为 Δt 的离散信号只能得到低于 $F=\frac{1}{\Delta t}$ 频率的频谱，要得到更高频率的频谱，必须减小采样的步长，获取信号随时间变化的更精细信息。对于时长为 T 的信号，得到的频谱频率分辨率是 $\Delta f=\frac{1}{T}$，要得到更高的频率分辨率必须用更长时间的信号。与此对应，从频率步长为 Δf 的离散频谱只能得到小于 $T=\frac{1}{\Delta f}$ 的时间段的信号，要得到更长时间的信号信息，必须减小频率的步长，获取更低频率的频谱和频谱细节。对于频率宽度为 F 的信号，得到的信号时间分辨率是 $\Delta t=\frac{1}{F}$，要得到更高的时间分辨率必须用频率更高的频谱。

1.1.5　离散傅里叶变换对和快速傅里叶变换

把离散傅里叶逆变换和离散傅里叶变换配对，时间和频率离散的步长分别取

作 Δt 和 Δf，时间和频率截断的范围分别是 $T = \dfrac{1}{\Delta f}$ 和 $F = \dfrac{1}{\Delta t}$，如果取 N 个时间点，$N - \dfrac{T}{\Delta t}$，则频率点 $\dfrac{F}{\Delta f}$ 也是 N 个。频率点是 $n\Delta f$，角频率是 $\omega_n = 2\pi n\Delta f(n = 0, 1, \cdots, N-1)$，这些点上的频谱记作 $\bar{P}_n = \bar{P}(\omega_n)$，表示为 $\bar{P}_n = \sum\limits_{m=0}^{N-1} p_m \exp(\mathrm{i}2\pi nm\Delta f\Delta t)\Delta t$。利用上面得到的关系, 傅里叶逆变换式 (1.6) 成为 $p_m = \sum\limits_{n=0}^{N-1} \bar{P}_n \exp(-\mathrm{i}2\pi nm\Delta f\Delta t)\Delta f$。如果引入新的频谱 $P_n = \dfrac{\bar{P}_n}{\Delta t}$，这两个式子成为

$$P_n = \sum_{m=0}^{N-1} p_m \exp\left(\frac{\mathrm{i}2\pi nm}{N}\right) \tag{1.25}$$

$$p_m = \frac{1}{N}\sum_{n=0}^{N-1} P_n \exp\left(-\frac{\mathrm{i}2\pi nm}{N}\right) \tag{1.26}$$

其中，用到 $\Delta f\Delta t = \dfrac{1}{N}$。式 (1.25) 和式 (1.26) 就是离散傅里叶变换，N 常取 2 的幂，如 1024、2048 等。式 (1.25) 的结果中，对于最高频率小于 $\dfrac{F}{2}$ 的实信号，第一项 $P_0 = \sum\limits_{m=0}^{N-1} p_m$ 是信号的直流分量，P_1 到 $P_{\frac{N}{2}-1}$ 是正频率部分的频谱，后半段是负频率部分。对于最高频率小于 F 的解析信号，所有 P_n 都是频率为 $n\Delta f$ 的频谱值。

时间及频率的步长和截断范围的参数之间有重要的关系，归纳如下；

$$F = N\Delta f, \quad T = N\Delta t, \quad \Delta tF = 1, \quad \Delta fT = 1, \quad \Delta t\Delta f = \frac{1}{N} \tag{1.27}$$

最后一个式子表明，对于确定的 N，Δt 和 Δf 成反比。要提高时间精度，就要降低频率的精度，反则反之。如果要同时提高时间和频域的精度，必须增大 N，也就是需要更多的计算资源。

直接计算离散傅里叶变换需要做 N^2 次复数乘法，计算量是很大的。利用变换中的因子 $\exp\left(\dfrac{\mathrm{i}2\pi nm}{N}\right)$ 的性质可以加快计算，这个想法最早见于 1805 年高斯的一份未发表的稿件中。其后有不少的研究，现在一般认为 20 世纪 60 年代 Cooley 和 Tukey 的论文正式提出了傅里叶变换的快速算法，也是目前运用最广的算法。当 N 是 2 的幂，如 1024、2048 等时，他们的方法只需要计算 $N\lg N$ 次乘法，大大提高了计算效率。快速傅里叶变换 (FFT) 是严格计算离散傅里叶变换的方法，没有任何近似，目前已有深入的研究，软件已经很成熟，一般不需

要自己编程。本书不介绍具体的算法，希望大家把注意力集中在算法的原理和性能上。

1.2 角　　谱

1.2.1 声波方程

角谱方法以声波方程的解析解为基础，我们先简单回顾一下声波方程的有关内容。声波的声压是时间和空间的标量函数 $p(x,y,z,t)$，在直角坐标系中的声波方程是

$$\frac{\partial^2 p}{\partial x^2}+\frac{\partial^2 p}{\partial y^2}+\frac{\partial^2 p}{\partial z^2}-\frac{\partial^2 p}{c^2\partial t^2}=0 \tag{1.28}$$

式中，c 是声速。作为时间的函数，利用式 (1.6) 和式 (1.7)，$p(x,y,z,t)$ 可以表示为

$$p(x,y,z,t)=\frac{1}{2\pi}\int_{-\infty}^{\infty}P(x,y,z,\omega)\exp(-\mathrm{i}\omega t)\mathrm{d}\omega \tag{1.29}$$

式中，

$$P(x,y,z,\omega)=\int_{-\infty}^{\infty}p(x,y,z,t)\exp(\mathrm{i}\omega t)\mathrm{d}t \tag{1.30}$$

是频谱。我们约定取 $P(x,y,z)\exp(-\mathrm{i}\omega t)$ 的实部 $(\mathrm{Re}\,(P)\cos(\omega t)+\mathrm{Im}\,(P)\sin(\omega t))$ 为 $P(x,y,z)$ 对应的声场，它是角频率为 ω 的稳态声场，$P(x,y,z)$ 也称为这个声场的复振幅，它的绝对值和辐角是稳态声场的幅度和初相位。$P(x,y,z)$ 满足稳态声波方程

$$\frac{\partial^2 P}{\partial x^2}+\frac{\partial^2 P}{\partial y^2}+\frac{\partial^2 P}{\partial z^2}+k^2P=0 \tag{1.31}$$

其中，$k=\dfrac{\omega}{c}$ 是波数，这里 c 是声速。稳态声场是声学研究的重要内容，因为得到了稳态声场就可以通过式 (1.29) 得到一般的声场，而稳态声场的方程比瞬态声场的方程简单。

式 (1.31) 可以用分离变量法求解。假定 P 可以写成三个坐标函数的乘积 $P=X(x)Y(y)Z(z)$，代入式 (1.31) 得到 $\dfrac{\mathrm{d}^2X(x)}{X\mathrm{d}x^2}+\dfrac{\mathrm{d}^2Y(y)}{Y\mathrm{d}y^2}+\dfrac{\mathrm{d}^2Z(z)}{Z\mathrm{d}^2z}+k^2=0$。式中前三项是不同变量的函数，因此它们只能是常数，分别记作 $-k_x^2$，$-k_y^2$ 和 $-k_z^2$，得到式 (1.31) 的解是

$$P=P_0\exp\left[\mathrm{i}\left(k_xx+k_yy+k_zz\right)\right] \tag{1.32}$$

k_x, k_y 和 k_z 须满足

$$k_x^2 + k_y^2 + k_z^2 = k^2 \tag{1.33}$$

用矢量 $\boldsymbol{r} = \begin{pmatrix} x \\ y \\ z \end{pmatrix}$ 记空间的点，k_x，k_y 和 k_z 组成的矢量记作 $\boldsymbol{k} = \begin{pmatrix} k_x \\ k_y \\ k_z \end{pmatrix}$，式 (1.32) 可以写成

$$P = P_0 \exp\left(\mathrm{i}\boldsymbol{k} \cdot \boldsymbol{r}\right) \tag{1.34}$$

如果 k_x，k_y 和 k_z 是实数，则式 (1.32) 是平面波，其中 $|P_0|$ 是声压幅度。$\boldsymbol{k}$ 称为波矢，$|\boldsymbol{k}| = k = \dfrac{\omega}{c} = \dfrac{2\pi}{\lambda}$，这里 λ 是波长。波矢的方向是平面波的传播方向。根据质点振速和声压的关系有

$$\boldsymbol{V} = \frac{\nabla P}{\mathrm{i}\rho\omega} \tag{1.35}$$

其中，ρ 是介质密度；$\nabla P = \hat{x}\dfrac{\partial P}{\partial x} + \hat{y}\dfrac{\partial P}{\partial y} + \hat{z}\dfrac{\partial P}{\partial z}$ 是 P 的梯度，是一个矢量。把式 (1.32) 代入得到

$$\begin{aligned} \boldsymbol{V} &= \frac{P_0}{\rho\omega}\left(\hat{x}k_x + \hat{y}k_y + \hat{z}k_z\right)\exp\left[\mathrm{i}\left(k_x x + k_y y + k_z z\right)\right] \\ &= \frac{\boldsymbol{k}P_0}{\rho\omega}\exp\left(\mathrm{i}\boldsymbol{k} \cdot \boldsymbol{r}\right) = \frac{\hat{\boldsymbol{k}}P_0}{\rho c}\exp\left(\mathrm{i}\boldsymbol{k} \cdot \boldsymbol{r}\right) \end{aligned} \tag{1.36}$$

上式表明平面波的质点振速的方向与传播方向一致，平面声波是纵波。

k_x, k_y 和 k_z 可以是复数，若记 $k_x = k_x^{\mathrm{R}} + \mathrm{i}\alpha_x$，$k_y = k_y^{\mathrm{R}} + \mathrm{i}\alpha_y$，$k_z = k_z^{\mathrm{R}} + \mathrm{i}\alpha_z$，$k_x^{\mathrm{R}}$，$k_y^{\mathrm{R}}$ 和 k_z^{R} 是实部，把它们组成的矢量记为 $\boldsymbol{k}^{\mathrm{R}} = \begin{pmatrix} k_x^{\mathrm{R}} \\ k_y^{\mathrm{R}} \\ k_z^{\mathrm{R}} \end{pmatrix}$；$\alpha_x$，$\alpha_y$ 和 α_z 是虚部，它们组成矢量 $\boldsymbol{\alpha} = \begin{pmatrix} \alpha_x \\ \alpha_y \\ \alpha_z \end{pmatrix}$，则

$$\boldsymbol{k} = \boldsymbol{k}^{\mathrm{R}} + \mathrm{i}\boldsymbol{\alpha} \tag{1.37}$$

把它们代入式 (1.33) 得到 $\boldsymbol{k}^{\mathrm{R}} \cdot \boldsymbol{k}^{\mathrm{R}} - \boldsymbol{\alpha} \cdot \boldsymbol{\alpha} + 2\mathrm{i}\boldsymbol{\alpha} \cdot \boldsymbol{k}^{\mathrm{R}} = k^2$。它的实部和虚部分别相等，得到

$$\boldsymbol{k}^{\mathrm{R}} \cdot \boldsymbol{k}^{\mathrm{R}} - \boldsymbol{\alpha} \cdot \boldsymbol{\alpha} = k^2, \quad \boldsymbol{\alpha} \cdot \boldsymbol{k}^{\mathrm{R}} = 0 \tag{1.38}$$

有两种情况满足上式。如果 $\boldsymbol{\alpha} = 0$，那么 $\boldsymbol{k}$ 是实矢量，就是上面讨论过的平面波。如果 $\boldsymbol{\alpha} \neq 0$，把式 (1.37) 代入式 (1.34)，就得到 $P = P_0 \exp\left[\left(-\boldsymbol{\alpha} + \mathrm{i}\boldsymbol{k}^{\mathrm{R}}\right) \cdot \boldsymbol{r}\right]$。

这个声场在 $\boldsymbol{k}^{\mathrm{R}}$ 方向是传播的，在 $\boldsymbol{\alpha}$ 方向，声场的幅度按负指数函数衰减，在 $-\boldsymbol{\alpha}$ 方向，声场的幅度发散。$\boldsymbol{k}^{\mathrm{R}}$ 方向和 $\boldsymbol{\alpha}$ 方向互相垂直。由于 $\left|\boldsymbol{k}^{\mathrm{R}}\right|>k$，因此在 $\boldsymbol{k}^{\mathrm{R}}$ 方向的波长小于 λ。这种波称为凋落波。凋落波在 $-\boldsymbol{\alpha}$ 方向发散，因此在研究全空间的声场时不采用，但是在一些非全空间问题中会用到，下面会有例子说明。

除了声波方程外，非全空间问题还要用到边界条件。常用的边界条件有三类。一类是给定边界上的声压值，包括给定的声压值为零的自由边界条件。第二类是给定边界上介质的法向振速，包括法向振速为零的刚性边界。第三类是连续边界条件，指两种介质的界面上声压和法向振速分别连续。

1.2.2　角谱的概念

式 (1.34) 的平面波和凋落波都满足波动方程，不同波矢的平面波和凋落波的线性叠加也满足波动方程。一般的声场可以表示为不同 $\boldsymbol{k}$ 的式 (1.34) 的线性叠加，形式上可以表示为复 $\boldsymbol{k}$ 空间中式 (1.34) 带有加权系数的积分，写成 $P(\boldsymbol{r})=\iiint\limits_{\Omega_{\boldsymbol{k}}} P'(\boldsymbol{k})\exp(\mathrm{i}\boldsymbol{k}\cdot\boldsymbol{r})\,\mathrm{d}\boldsymbol{k}$，$\Omega_{\boldsymbol{k}}$ 是 $\boldsymbol{k}$ 空间中的区域，不同的问题需要不同的积分区域 $\Omega_{\boldsymbol{k}}$ 和加权系数 $P'(\boldsymbol{k})$，加权系数 $P'(\boldsymbol{k})$ 就是角谱，下面将具体说明。

本章讨论直角坐标系的角谱方法，主要用于求解分层介质中的波动问题，介质由若干层组成，各层的界面都是彼此平行的平面，把界面的法线方向记为 z 方向。在各层介质中，介质的密度、声速等参数不随 x 和 y 变化，声场在 x 和 y 方向延伸到无穷。为了得到 x 和 y 方向不发散的解，k_x 和 k_y 只能是实数，因此在这类问题中上述 $\boldsymbol{k}$ 空间中的积分取 k_x 和 k_y 为实数的平面上的面积分。k_z 根据式 (1.33) 计算，为

$$k_z=\sqrt{k^2-k_x^2-k_y^2}=\sqrt{\left(\frac{\omega}{c}\right)^2-k_x^2-k_y^2} \tag{1.39}$$

上式中的开方产生两个值 $\pm k_z$，它们分别代表不同的波。当 $k_x^2+k_y^2<k^2$ 时，k_z 是实数，声场是平面波。用 $\pm k_z$ 分别记正和负的值，它们分别代表 $\pm z$ 方向传播的波。当 $k_x^2+k_y^2>k^2$ 时，k_z 是纯虚数，声场是凋落波。用 $\pm k_z$ 分别记虚部为正和负的纯虚数，它们代表 $\pm z$ 方向不发散的凋落波。我们把 z 方向传播的波和不发散的凋落波合称为 z 方向的波，把 $-z$ 方向传播的波和不发散的凋落波合称为 $-z$ 方向的波。在一层介质中声场可以看作这两部分的叠加

$$P(x,y,z,\omega)=P_1(x,y,z,\omega)+P_2(x,y,z,\omega) \tag{1.40}$$

其中，P_1 和 P_2 分别是 $\pm z$ 两个方向的波，分别为

$$P_1(x,y,z,\omega)=\int\limits_{-\infty}^{\infty}\int\limits_{-\infty}^{\infty} P_1'(k_x,k_y,\omega)\exp\left[\mathrm{i}(k_x x+k_y y+k_z z)\right]\mathrm{d}k_x\mathrm{d}k_y \tag{1.41}$$

$$P_2(x,y,z,\omega)=\int_{-\infty}^{\infty}\int_{-\infty}^{\infty}P_2'(k_x,k_y,\omega)\exp\left[\mathrm{i}(k_xx+k_yy-k_zz)\right]\mathrm{d}k_x\mathrm{d}k_y \tag{1.42}$$

这里，P_1' 和 P_2' 是待确定的加权系数。式 (1.41)、式 (1.42) 和 1.1 节讨论的频谱式 (1.6) 相似，而实的 $\boldsymbol{k}$ 代表波的传播方向，因此它们称为声场的角谱表示，P_1' 和 P_2' 分别为 $\pm z$ 两个方向波的角谱。根据式 (1.41) 和式 (1.42)，式 (1.40) 也可以写成

$$P(x,y,z,\omega)=\int_{-\infty}^{\infty}\int_{-\infty}^{\infty}\tilde{P}(k_x,k_y,z,\omega)\exp\left[\mathrm{i}(k_xx+k_yy)\right]\mathrm{d}k_x\mathrm{d}k_y \tag{1.43}$$

其中，

$$\tilde{P}(k_x,k_y,z,\omega)=\tilde{P}_1+\tilde{P}_2$$

$$\tilde{P}_1(k_x,k_y,z,\omega)=P_1'(k_x,k_y,\omega)\exp(\mathrm{i}k_zz) \tag{1.44}$$

$$\tilde{P}_2(k_x,k_y,z,\omega)=P_2'(k_x,k_y,\omega)\exp(-\mathrm{i}k_zz) \tag{1.45}$$

这里，$\tilde{P}_1$ 和 $\tilde{P}_2$ 分别是 $\pm z$ 两个方向的波在 z 处的角谱；$\tilde{P}(k_x,k_y,z,\omega)$ 是 z 处总的角谱。

根据式 (1.44),如果我们知道 $z=z_1$ 平面的正 z 方向波的角谱 $\tilde{P}_1(k_x,k_y,z_1,\omega)$，那么只须乘以 $\exp\left[\mathrm{i}k_z(z_2-z_1)\right]$ 就得到平行平面 $z=z_2$ 的角谱 $\tilde{P}_1(k_x,k_y,z_2,\omega)$。需要注意，当 $z_2<z_1$，也就是逆着波的方向计算时，凋落波部分的角谱所乘的数比较大，结果可能不稳定。对于 $-z$ 方向的波，式 (1.42) 也有类似的结果，只须把正向波式子中的 k_z 换作 $-k_z$。

式 (1.6) 把 ω 的函数变换为 t 的函数，如果把式 (1.6) 中的 t 和 $-\omega$ 分别换作 x 和 k_x，就得到式 (1.41) 中关于 k_x 的积分部分，再把式 (1.6) 中的 t 和 $-\omega$ 分别换作 y 和 k_y，就得到式 (1.41) 中关于 k_y 的积分部分。因此式 (1.41) 是二维傅里叶变换，为

$$P_1(x,y,z,\omega)=\mathcal{F}_2^{-1}\left[P_1'(k_x,k_y,\omega)\exp(\mathrm{i}k_zz)\right]=\mathcal{F}_2^{-1}\left[\tilde{P}_1(k_x,k_y,z,\omega)\right] \tag{1.46}$$

其中，$\mathcal{F}_2^{-1}=\int_{-\infty}^{\infty}\int_{-\infty}^{\infty}\mathrm{d}k_x\mathrm{d}k_y\exp\left[\mathrm{i}(k_xx+k_yy)\right]$ 是二维傅里叶逆变换算子。上式最后一步用到式 (1.44)。

利用式 (1.6) 和式 (1.7) 的关系，可以得到 $\mathcal{F}_2^{-1}$ 逆变换

$$\tilde{P}_1(k_x,k_y,z,\omega)=P_1'(k_x,k_y,\omega)\exp(\mathrm{i}k_zz)=\mathcal{F}_2P_1(x,y,z,\omega) \tag{1.47}$$

其中，$\mathcal{F}_2 = \left(\dfrac{1}{2\pi}\right)^2 \int\limits_{-\infty}^{\infty}\int\limits_{-\infty}^{\infty} \mathrm{d}x\mathrm{d}y \exp\left[-\mathrm{i}(k_x x + k_y y)\right]$ 是二维傅里叶变换算子。

如果得到一个稳态声场的角谱 $P'(\boldsymbol{k})$ 或 $\tilde{P}$,就可以通过式 (1.40)~式 (1.43) 计算空间的声场，它们是傅里叶变换，可以利用快速傅里叶变换计算，效率比较高。

如果声场与 y 无关，为 $P(x,z,\omega)$，那么称为二维声场。二维声场的角谱和声场的关系简化为

$$P(x,z,\omega) = P_1(x,z,\omega) + P_2(x,z,\omega) \tag{1.48}$$

其中，P_1 和 P_2 是两个方向的波，分别为

$$P_1(x,z,\omega) = \int\limits_{-\infty}^{\infty} P_1'(k_x,\omega)\exp\left[\mathrm{i}(k_x x + k_z z)\right]\mathrm{d}k_x \tag{1.49}$$

$$P_2(x,z,\omega) = \int\limits_{-\infty}^{\infty} P_2'(k_x,\omega)\exp\left[\mathrm{i}(k_x x - k_z z)\right]\mathrm{d}k_x \tag{1.50}$$

式中，

$$k_z = \sqrt{k^2 - k_x^2} \tag{1.51}$$

和式 (1.41)、式 (1.42) 比较知道，$k_y = 0$。

式 (1.48) 也可写成

$$P(x,z,\omega) = \int\limits_{-\infty}^{\infty} \tilde{P}(k_x,z,\omega)\exp(\mathrm{i}k_x x)\mathrm{d}k_x \tag{1.52}$$

$$\tilde{P}(k_x,z,\omega) = \tilde{P}_1(k_x,z,\omega) + \tilde{P}_2(k_x,z,\omega) \tag{1.53}$$

其中，

$$\tilde{P}_1\left(k_x,z,\omega\right) = P_1'\left(k_x,\omega\right)\exp\left(\mathrm{i}k_z z\right) \tag{1.54}$$

$$\tilde{P}_2\left(k_x,z,\omega\right) = P_2'\left(k_x,\omega\right)\exp\left(-\mathrm{i}k_z z\right) \tag{1.55}$$

这里，$\tilde{P}_1$ 和 $\tilde{P}_2$ 是两个方向为 z 的角谱；$\tilde{P}(k_x,z,\omega)$ 是 z 方向总的角谱。

$$P_1(x,z,\omega) = \mathcal{F}_1^{-1}\left[P_1'(k_x,\omega)\exp\left(\mathrm{i}k_z z\right)\right] = \mathcal{F}_1^{-1}\left[\tilde{P}_1\left(k_x,z,\omega\right)\right] \tag{1.56}$$

其中，$\mathcal{F}_1^{-1} = \int\limits_{-\infty}^{\infty} \mathrm{d}k_x \exp(\mathrm{i}k_x x)$ 是一维傅里叶逆变换算子。

$$\tilde{P}_1(k_x,z,\omega)=P_1'(k_x,\omega)\exp(\mathrm{i}k_z z)=\mathcal{F}_1 P_1(x,z,\omega) \tag{1.57}$$

其中，$\mathcal{F}_1=\dfrac{1}{2\pi}\displaystyle\int_{-\infty}^{\infty}\mathrm{d}x\exp(-\mathrm{i}k_x x)$ 是一维傅里叶变换算子。

对于 $-z$ 方向的波，式 (1.50) 也有类似的结果，只须把正向波式子中的 k_z 换作 $-k_z$。

瞬态声场是

$$\begin{aligned}
p(x,z,t)&=\frac{1}{2\pi}\int_{-\infty}^{\infty}P(x,z,\omega)\exp(-\mathrm{i}\omega t)\mathrm{d}\omega\\
&=\frac{1}{2\pi}\int_{-\infty}^{\infty}\int_{-\infty}^{\infty}[P_1'(k_x,\omega)\exp(\mathrm{i}k_z z)\\
&\quad+P_2'(k_x,\omega)\exp(-\mathrm{i}k_z z)]\exp[\mathrm{i}(k_x x-\mathrm{i}\omega t)]\,\mathrm{d}k_x\mathrm{d}\omega
\end{aligned} \tag{1.58}$$

二维声场的计算与三维声场相比大为简化，而且常常能反映三维声场的主要特征，因此有广泛的应用。

1.2.3 半空间声场边值问题

上面的分析表明，如果知道声场的角谱，通过式 (1.41) 那样的变换就可以得到声场，因此，用角谱方法求解各种问题的关键是得到角谱。作为角谱方法的一个例子，我们讨论半空间声场的边值问题。

如果 $z>0$，半空间中没有声源，$z\leqslant 0$ 半空间中的一些声源辐射声场，已知它们在 $z=0$ 平面上产生的声压为

$$P(x,y,0,\omega)=P_{\mathrm{s}}(x,y,\omega) \tag{1.59}$$

求 $z>0$ 半空间中的声场。

用角谱表示式 (1.40)，写出 $z\geqslant 0$ 半空间中声场，这个声场只包括正方向的波，因此式 (1.40) 中 $P_2=0$，省去 $P_1=0$ 的角标，代入式 (1.59)，得到

$$P_{\mathrm{s}}(x,y,\omega)=\int_{-\infty}^{\infty}\int_{-\infty}^{\infty}P'(k_x,k_y,\omega)\exp[\mathrm{i}(k_x x+k_y y)]\,\mathrm{d}k_x\mathrm{d}k_y$$

对照式 (1.46)，上式可写成 $P_{\mathrm{s}}=\mathcal{F}_2^{-1}P'$，角谱的二维傅里叶逆变换是 $z=0$ 平面上的声压 $P_{\mathrm{s}}(x,y,\omega)$，因此角谱 $P'(k_x,k_y,\omega)$ 是 $P_{\mathrm{s}}(x,y,\omega)$ 的二维傅里叶变换：

$$P'(k_x,k_y,\omega)=\mathcal{F}_2P_{\mathrm{s}}(x,y,\omega)=\left(\frac{1}{2\pi}\right)^2\int_{-\infty}^{\infty}\int_{-\infty}^{\infty}P_{\mathrm{s}}(x,y,\omega)\exp\left[-\mathrm{i}(k_xx+k_yy)\right]\mathrm{d}x\mathrm{d}y \tag{1.60}$$

利用式 (1.60) 可以由 $z=0$ 的声压 $P_{\mathrm{s}}(x,y,\omega)$ 得到声场的角谱 $P'(k_x,k_y,\omega)$，再代入式 (1.44) 得到任意 z 处的角谱 $\tilde{P}(k_x,k_y,z,\omega)$，代入式 (1.43) 就可以计算稳态声场 $P(x,y,z,\omega)$，还可以通过式 (1.29) 计算时域的声场。所有这些计算都是通过快速傅里叶变换完成的，效率很高。

如果给定 $z=0$ 的质点法向振速 $V_{z\mathrm{s}}(x,y,\omega)$，求声场，计算的方法是类似的。根据式 (1.35) 和式 (1.41) 有

$$V_{z\mathrm{s}}=\left.\frac{\partial P(x,y,z,\omega)}{\mathrm{i}\rho\omega\partial z}\right|_{z=0}=\frac{1}{\rho\omega}\int_{-\infty}^{\infty}\int_{-\infty}^{\infty}k_zP'(k_x,k_y,\omega)\exp\left[\mathrm{i}(k_xx+k_yy)\right]\mathrm{d}k_x\mathrm{d}k_y$$

利用其逆变换得到

$$P'(k_x,k_y,\omega)=\left(\frac{1}{2\pi}\right)^2\frac{\rho\omega}{k_z}\int_{-\infty}^{\infty}\int_{-\infty}^{\infty}V_{z\mathrm{s}}(x,y)\exp\left[-\mathrm{i}(k_xx+k_yy)\right]\mathrm{d}x\mathrm{d}y$$

上式与式 (1.60) 类似，其后的计算方法也是相同的。

我们考虑一个具体的例子，假定声场是二维的。$z=0$ 界面上的已知声压是 x 的高斯包络调制的简谐函数：

$$P_{\mathrm{s}}(x)=\exp\left[-\left(\frac{x-x_{\mathrm{s}}}{x_{\mathrm{b}}}\right)^2+\mathrm{i}k_{x0}x\right] \tag{1.61}$$

它的幅度是高斯函数，在 $x=x_{\mathrm{s}}$ 取极大值，x_{b} 与峰的宽度成比例；k_{x0} 是波数。式 (1.57) 中取 $z=0$，得到角谱 $P'(k_x)$ 是 $P_{\mathrm{s}}(x)$ 的傅里叶变换，推导得到

$$P'(k_x)=P_0\exp\left[-\left(\frac{k_x-k_{x0}}{k_{x\mathrm{b}}}\right)^2-\mathrm{i}k_xx_{\mathrm{s}}\right] \tag{1.62}$$

式中，P_0 是常数，与 k_x 无关，下面的计算中取为 1。$k_{x\mathrm{b}}=\dfrac{2}{x_{\mathrm{b}}}$，与角谱宽度成正比。得到了角谱就可以计算声场，下面是计算程序。

程序1.2
```
(1) clear;tic
(2) warning off
(3) c=1500;dns=1000;
```

```
(4) n=1024;
(5) dx=0.025;
(6) dkx=2*pi/dx/n;
(7) nz=401;
(8) nkx=300;
(9) om0=4000*2*pi;k=om0/c;
(10) kx0k=0.5;kx0=kx0k*k;
(11) kxb=(0.2-kx0k*.1)*k;
(12) xs=2;kxs=20;
(13) kx=[0:nkx-1]*dkx-kxs;
(14) x=[0:nkx-1]*dx;
(15) z=[0:nz-1]*dx;
(16) [xx,zz]=meshgrid(x,z);
(17) [kxx,zz]=meshgrid(kx,z);
(18) kz=sqrt(k.*k-kxx.*kxx);
(19) s0=exp(-(kxx-kx0).*(kxx-kx0)/kxb/kxb-i*kxx*xs).*...
     exp(i*kz.*zz);
(20) s1=ifft(s0,n,2);
(21) s2=s1(:,1:nkx).*exp(-i*kxs*xx);
(22) am=(1+1.*kx0k)*1000;
(23) figure(1); image(x,z,real(s2)*am+32)
(24) hold on
(25) line([2,2+kx0k/sqrt(1-kx0k^2)*10],[0,10])
(26) set(gca, 'YDir', 'normal' );set(gcf, 'color',[1 1 1]);
(27) xlabel('x(m)');ylabel('z(m)');axis equal
(28) axis([0 7.5 0 10])
(29) toc
```

第 (3) 行输入介质的声速 c 和密度 dns。第 (4)～第 (8) 行给出傅里叶变换的点数和各个变量的步长和长度。第 (9) 行给出角频率 ω_0，计算相应的波数 $k=\dfrac{\omega_0}{c}$。第 (10) 行 kx0k 是 k_x 范围的中心值 k_{x0} 与 k 的比值并计算 k_{x0}。第 (11) 行输入控制 k_x 宽度的参数 k_{xb}，第 (12) 行两个变量是 x 和 k_x 的平移量，目的是方便图形显示。第 (13)～第 (15) 行给出实际需要计算的波数和空间的范围，它们比第 (4) 行给定的傅里叶变换的点数小得多，可以节省时间，而傅里叶变换的点数取大一些，可以得到比较光滑的曲线。第 (16) 行用 meshgrid 函数根据矢量 x

和 z 产生两个相同大小的二维数组 xx 和 zz，xx 的每一行都是 x，zz 的每一列都是 z。这样对 x 和 z 的二重循环可以用数组运算实现，计算效率显著提高。第 (17) 行与此类似。我们经常把矢量名称的最后一个字符重复一遍，作为产生的二维数组的名称。利用 meshgrid 函数的程序需要较多的内存，因此早期应用不多。第 (18) 行给出 z 方向的波数 k_z。根据式 (1.62)，第 (19) 行给出 z 处的角谱。第 (20) 行完成波数到空间域的傅里叶变换。最后几行画出计算结果，如图 1.5 所示。图中用不同颜色表示数值，深蓝色表示极小 (绝对值很大的负数)，深红色表示极大。第 (25) 行画出图中的蓝线，是 k_{x0} 对应的方向。

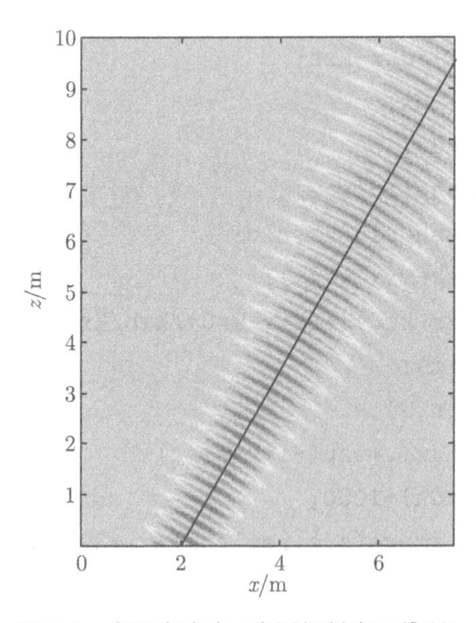

图 1.5　有限宽声束 (彩图扫封底二维码)

我们这里给出的图是稳态声场的实部，相当于 $t=0$ 的声场。声场的虚部是 $t=\dfrac{\pi}{2\omega}=\dfrac{1}{4f}$ 时的声场。图 1.5 所示声场基本上是行波，实部和虚部的差别是四分之一波长的传播距离。

下面再给出一个计算瞬态有限宽声场的例子，这个程序比程序 1.2 多了一步从频率域到时间域的傅里叶变换，有些变量有相应的改变。

```
程序1.3
(1) clear,tic
(2) c=1500;dns=1000;
(3) n=1024;
(4) dt=0.000025;
```

```
(5) dx=0.025;
(6) dom=2*pi/dt/n;
(7) df=dom/2/pi;
(8) dkx=2*pi/dx/n;

(9) nfq=412;
(10) nkx=402;
(11) nz=401;
(12) om0=5000*2*pi;omb=1000*2*pi;
(13) kx0k=0.5;k0=om0/c;
(14) kx0=kx0k*k0;kb=(0.2-kx0k*.1)*k0;xs=2;kxs=10;ts=0;

(15) freq=[0:nfq-1]*df;
(16) kx=[0:nkx-1]*dkx-kxs;
(17) t=[0:nfq-1]*dt;
(18) x=[0:nkx-1]*dx;

(19) [xx,tt]=meshgrid(x,t);
(20) [kxx,omm]=meshgrid(kx,freq*2*pi);
(21) kk=omm/c;
(22) kz=sqrt(kk.*kk-kxx.*kxx);
(23) s0=exp(-(omm-om0).*(omm-om0)/omb/omb-(kxx-kx0).*...
     (kxx-kx0)./kb./kb-i*kxx*xs);

(24) for m=1:nz
(25) z=(m-1)*dx;
(26) s1=s0.*exp(i*kz*z);
(27) s2=fft(s1,1024,1);
(28) s3=s2(1:nfq,:);
(29) s4=ifft(s3,1024,2);
(30) s5=s4(:,1:nkx).*exp(-i*kxs*xx);
(31) tt1(m,:)=s5(1,:);
(32) tt2(m,:)=s5(101,:);
(33) tt3(m,:)=s5(201,:);
(34) tt4(m,:)=s5(301,:);
```

```
(35) end

(36) figure(7); image(x,[1:nz]*dx,real(tt1+tt2+tt3+tt4)*50+32)
(37) set(gca, 'YDir', 'normal' );
(38) set(gcf, 'color',[1 1 1]);
(39) xlabel('x(m)');
(40) ylabel('time(s)');
(41) axis equal
(42) time=[0:100:300]*dt
(43) toc
```

第 (19) 和第 (20) 行分别产生空间时间域和频率波数域的数组。第 (23) 行给出 $z=0$ 平面上声压的角谱，它是 k_x 和 ω 的高斯函数，最大值在 $k_x=k_0$，$\omega=\omega_0$ 处，$k_{\rm b}$ 和 $\omega_{\rm b}$ 分别表征高斯函数在波数和频率方向的宽度。第 (24)~ 第 (35) 行对 z 循环，第 (27) 和第 (28) 行是频率域到时间域的傅里叶变换，第 (29) 和第 (30) 行是波数域到空间域的傅里叶变换。第 (31)~ 第 (34) 行将 4 个不同时间的声场存放到不同的矩阵，称为声场的时间切片。程序的最后将不同时间的声场画在一起，如图 1.6 所示，一个声脉冲随着时间在空间中传播，从左下方到右上方，它们的时间分别是 0s，0.0025s，0.005s，0.0075s。

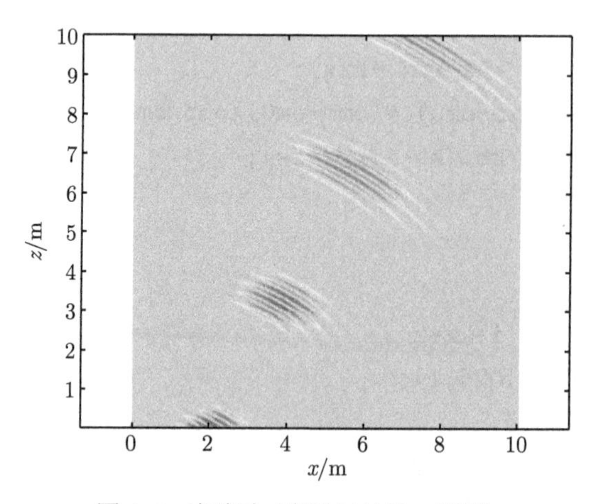

图 1.6　声脉冲 (彩图扫封底二维码)

$z=0$ 表面的声压 $P_{\rm s}$ 是声源产生的，这个例子表明，式 (1.61) 表示的声压可以产生具有一定宽度的声束，改变 $P_{\rm s}$ 的参数可以得到方向、宽度和扩展角不同的声束，这就是波束形成技术的基础。改变声源声压的相位 k_{x0} 可以改变声束的方向，称为相控技术。

1.2.4 有限宽波束的反射和透射

声波在平面界面上的反射和透射是声学中的重要问题，这一节利用角谱的概念计算有限宽的声束在不同介质界面上的反射和透射。如图 1.7 所示，$z=d$ 是两种介质的界面，标有 i 的红色箭头是传播方向在 xz 平面内的声束，它入射到界面上，称为入射声束。根据式 (1.52)~式 (1.54)，入射声束可以用角谱表示为 $P_{\mathrm{i}}(x,z,\omega)=\int_{-\infty}^{\infty}P_{\mathrm{i}}'(k_x,\omega)\exp(\mathrm{i}k_z z)\exp(\mathrm{i}k_x x)\mathrm{d}k_x$，其中 $P_{\mathrm{i}}'(k_x,\omega)$ 是入射波的角谱。如果按照式 (1.62) 取角谱，就可以得到有限宽的声束。但是仔细分析会发现，在斜入射的时候计算得到的声束的横截面不对称，而且不同入射角的声束其横截面不相同。为了解决这些问题，下面我们采用旋转坐标的方法计算斜入射的声束。

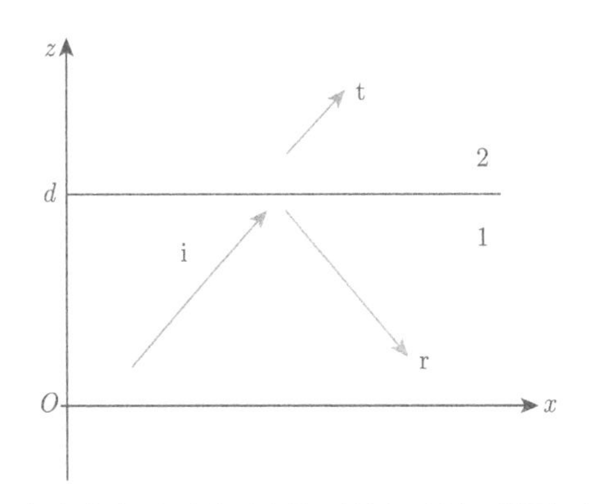

图 1.7　有限宽声束在平面界面上的反射和透射 (彩图扫封底二维码)

首先，在式 (1.61) 和式 (1.62) 中取 $k_{x0}=0$，用上面的方法计算得到 xz 平面内正 z 方向传播的声束在空间的分布，它的横截面是对称的。为了得到斜入射的声束，我们将 xz 坐标逆时针转动 θ 角，得到新的直角坐标系 $x_{\mathrm{n}}z_{\mathrm{n}}$，在新坐标系中入射声束与 z_{n} 轴成 θ 角，是斜入射声束。不难得到新坐标系中 x_{n} 轴上的点 $(x_{\mathrm{n}},0)$ 在原坐标系中的坐标是

$$x_{\mathrm{p}}=x_{\mathrm{s}}+x_{\mathrm{n}}\cos\theta,\quad z_{\mathrm{p}}=z_{\mathrm{s}}+x_{\mathrm{n}}\sin\theta \tag{1.63}$$

这里 $(x_{\mathrm{s}},z_{\mathrm{s}})$ 是新坐标系原点在原坐标系的坐标。利用新旧坐标系的关系就可以用插值方法由旧坐标系中正入射的声束得到新坐标系中 x 轴上的声场。从这里开始，我们只在新坐标系里讨论，可以省去 x_{n} 和 z_{n} 的下标。利用和式 (1.61) 的例子同样的算法，对 x 轴上的声场作傅里叶变换，得到新坐标系中斜入射声束的角

谱，加上 z 方向的角谱部分，得到新坐标系中入射声束的角谱 $P_{\mathrm{i}}'(k_x, z, \omega)$，特别能得到分界面 $z = d$ 上的角谱为

$$P_{\mathrm{i}}'(k_x, d, \omega) = P_{\mathrm{i}}'(k_x, \omega)\exp(\mathrm{i}k_z d)$$

再对 $P_{\mathrm{i}}'(k_x, z, \omega)$ 作傅里叶变换，得到新坐标系 xz 中的入射声束。这样得到的入射声束的横截面是对称的，不同角度的声束是转动得到的，具有同样的性质。计算中用到的插值可以用 Matlab 的 interp2 函数实现，详见程序 1.4。

角谱表示把入射波表示成平面波的叠加，这里和下面说的平面波包括凋落波。每个平面波在界面上反射和透射，产生反射平面波和透射平面波。根据声学的基本原理，在界面上反射平面波和透射平面波分别等于入射平面波与反射系数 $R(k_x, \omega)$ 和透射系数 $T(k_x, \omega)$ 的乘积，而反射系数和透射系数分别为

$$R(k_x, \omega) = \frac{\dfrac{\rho' c'}{\cos\theta'} - \dfrac{\rho c}{\cos\theta}}{\dfrac{\rho' c'}{\cos\theta'} + \dfrac{\rho c}{\cos\theta}} = \frac{\dfrac{k_z}{\rho} - \dfrac{k_z'}{\rho'}}{\dfrac{k_z}{\rho} + \dfrac{k_z'}{\rho'}}, \quad T(k_x, \omega) = \frac{\dfrac{2\rho' c'}{\cos\theta'}}{\dfrac{\rho' c'}{\cos\theta'} + \dfrac{\rho c}{\cos\theta}} = \frac{\dfrac{2k_z}{\rho}}{\dfrac{k_z}{\rho} + \dfrac{k_z'}{\rho'}} \tag{1.64}$$

式中，ρ' 和 c' 分别是 $z > d$ 介质的密度和声速；θ 和 θ' 分别是入射角和透射角。于是得到界面上反射波和透射波的角谱分别为

$$P_{\mathrm{r}}'(k_x, d, \omega) = R(k_x, \omega) P_{\mathrm{i}}'(k_x, d, \omega)$$

$$P_{\mathrm{t}}'(k_x, d, \omega) = T(k_x, \omega) P_{\mathrm{i}}'(k_x, d, \omega)$$

根据式 (1.44) 及其后面的讨论，把上面两式分别乘以 $\exp[-\mathrm{i}k_z(z-d)]$ 和 $\exp[\mathrm{i}k_z'(z-d)]$ 可以得到反射波和透射波在 z 处的角谱。注意，反射波是负 z 方向的波，因此 k_z 前有负号。透射波在第二介质中，z 方向的波数取 $k_z' = \sqrt{\left(\dfrac{\omega}{c'}\right)^2 - k_x^2}$。最后把反射波和透射波的角谱代入式 (1.52) 和式 (1.58)，就可以计算稳态和瞬态的反射声束和透射声束。

图 1.8 ~ 图 1.11 是计算结果。图 1.8 三个图表示稳态声场的实部，其中水平白线是两种介质的分界线。图 1.8(a) 下半部分显示向右上方传播的入射波。图 1.8(b) 上下两部分分别显示透射波和反射波。图 1.8(c) 把三种波叠加显示，可以看到入射波和反射波的干涉现象。

如果 $c' > c$，当入射角超过临界角时就会发生全反射。图 1.9 显示全反射的入射波、反射波、透射波，以及它们的叠加，各图的安排与图 1.8 一样。注意，透射波局限在界面附近，没有向上传播，这是凋落波。

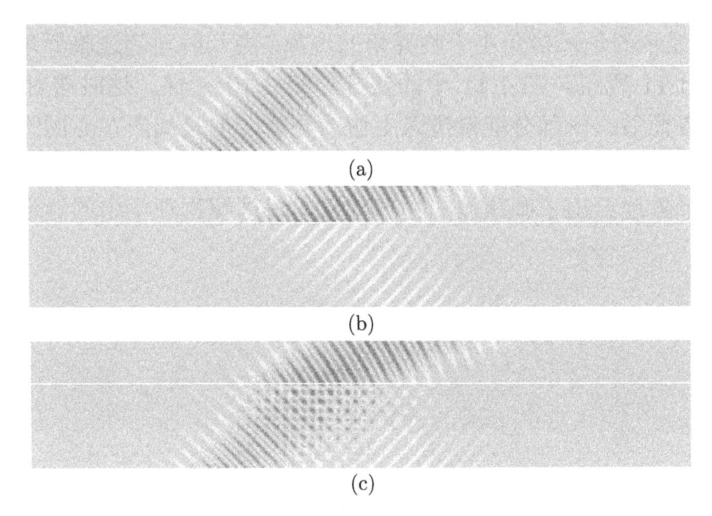

图 1.8　有限宽声束的反射和透射 (彩图扫封底二维码)

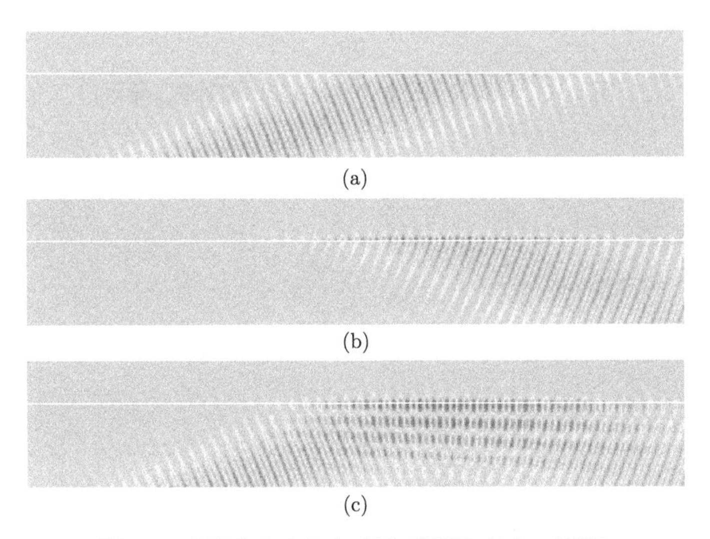

图 1.9　有限宽声束的全反射 (彩图扫封底二维码)

用上面的方法可以计算不同频率的稳态反射波和透射波，再通过傅里叶变换可以得到瞬态脉冲波产生的反射脉冲波和透射脉冲波。图 1.10 和图 1.11 是两个例子。图中的白直线是两种介质的界面。图中显示的是不同时刻声脉冲的时间切片图。图 1.10(a) 中从左下角向界面传播的几个波包是不同时刻的入射波。入射波到达界面后一部分反射回来，向右下角传播，这是反射脉冲波。还有一部分透过界面向右上角传播，这是透射脉冲波。图 1.10(b) 白线上下分别显示各个时刻的透射波和反射波。

图 1.10 显示的是入射角小于临界角的现象。当入射角超过临界角时会产生全反射，如图 1.11 所示。图 1.11 中的安排与图 1.10 一样。这时透射波是凋落波，入射波到达界面后，一部分能量进入上边的介质，但是局限在界面附近，经过一段距离的传播后又折回下边的介质，成为反射波的一部分。这个过程说明了凋落波的本质，形象地给出了凋落波的物理意义，对理解物理学中的隧道效应概念是有帮助的。

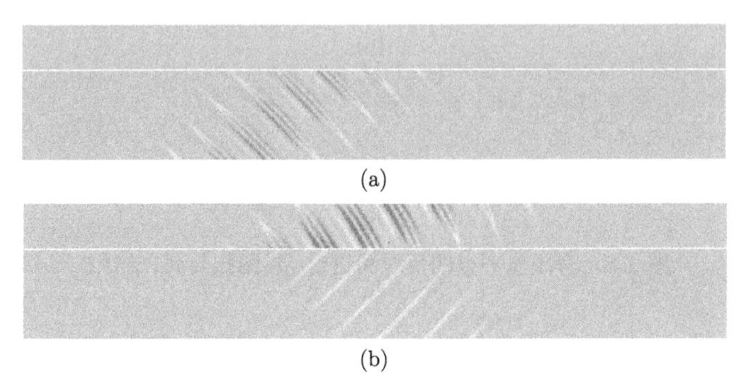

(a)

(b)

图 1.10　声脉冲的反射和透射 (彩图扫封底二维码)

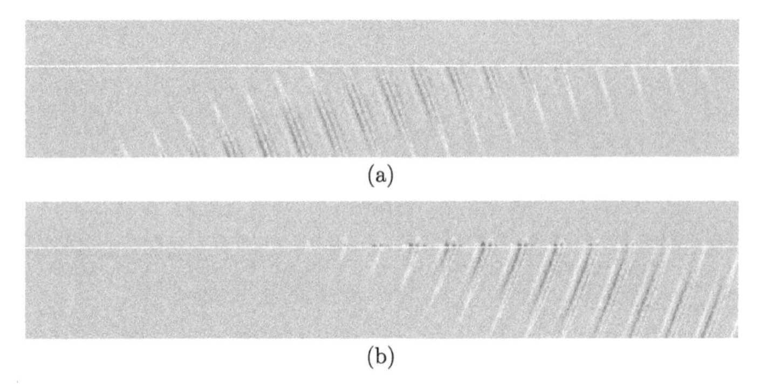

(a)

(b)

图 1.11　声脉冲的全反射 (彩图扫封底二维码)

下面是计算反射和透射声波的程序，其中，入射介质和透射介质的变量分别用 1 和 2 表示，如 k_{z1} 和 k_{z2} 分别表示两种介质中 z 方向的波数。程序 1.4 计算图 1.8 和图 1.9 的稳态声场，程序 1.5 计算图 1.10 和图 1.11 的瞬态脉冲声场。

程序1.4

```
(1) clear,tic
(2) nt=256;dt=0.0005;df=1/dt/nt;t=[0:nt-1]*dt;
(3) f=[0:nt-1]*df;
```

```
(4) f0=500;fb=0.4*f0;
(5) f0=exp(-(f-f0).*(f-f0)/fb/fb);
(6) dns1=1000;dns2=2000;c1=1500;c2=1800;
(7) dx=0.2;dz=0.2;n=2048;dkx=2*pi/dx/n;

(8) kxs=4;kb=.2;xs=10;ts=2;
(9) nkx=800;nz=903;
(10) kx=[0:nkx-1]*dkx;
(11) x=[0:nkx-1]*dx;
(12) z=[0:nz-1]*dx;
(13) [xx,zz]=meshgrid(x,z);
(14) [kxx,zz]=meshgrid(kx-kxs,z);
(15) nz1=101;nz2=51;nz=nz1+nz2;
(16) z1=[0:nz1-1]*dz;d=z1(nz1);
(17) z2=[0:nz2-1]*dz;
(18) th=0.785;%th=1.2;

(19) nnf=64;fq=nnf*df;
(20) k1=2*pi*fq/c1;k2=2*pi*fq/c2;
(21) kx=[0:n-1]*dkx;
(22) kz1=sqrt(k1*k1-kx.*kx);
(23) kz2=sqrt(k2*k2-kx.*kx);
(24) rf=(kz1/dns1-kz2/dns2)./(kz1/dns1+kz2/dns2);
(25) ts=2*kz1/dns1./(kz1/dns1+kz2/dns2);
(26) xs=50;kfz=sqrt(k1.*k1-kxx.*kxx);
(27) f0=exp(-kxx.*kxx/kb/kb-i*kxx*xs).*exp(i*kfz.*zz);
(28) s0=ifft(f0,n,2);
(29) s1=s0(:,1:nkx).*exp(-i*kxs*xx);

(30) xn=x-xs;
(31) xp=xs+xn*cos(th);zp=70+xn*sin(th);
(32) figure(21),image(x,z,real(s1*2000)+30)
(33) set(gca, 'YDir', 'normal' );
(34) axis equal
(35) colormap('jet')
```

```
(36) hold on,plot(xp,zp)

(37) s2 = interp2(x,z,s1,xp,zp);
(38) s3=[s2,zeros(1,n-nkx)];
(39) fx1=fft(s3);

(40) fx2=fx1.*exp(i*d*kz1).*ts;
(41) fx3=fx1.*rf;
(42) [ffx1,zz1]=meshgrid(fx1,z1);
(43) [ffx2,zz2]=meshgrid(fx2,z2);
(44) [ffx3,zz1]=meshgrid(fx3,z1);

(45) ff2=ifft(ffx2.*exp(i*z2.'*kz2),[],2);
(46) ff3=ifft(ffx1.*exp(i*z1.'*kz1)+ffx3.*...
     exp(i*(2*d-z1).'*kz1),[],2);
(47) wrk(1:nz1,:)=ff3(:,1:nkx);
(48) wrk(nz1+1:nz1+nz2,:)=ff2(:,1:nkx);

(49) figure(2);image(dx*[101:100+nkx],dz*[0:nz-1],...
     abs(wrk)*4000)
(50) set(gca, 'YDir', 'normal' );
(51) axis equal
(52) axis([20 180 0 30 ])
(53) hold on;plot([180,20],[20.1,20.1],'w')
(54) axis off
(55) set(gcf,'color',[1 1 1],'Position', [100 100 1000 200])
(56) colormap('jet')

(57) figure(3);image(dx*[101:100+nkx],dz*[0:nz-1],...
     real(wrk)*2000+32)
(58) set(gca, 'YDir', 'normal' );
(59) axis equal
(60) axis([20 180 0 30 ])
(61) hold on;plot([180,20],[20.1,20.1],'w')
(62) axis off
```

```
(63) set(gcf,'color',[1 1 1],'Position', [100 100 1000 200])
(64) colormap('jet')

(65) figure(4);image(dx*[101:100+nkx],dz*[0:nz-1],...
     imag(wrk)*2000+32)
(66) set(gca, 'YDir', 'normal' );
(67) axis equal
(68) axis([20 180 0 30 ])
(69) hold on;plot([180,20],[20.1,20.1],'w')
(70) axis off
(71) set(gcf,'color',[1 1 1],'Position', [100 100 1000 200])
(72) colormap('jet')
(73) toc
```

程序 1.4 中第 (2)~ 第 (17) 行给定时间、空间、频率、波数等变量的计算范围，以及介质的参数。第 (18) 行给定两个入射角，它们分别小于和大于临界入射角。第 (19) 行给定稳态声场的频率。第 (20)~ 第 (23) 行给出波数。第 (24), 第 (25) 行计算反射系数和透射系数。第 (26) 和第 (27) 行给出正入射声束的角谱，第 (28) 和第 (29) 行给出正入射声束的声场分布。第 (31) 行给出式 (1.63) 所示的坐标变换，第 (32)~ 第 (36) 行画出正入射声束的声场分布图和新坐标系的 x 轴。第 (37)~ 第 (39) 行用插值方法计算 x 轴上的声压和角谱。第 (40)~ 第 (48) 行对 x 轴上的角谱分别加上入射波、反射波和透射波的 z 轴方向的角谱，再作傅里叶变换得到它们在空间的分布，第 (49)~ 第 (73) 行作出声场的绝对值、实部和虚部的分布图。

对不同频率计算稳态声场，再对频率作傅里叶变换，就可以得到时间域的瞬态声场，如程序 1.5 所示。

```
程序1.5
(1) clear,tic
(2) nt=256;dt=0.0005;df=1/dt/nt;t=[0:nt-1]*dt;
(3) f=[0:nt-1]*df;
(4) f0=500;fb=0.4*f0;
(5) f0=exp(-(f-f0).*(f-f0)/fb/fb);
(6) dns1=1000;dns2=2000;c1=1500;c2=1800;
(7) dx=0.2;dz=0.2;n=2048;dkx=2*pi/dx/n;
(8) kxs=4;kb=.2;
```

```
(9) nkx=800;nz=903;
(10) kx=[0:nkx-1]*dkx;
(11) x=[0:nkx-1]*dx;
(12) z=[0:nz-1]*dx;
(13) [xx,zz]=meshgrid(x,z);
(14) [kxx,zz]=meshgrid(kx-kxs,z);

(15) nz1=101;nz2=51;nz=nz1+nz2;
(16) z1=[0:nz1-1]*dz;d=z1(nz1);
(17) z2=[0:nz2-1]*dz;
(18) th=0.785;%th=1.2;

(19) wrk1=zeros(150,nz,nkx); wrk2= wrk1;
(20) for nnf=1:150

(21) fq=nnf*df;
(22) k1=2*pi*fq/c1;
(23) k2=2*pi*fq/c2;
(24) kx=[0:n-1]*dkx;
(25) kz1=sqrt(k1*k1-kx.*kx);
(26) kz2=sqrt(k2*k2-kx.*kx);
(27) rf=(kz1/dns1-kz2/dns2)./(kz1/dns1+kz2/dns2);
(28) ts=2*kz1/dns1./(kz1/dns1+kz2/dns2);
(29) xs=50;

(30) kfz=sqrt(k1.*k1-kxx.*kxx);
(31) f00=exp(-kxx.*kxx/kb/kb-i*kxx*xs).*exp(i*kfz.*zz);
(32) s0=ifft(f00,n,2);
(33) s1=s0(:,1:nkx).*exp(-i*kxs*xx);

(34) xn=x-xs;
(35) xp=xs+xn*cos(th);zp=70+xn*sin(th);
(36) s2 = interp2(x,z,s1,xp,zp);
(37) s3=[s2,zeros(1,n-nkx)];
(38) fx1=fft(s3);
```

```
(39) fx2=fx1.*exp(i*d*kz1).*ts;
(40) fx3=fx1.*rf;
(41) [ffx1,zz1]=meshgrid(fx1,z1);
(42) [ffx2,zz2]=meshgrid(fx2,z2);
(43) [ffx3,zz1]=meshgrid(fx3,z1);

(44) ff1=ifft(ffx1.*exp(i*z1.'*kz1),[],2);
(45) ff2=ifft(ffx2.*exp(i*z2.'*kz2),[],2);
(46) ff3=ifft(ffx3.*exp(i*(2*d-z1).'*kz1),[],2);
(47) wrk1(nnf,1:nz1,:)=ff1(:,1:nkx);
(48) wrk2(nnf,1:nz1,:)=ff3(:,1:nkx);
(49) wrk2(nnf,nz1+1:nz1+nz2,:)=ff2(:,1:nkx);
(50) end

(51) fdt=zeros(26,nz,nkx);

(52) for nnx=1:nkx
(53) spm=diag(f0)*[zeros(1,nz);wrk1(:,:,nnx);zeros(nt-151,nz)];
(54) spt=fft(spm,[],1);
(55) fdt(:,:,nnx)=spt(1:10:256,:);
(56) end

(57) fdtt=reshape(sum(real(fdt),1),nz,nkx);
(58) figure(3);image(dx*[101:100+nkx],dz*[0:nz-1],fdtt*50+32)
(59) set(gca, 'YDir', 'normal' );
(60) axis equal
(61) axis([20 180 0 30 ])
(62) hold on;plot([180,20],[20.1,20.1],'w')
(63) axis off
(64) set(gcf,'color',[1 1 1],'Position', [100 100 1000 200])
(65) colormap('jet')

(66) fdt=zeros(26,nz,nkx);
```

```
(67) for nnx=1:nkx
(68) spm=diag(f0)*[zeros(1,nz);wrk2(:,:,nnx);zeros(nt-151,nz)];
(69) spt=fft(spm,[],1);
(70) fdt(:,:,nnx)=spt(1:10:256,:);
(71) end

(72) fdtt=reshape(sum(real(fdt),1),nz,nkx);
(73) figure(4);image(dx*[101:100+nkx],dz*[0:nz-1],fdtt*50+32)
(74) set(gca, 'YDir', 'normal' );
(75) axis equal
(76) axis([20 180 0 30 ])
(77) hold on;plot([180,20],[20.1,20.1],'w')
(78) axis off
(79) set(gcf,'color',[1 1 1],'Position', [100 100 1000 200])
(80) colormap('jet')

(81) toc
```

程序 1.5 是程序 1.4 的扩展，第 (1)～ 第 (18) 行与程序 1.4 基本相同。第 (20)～ 第 (50) 行对频率循环，计算得到的两个图的数据存入数组 wrk1 和 wrk2。第 (53) 行和第 (68) 行在数据中补零，扩展频率域。第 (54) 行和第 (69) 行用傅里叶变换得到时域声场。第 (55) 行和第 (70) 行选取 26 个时刻的声场，我们把它们叠加显示。第 (57) 行和第 (72) 行以后计算和显示两个图的计算结果的实部，即实际的瞬态声场。

1.2.5　有限宽声束穿透多层介质的问题

声波在多层平行介质的传播问题是单个平面界面上的反射和透射问题的推广，对于许多实际问题很有意义，如地层、海洋和海底、皮肤和皮下组织、玻璃钢、黏接结构等都可以看作多层的介质。这里介绍多层流体介质的问题，多层固体介质问题的处理方法是类似的，1.3 节将给出一个例子。

考虑稳态问题，角频率为 ω。图 1.12 所示的多层平行介质中，所有的界面都与 xy 平面平行。$z<0$ 是介质 0，$z>d_{N-1}$ 是介质 N，中间有 $N-1$ 层介质，界面位于 $z=d_1,d_2,\cdots,d_{N-2}$。介质 $n(n=0,1,\cdots,N)$ 位于 $d_{n-1}<z<d_n$，密度和声速是 ρ_n 和 c_n，波数 $k_n=\dfrac{\omega}{c_n}$。介质 0 中有一有限宽的入射声束 i，假设其传播方向在 xz 平面中。利用角谱表示可以将有限宽的声束表示成许多平面波的

叠加，其中一个平面波为

$$P_{\mathrm{i}} = A_{\mathrm{i}} \exp\left[\mathrm{i}\left(k_x x + k_z^{\mathrm{i}} z\right)\right]$$

式中，$k_x = k_0 \sin\theta$，$k_z^{\mathrm{i}} = k_0 \cos\theta$，满足 $(k_x)^2 + (k_z^{\mathrm{i}})^2 = k_0^2$。当 $k_x \leqslant k_0$ 时，θ 为入射角。入射波在界面法向即 z 方向的质点振速分量是

$$V_{\mathrm{i}} = \frac{\partial P_{\mathrm{i}}}{\mathrm{i}\omega\rho_0 \partial z} = \frac{k_z^{\mathrm{i}} A_{\mathrm{i}}}{\omega\rho_0} \exp\left[\mathrm{i}\left(k_x x + k_z^{\mathrm{i}} z\right)\right]$$

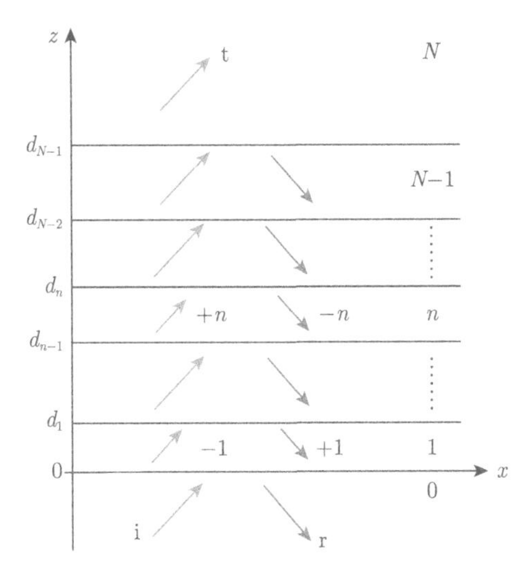

图 1.12 多层平行介质问题

下面我们先求平面波 P_{i} 产生的声场。在界面 $z=0$ 上入射波的声压和法向振速随频率和位置的变化都是 $\exp(\mathrm{i}k_x x)$。和单界面的情况一样，介质 0 中的反射波的声压和质点在 x 方向振速分量分别是

$$P_{\mathrm{r}} = A_{\mathrm{r}} \exp\left[\mathrm{i}\left(k_x x + k_z^{\mathrm{r}} z\right)\right] = A_{\mathrm{r}} \exp\left[\mathrm{i}\left(k_x x - k_z^{\mathrm{i}} z\right)\right]$$

和

$$V_{\mathrm{r}} = \frac{\partial P_{\mathrm{r}}}{\mathrm{i}\omega\rho_0 \partial z} = -\frac{k_z^{\mathrm{i}} A_{\mathrm{r}}}{\omega\rho_0} \exp\left[\mathrm{i}\left(k_x x - k_z^{\mathrm{i}} z\right)\right]$$

介质 0 和 1 中的波在界面 $z=0$ 上一起满足声压连续和法向振速连续的边界条件。因此，介质 1 中的波随 x，y 和 t 的变化也是 $\exp\left[\mathrm{i}\left(k_x x - \omega t\right)\right]$。以此类推，各层介质中的波随 x，y 和 t 的变化都是 $\exp\left[\mathrm{i}\left(k_x x - \omega t\right)\right]$。根据式 (1.40) 可以得到每层介质中的两个平面波，介质 n 中两个波的声压分别是

$$P_n^+ = A_n^+ \exp\left[\mathrm{i}\left(k_x x + k_z^n z\right)\right] \tag{1.65}$$

和

$$P_n^- = A_n^- \exp\left[\mathrm{i}\left(k_x x - k_z^n z\right)\right] \tag{1.66}$$

其中，k_z^n 由 $(k_x)^2 + (k_z^n)^2 = k_n^2$ 决定。它们的传播方向在 xz 平面里，与 z 轴的夹角 θ_n 满足 $k_n \sin\theta_n = k_x$ 是常数，因此对于每一层介质

$$\frac{\sin\theta_n}{c_n} = \frac{\sin\theta}{c_0}$$

是常数，这是多层介质的 Snell 定律。如果 $k_n > k_x$，k_z^n 是实数，取正值，P_n^+ 的传播方向在 z 轴的投影是正的，称为正向波，P_n^- 称为反向波。k_x^n 可能是虚数，P_n^+ 和 P_n^- 分别是正、负 z 方向衰减的凋落波，我们仍用正向波和反向波的名称。这种把待求的声场表示成传播方向确定的平面波的叠加的方法也称为广义射线法。

式 (1.65) 和式 (1.66) 的 z 方向的质点振速分量分别为

$$V_n^{\pm} = \pm\frac{k_z^n A_n^{\pm}}{\omega\rho_n} \exp\left[\mathrm{i}\left(k_x x \pm k_z^n z\right)\right] \tag{1.67}$$

介质 N 中的正向波 P_N^+ 的形式和式 (1.65) 一样，只需把式中的 n 换作 N。反向波 P_N^- 表示从无穷远处传来的波，或在 z 方向指数增大的凋落波，都不符合问题的要求，设为零。介质 0 中入射波 P_i 是已知的，反射波 P_r 是未知的。介质 N 中正向波 P_N^+ 是待求的，中间 $N-1$ 层介质，每层有两个待求的波 $P_n^{\pm}$，共有 $2N$ 个未知数。把这些声压和法向质点振速代入边界条件，每个界面上压强和法向振速连续，共 $2N$ 个方程，组成线性方程组。利用线性代数的方法和相应的软件能求出所有的未知数，进而求得组成声束的各个平面波 P_i 在多层介质中产生的声场。再把它们叠加起来，就得到声束在多层介质中产生的声场。

1.3　角谱法研究声束穿透固体薄板

本节用角谱方法计算图 1.13 所示的声束穿透固体薄板的问题。图中 $0 < z < b$

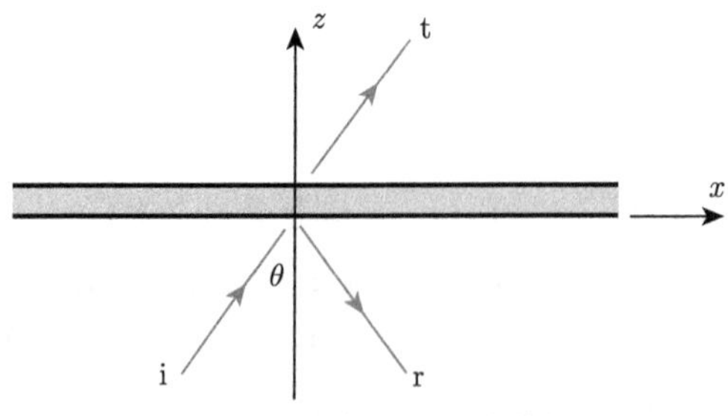

图 1.13　声束穿透固体薄板

的灰色部分是各向同性的固体薄板，薄板上下两侧是流体，i 是入射声束，r 和 t 分别是反射声束和透射声束。声束的传播方向和质点的位移方向都在 xz 平面内，这是一个二维问题。

1.3.1 频率波数域中计算透射系数

三个声束用角谱表示为

$$p_{\mathrm{i}}(x,z,t)=\frac{1}{2\pi}\int_{-\infty}^{\infty}\int_{-\infty}^{\infty}I(k_x,\omega)\exp\left[\mathrm{i}(k_x x+k_{\mathrm{f}z}z-\omega t)\right]\mathrm{d}k_x\mathrm{d}\omega \tag{1.68}$$

$$p_{\mathrm{r}}(x,z,t)=\frac{1}{2\pi}\int_{-\infty}^{\infty}\int_{-\infty}^{\infty}I(k_x,\omega)R(k_x,\omega)\exp\left[\mathrm{i}(k_x x-k_{\mathrm{f}z}z-\omega t)\right]\mathrm{d}k_x\mathrm{d}\omega \tag{1.69}$$

$$p_{\mathrm{t}}(x,z,t)=\frac{1}{2\pi}\int_{-\infty}^{\infty}\int_{-\infty}^{\infty}I(k_x,\omega)T(k_x,\omega)\exp\left[\mathrm{i}(k_x x+k_{\mathrm{f}z}z-\omega t)\right]\mathrm{d}k_x\mathrm{d}\omega \tag{1.70}$$

上式中，下标 i，r 和 t 分别表示入射波、反射波和透射波；$k_{\mathrm{f}z}=\sqrt{\left(\frac{\omega}{c_{\mathrm{f}}}\right)^2-k_x^2}$，这里 c_{f} 是流体中的声速。反射波是向下传播的，因此 $k_{\mathrm{f}z}$ 前面用负号。入射波的角谱 $I(k_x,\omega)$ 是由入射波决定的，是已知的，反射系数的角谱 $R(k_x,\omega)$ 和透射系数的角谱 $T(k_x,\omega)$ 是待求的。注意，组成透射声束的平面波与组成入射声束的相同，k_x 和 ω 的平面波是平行的。

根据固体声学,各向同性均匀固体介质中的位移可以分解为两部分,$\boldsymbol{u}=\nabla\varphi+\nabla\times\boldsymbol{\psi}$，一部分是纵波位移位 $\varphi(x,y,z,t)$ 的梯度，另一部分是横波位移位 $\boldsymbol{\psi}$ 的旋度。纵波位移位是一个标量函数，满足纵波波动方程 $\frac{\partial^2\varphi}{\partial x^2}+\frac{\partial^2\varphi}{\partial z^2}=\frac{\partial^2\varphi}{c_{\mathrm{p}}^2\partial t^2}$；横波位移位是一个矢量函数，可以表示为 $\boldsymbol{\psi}=\hat{y}\psi+\nabla\times(\hat{y}\eta)$，其中 ψ 和 η 是两个标量函数，都满足横波波动方程 $\frac{\partial^2\psi}{\partial x^2}+\frac{\partial^2\psi}{\partial z^2}=\frac{\partial^2\psi}{c_{\mathrm{s}}^2\partial t^2}$ 和 $\frac{\partial^2\eta}{\partial x^2}+\frac{\partial^2\eta}{\partial z^2}=\frac{\partial^2\eta}{c_{\mathrm{s}}^2\partial t^2}$。这里 c_{p} 和 c_{s} 分别是纵波速度和横波速度。对于我们考虑的 xz 平面的二维问题，可取 $\eta=0$。φ 和 ψ 满足的波动方程形式和声波方程 (1.31) 是一样的，只要把声波方程中的声速换成纵波速度 c_{p} 和横波速度 c_{s}。因此它们也有类似的用角谱表示的式子：

$$\begin{aligned}\varphi=&\iint I(k_x,\omega)[A(k_x,\omega)\exp(\mathrm{i}k_{\mathrm{p}z}z)\\&+B(k_x,\omega)\exp(-\mathrm{i}k_{\mathrm{p}z}z)]\exp(\mathrm{i}k_x x-\mathrm{i}\omega t)\,\mathrm{d}k_x\mathrm{d}\omega\end{aligned} \tag{1.71}$$

$$\psi = \iint I(k_x,\omega)\left[C(k_x,\omega)\exp(\mathrm{i}k_{sz}z) + D(k_x,\omega)\exp(-\mathrm{i}k_{sz}z)\right]\exp(\mathrm{i}k_x x - \mathrm{i}\omega t)\,\mathrm{d}k_x\mathrm{d}\omega \tag{1.72}$$

上式中，$k_{pz} = \sqrt{\left(\dfrac{\omega}{c_p}\right)^2 - k_x^2}$；$k_{sz} = \sqrt{\left(\dfrac{\omega}{c_s}\right)^2 - k_x^2}$；$A(k_x,\omega)$ 和 $B(k_x,\omega)$ 分别是 $\pm z$ 方向纵波位的角谱；$C(k_x,\omega)$ 和 $D(k_x,\omega)$ 分别是 $\pm z$ 方向横波位的角谱。这些角谱都是待求的，由于薄板中有 $\pm z$ 两个方向的波，所以角谱表示它们的叠加。

上面给出的用角谱表示的流体中的声压和固体中的位移位都满足它们各自需要满足的方程，其中包含的六个角谱要根据入射声波利用边界条件求得。在流体和固体的界面上需要满足法向位移连续、固体的法向应力等于流体声压的相反数以及固体切向应力为零三个边界条件，两个边界面共六个边界条件，与待求的角谱的个数相等。在声学中已经得到用声压表示位移的方程和用固体中的位移位表示位移和应力的方程，把声压和位移位的角谱表示式 (1.68)~式 (1.72) 代入这些方程，再代入边界条件，得到如下形式的方程：

$$\iint \left[\boldsymbol{M}\begin{bmatrix} R(k_x,\omega) \\ A(k_x,\omega) \\ B(k_x,\omega) \\ C(k_x,\omega) \\ D(k_x,\omega) \\ T(k_x,\omega) \end{bmatrix} - \boldsymbol{b}\right]\exp(\mathrm{i}k_x x - \mathrm{i}\omega t)\,\mathrm{d}k_x\mathrm{d}\omega = 0 \tag{1.73}$$

其中，$\boldsymbol{M}$ 是 6×6 的矩阵，由于所有的界面都与 xy 平面平行，所以在每个界面上 z 是常数，$\boldsymbol{M}$ 的单元 m_{mn} 只包含 k_x、ω、常数 z 和介质声速等参数，不包含 x 和 t；$\boldsymbol{b}$ 是入射波确定的列矢量，也不包含 x 和 t。上式是频率波数域到时间空间域的变换，上式为零就是要求 $\boldsymbol{M}\begin{bmatrix} R(k_x,\omega) \\ A(k_x,\omega) \\ B(k_x,\omega) \\ C(k_x,\omega) \\ D(k_x,\omega) \\ T(k_x,\omega) \end{bmatrix} = \boldsymbol{b}$，对于确定的波数和频率，这是一个线性方程组，可以用数值方法求解。

上面的分析表明，对于这样界面平行的多层介质问题，不同频率和波数的波是解耦的。也就是说，整个声场可以看作不同 k_x 和 ω 的波的叠加，每个波的所有

物理量随 x 和 t 的变化规律都是 $\exp(\mathrm{i}k_x x - \mathrm{i}\omega t)$，在介质中传播和界面上反射、透射时这个规律不变。因此，可以在频率波数域中对不同的频率和波数分别求解，再用变换得到时间空间域的解。

下面是计算透射系数的程序。在计算程序中我们采用归一化的方法，把板的厚度取为长度的单位，任意的长度 l 归一化后成为 $\bar{l} = \dfrac{l}{b}$，归一化波数 $\bar{k} = \dfrac{2\pi}{\bar{\lambda}} = \dfrac{2\pi b}{\lambda} = kb$，是用 $\dfrac{1}{b}$ 归一的。又把固体中横波通过板厚度的时间取为时间单位，任意时间 t 归一化后成为 $\bar{t} = \dfrac{tc_\mathrm{s}}{b}$。于是归一化的纵波速度为 $\bar{c}_\mathrm{p} = \dfrac{\bar{l}}{\bar{t}} = \dfrac{l}{b}\dfrac{b}{tc_\mathrm{s}} = \dfrac{c_\mathrm{p}}{c_\mathrm{s}}$，归一化的声速为 $\bar{c}_\mathrm{f} = \dfrac{c_\mathrm{f}}{c_\mathrm{s}}$，都是以横波速度归一化的。

```
程序1.6
(1) clear,warning off,tic
(2) cp=5800;cs=3100;dns=7900;mu=dns*cs*cs;
(3) cf=1500;dnsf=1000;lamf=dnsf*cf*cf;
(4) n=4096;
(5) dt=0.025;dx=0.025;
(6) dom=2*pi/dt/n;df=dom/2/pi;
(7) dkx=2*pi/dx/n;
(8) freq=[0:411]*df;
(9) kx=[0:401]*dkx;
(10) [kxx,omm]=meshgrid(kx,freq*2*pi);
(11) kp=omm/cp*cs; ks=omm; kf=omm/cf*cs;
(12) kpz=sqrt(kp.*kp-kxx.*kxx);
(13) ksz=sqrt(ks.*ks-kxx.*kxx);
(14) kfz=sqrt(kf.*kf-kxx.*kxx);

(15) m11=i*kfz;m12=i*kpz;m13=-i*kpz;m14=i*kxx;m15=i*kxx;
(16) m21=lamf*kf.*kf; m22=-mu*(ks.*ks-2*kxx.*kxx);
     m23=-mu*(ks.*ks-2*kxx.*kxx);
(17) m24=-mu*2*kxx.*ksz;m25=mu*2*kxx.*ksz;
(18) m32=-2*kxx.*kpz;m33=2*kxx.*kpz;m34=(-kxx.*kxx+ksz.*ksz);
(19) m35=(-kxx.*kxx+ksz.*ksz);
(20) m42=i*kpz.*exp(i*kpz);m43=-i*kpz.*exp(-i*kpz);
(21) m44=i*kxx.*exp(i*ksz);m45=i*kxx.*exp(-i*ksz);
```

```
     m46=-i*kfz.*exp(i*kfz);
(22) m52=-mu*(ks.*ks-2*kxx.*kxx).*exp(i*kpz);
(23) m53=-mu*(ks.*ks-2*kxx.*kxx).*exp(-i*kpz);
(24) m54=-mu*2*kxx.*ksz.*exp(i*ksz);m55=mu*2*kxx.*...
     ksz.*exp(-i*ksz);
(25) m56=lamf*kf.*kf.*exp(i*kfz);
(26) m62=-2*kxx.*kpz.*exp(i*kpz);m63=2*kxx.*kpz.*exp(-i*kpz);
(27) m64=(-kxx.*kxx+ksz.*ksz).*exp(i*ksz);
     m65=(-kxx.*kxx+ksz.*ksz).*exp(-i*ksz);
(28) m17=i*kfz;m27=-lamf*kf.*kf;

(29) for n=1:402
(30) for m=1:412
(31) na=[m11(m,n),m12(m,n),m13(m,n),m14(m,n),m15(m,n),0;...
(32) m21(m,n),m22(m,n),m23(m,n),m24(m,n),m25(m,n),0;...
(33) 0,m32(m,n),m33(m,n),m34(m,n),m35(m,n),0;...
(34) 0,m42(m,n),m43(m,n),m44(m,n),m45(m,n),m46(m,n);...
(35) 0,m52(m,n),m53(m,n),m54(m,n),m55(m,n),m56(m,n);...
(36) 0,m62(m,n),m63(m,n),m64(m,n),m65(m,n),0];
(37) nb=[m17(m,n);m27(m,n);0;0;0;0];
(38) nc=na\nb;
(39) r(m,n)=nc(1);a(m,n)=nc(2);b(m,n)=nc(3);c(m,n)=nc(4);
     d(m,n)=nc(5);t(m,n)=nc(6);
(40) end
(41) r(n,n)=0;a(n,n)=0;b(n,n)=0;c(n,n)=0;d(n,n)=0;t(n,n)=0;
(42) end
(43) figure(1); image(kx,freq,(1-abs(r).^2)*64)
(44) hold on
(45) plot([0,20],[0,20/2/pi],'b','LineWidth',2)
(46) plot([0,20],[0,20*cp/cs/2/pi],'b','LineWidth',2)
(47) plot([0,20],[0,20*cf/cs/2/pi],'b','LineWidth',2)
(48) set(gca, 'YDir', 'normal' );
(49) set(gcf, 'color',[1 1 1]);
(50) xlabel('Wavenumber','FontSize',14);
(51) ylabel('Frequency','FontSize',14);
```

```
(52) plot([0,20],[0,20/2/pi],'k','LineWidth',2)
(53) plot([0,20],[0,20*cp/cs/2/pi],'b','LineWidth',2)
(54) plot([0,20],[0,20*cf/cs/2/pi],'b','LineWidth',2)
(55) axis([0 20 0 4])
(56) nk2=130;
(57) rr=r(:,1:nk2);tt=t(:,1:nk2);aa=a(:,1:nk2);
     bb=b(:,1:nk2);cc=c(:,1:nk2);dd=d(:,1:nk2);
(58) save Data1_6 rr tt aa bb cc dd
(59) toc
```

程序 1.6 中第 (1)~ 第 (14) 行输入参数和准备计算的变量，第 (15)~ 第 (28) 行计算 $\boldsymbol{M}$ 和 $\boldsymbol{b}$ 的单元，第 (29)~ 第 (42) 行对频率和波数循环，第 (38) 行求解方程组，得到式 (1.69) 和式 (1.70) 中的反射系数和透射系数存入 r 和 t，式 (1.71) 和式 (1.72) 中的位移位角谱的系数存入 a、b、c 和 d。第 (43)~ 第 (55) 行画出频率波数域中透射系数绝对值平方的分布，相当于透射能量的分布，结果如图 1.14 所示。图中三条斜直线分别是 $\dfrac{\omega}{k_x}=c_{\rm p}$，$\dfrac{\omega}{k_x}=c_{\rm s}$ 和 $\dfrac{\omega}{k_x}=c$。第 (58) 行将计算结果存入文件，供后面的程序调用。

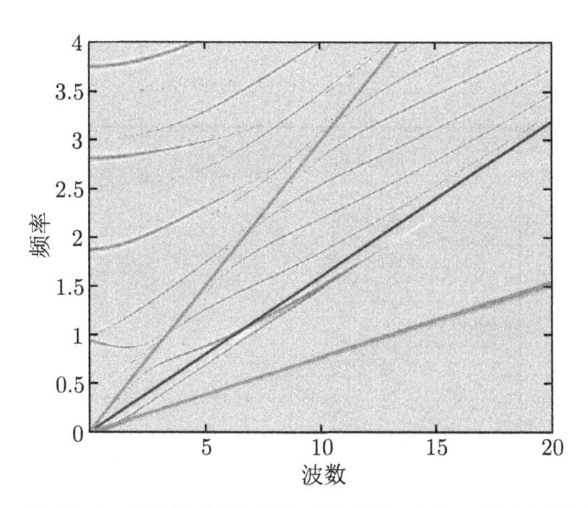

图 1.14 平面波穿透固体薄板透射系数的绝对值 (彩图扫封底二维码)

1.3.2 声束穿透薄板的计算结果的分析

由图 1.14 可见，在频率波数域的大部分区域，透射能量是很小的，只有在某些频率和波数点透射能量比较大，代表这些频率和波数的点连接成一些比较光滑的曲线。我们注意到这些曲线的形状很像固体板中 Lamb 波的频散曲线。Lamb

波是薄板中的模式，它们有确定的频率和波数，把它们的频率和波数连接起来得到的曲线称为 Lamb 波的频散曲线。为了确认图 1.14 的曲线与 Lamb 波的频散曲线的关系，我们计算 Lamb 波的频散曲线。固体声学中给出 Lamb 波的频散曲线的方程是

$$\frac{\tan\left(k_{\mathrm{s}z}b/2\right)}{\tan\left(k_{\mathrm{p}z}b/2\right)}=-\left[\frac{4k_x^2k_{\mathrm{p}z}k_{\mathrm{s}z}}{\left(k_{\mathrm{s}z}^2-k_x^2\right)^2}\right]^{\pm1}$$

这是一个超越方程，Lamb 波的频率和波数满足这个方程，因此要求这个方程的根。虽然有很多求根的方法，但是直接求根还是比较麻烦的，下面我们利用计算等高线的函数求频率和波数的实根，这是一个比较简单的算法，为此把上式表示成

$$\left(k_{\mathrm{s}z}^2-k_x^2\right)^2\sin\left(k_{\mathrm{s}z}b/2\right)\cos\left(k_{\mathrm{p}z}b/2\right)+4k_x^2k_{\mathrm{p}z}k_{\mathrm{s}z}\cos\left(k_{\mathrm{s}z}b/2\right)\sin\left(k_{\mathrm{p}z}b/2\right)=0$$

和

$$\left(k_{\mathrm{s}z}^2-k_x^2\right)^2\sin\left(k_{\mathrm{p}z}b/2\right)\cos\left(k_{\mathrm{s}z}b/2\right)+4k_x^2k_{\mathrm{p}z}k_{\mathrm{s}z}\cos\left(k_{\mathrm{p}z}b/2\right)\sin\left(k_{\mathrm{s}z}b/2\right)=0$$

下面给出计算程序 1.7，程序中第 (1)~ 第 (12) 行准备计算参数，第 (13)~ 第 (16) 行对不同的频率和波数分别计算上面两式的左边，第 (17)~ 第 (25) 行用等高线函数 contour 画出上式左边为零的曲线，就得到 Lamb 波的频散曲线。如图 1.15 所示。

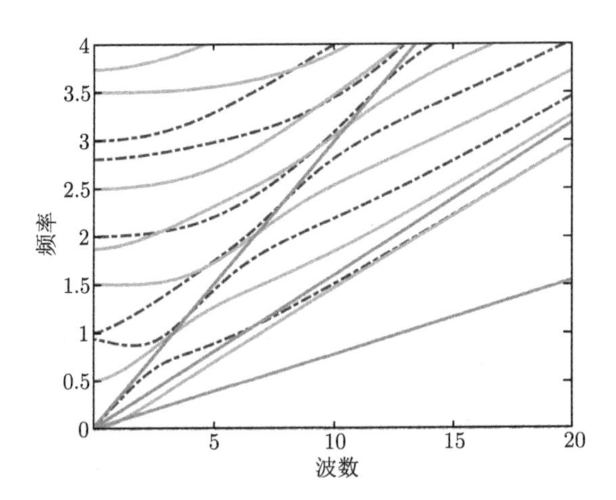

图 1.15　Lamb 波的频散曲线 (彩图扫封底二维码)

```
程序1.7
(1) clear;tic;warning off
```

```
(2) cp=5800;cs=3100;cf=1500;
(3) n=4096;dt=0.025;dx=0.025;
(4) dom=2*pi/dt/n;df=dom/2/pi;dkx=2*pi/dx/n;
(5) kss=4;kb=1;xs=5;ts=2;
(6) nfq=412;nkx1=402;nz=903;
(7) freq=[0:nfq-1]*df;
(8) kx1=[0:nkx1-1]*dkx;
(9) [kx11,omm]=meshgrid(kx1,freq*2*pi);
(10) kp1=omm/cp*cs; ks1=omm;
(11) kpz1=sqrt(kp1.*kp1-kx11.*kx11);
(12) ksz1=sqrt(ks1.*ks1-kx11.*kx11);

(13) l1=(ksz1.*ksz1-kx11.*kx11).^2.*sin(ksz1/2).*...
     cos(kpz1/2)./ksz1+...
(14) 4.*kx11.*kx11.*kpz1.*cos(ksz1/2).*sin(kpz1/2);
(15) l2=(ksz1.*ksz1-kx11.*kx11).^2.*sin(kpz1/2).*...
     cos(ksz1/2)./kpz1+...
(16) 4.*kx11.*kx11.*ksz1.*cos(kpz1/2).*sin(ksz1/2);

(17) figure(11)
(18) [c1,h1]=contour(kx1,freq,real(l1),[0 0],'m');
     set(h1,'LineWidth',2);hold on
(19) [c2,h2]=contour(kx1,freq,real(l2),[0 0],'r');
     set(h2,'LineWidth',2);
(20) set(gcf, 'color',[1 1 1]);
(21) xlabel('Wavenumber','FontSize',15);
     ylabel('Frequency','FontSize',15);
(22) plot([0,20],[0,20/2/pi],'k','LineWidth',2)
(23) plot([0,20],[0,20*cp/cs/2/pi],'b','LineWidth',2)
(24) plot([0,20],[0,20*cf/cs/2/pi],'b','LineWidth',2)
(25) axis ([0 10 0 2])

(26) nkx=130;
(27) kx=[0:nkx-1]*dkx;x=[0:nkx1-1]*dx;z=[-300:nz-301]*dx;
```

```
(28) [xx,zz]=meshgrid(x,z);
(29) [kxx,zz]=meshgrid(kx-kss,z);
(30) th0=0.1;om0=.7*2*pi;om00=int16(om0/2/pi/df);
(31) kp=om0/cp*cs; ks=om0; kf=om0/cf*cs;
(32) kpz=sqrt(kp.*kp-kxx.*kxx);
(33) ksz=sqrt(ks.*ks-kxx.*kxx);
(34) kfz=sqrt(kf.*kf-kxx.*kxx);

(35) f0=exp(-kxx.*kxx/kb/kb-i*kxx*xs).*exp(i*kfz.*zz);
(36) s0=ifft(f0,n,2);
(37) s1=s0(:,1:nkx1).*exp(-i*kss*xx);

(38) xn=[-10:dx:10];xnm=length(xn);
(39) xp=xs+xn*cos(th0);zp=10+xn*sin(th0);
(40) s2=interp2([(-nkx1/2:-1)*dx,x,(nkx1+1:nkx1*3/2)*dx],z,...
(41) [zeros(nz,nkx1/2),s1,zeros(nz,nkx1/2)],xp,zp);
(42) f1=fft(s2,n,2);f2=f1(1:nkx);
(43) figure(11);
(44) for nnk=1:nkx
(45) if abs(f2(nnk))>0.5,plot(kx(nnk),om0/2/pi,'o'),end
(46) end,hold off

(47) zd=[-400:0]*dx;
(48) [kxd,zdd]=meshgrid(kx,zd);
(49) [f2d,zdd]=meshgrid(f2,zd);
(50) kfzd=sqrt(kf.*kf-kxd.*kxd);
(51) fi=f2d.*exp(i*kfzd.*zdd);
(52) si=ifft(fi,n,2);sii=si(:,1:xnm);

(53) load Data1_6
(54) ttt=tt(om00,:);rrr=rr(om00,:);
(55) aaa=aa(om00,:); bbb=bb(om00,:);
(56) ccc=cc(om00,:); ddd=dd(om00,:);

(57) [rrrr,zdd]=meshgrid(rrr,zd);
```

```
(58) fr=f2d.*exp(-i*kfzd.*zdd).*rrrr;
(59) sr=ifft(fr,n,2);srr=sr(:,1:xnm);

(60) zu=[40:440]*dx;
(61) [tttt,zuu]=meshgrid(ttt,zu);
(62) [f2u,zuu]=meshgrid(f2,zu);
(63) [kxu,zuu]=meshgrid(kx,zu);
(64) kfzu=sqrt(kf.*kf-kxu.*kxu);
(65) ft=f2u.*exp(i*kfzu.*zuu).*tttt;
(66) st=ifft(ft,n,2);stt=st(:,1:xnm);

(67) za=[1:39]*dx;
(68) [aaaa,zaa]=meshgrid(aaa,za);[bbbb,zaa]=meshgrid(bbb,za);
(69) [cccc,zaa]=meshgrid(ccc,za);[dddd,zaa]=meshgrid(ddd,za);
(70) [f2a,zaa]=meshgrid(f2,za);
(71) [kxa,zaa]=meshgrid(kx,za);
(72) kpz=sqrt(kp.*kp-kxa.*kxa); ksz=sqrt(ks.*ks-kxa.*kxa);

(73) fa=f2a.*exp(i*kpz.*zaa).*aaaa+f2a.*exp(-i*kpz.*zaa).*bbbb;
(74) sa=ifft(fa,n,2);saa=sa(:,1:xnm);
(75) fc=f2a.*exp(i*ksz.*zaa).*cccc+f2a.*exp(-i*ksz.*zaa).*dddd;
(76) sc=ifft(fc,n,2);scc=sc(:,1:xnm);

(77) s01=[sii;saa*1.25;stt];s02=[srr;scc*1.25;stt];
     z01=[zd,za,zu];

(78) figure(16); image(xn,z01,real(s01)*5000+32)
(79) set(gca, 'YDir', 'normal' );set(gcf, 'color',[1 1 1]);
(80) xlabel('x(m)');ylabel('z(m)');
(81) grid on,axis equal
(82) figure(17); image(xn,z01,real(s02)*5000+32)
(83) set(gca, 'YDir', 'normal' );set(gcf, 'color',[1 1 1]);
(84) xlabel('x(m)');ylabel('z(m)');
(85) grid on,axis equal
(86) figure(18),plot(xn,abs(sii(length(zd),:)),'b',
```

```
    xn,abs(stt(1,:)),'r',xn,abs(srr(length(zd),:)),'k')

(87) toc%5"
```

计算结果表明，在 Lamb 波的频散曲线上透射系数确实比较大。理论上 Lamb 波能在板中自由传播，当入射波的频率和波数与 Lamb 波的频率和波数一致时，在板中会产生幅度较大的 Lamb 波，进而带动另一侧流体振动，产生比较大的透射。

为了进一步了解声波穿透板的现象，在程序 1.7 中我们还计算了有限宽声束入射的稳态声场。第 (26)～第 (29) 行准备一些参数，第 (30) 行输入稳态入射声束的角频率 $\omega_0(\mathrm{om}_0)$ 和入射角 $\theta_0(\mathrm{th}_0)$，这里取频率为 0.7(用 $\dfrac{c_\mathrm{s}}{d}$ 归一)，入射角为 0.1 rad。第 (31)～第 (37) 行用程序 1.2 的方法得到正 z 方向的稳态入射声束 s_1。为了得到斜入射的声束，我们将坐标系逆时针转动 θ_0，在新坐标系中原来声束的入射角成为 θ_0。第 (39) 行计算了新坐标系的 x 轴在原坐标中的坐标，第 (40) 行用二维插值函数 interp2 得到新 x 轴上的声压 s_2。第 (42) 行得到的 f_1 和 f_2 就是斜入射波束在薄板下表面的角谱 $I(k_x,\omega)$。我们这样得到的不同方向的入射波束是通过坐标旋转得到的，因此它们有相同的声束形状。第 (43)～第 (46) 行将 $|I(k_x,\omega)|>0.5$ 的频率波数域中的位置用蓝色小圆圈标在 Lamb 波的频散曲线上，如图 1.16(a) 所示。第 (47)～第 (52) 行计算入射声束的空间分布，方法与程序 1.2 一样。

第 (53) 行开始计算反射波、透射波和板中的声场。第 (53)～第 (56) 行先读取程序 1.6 计算和存储的各个系数，并将 ω_0 对应的系数提出来。第 (57)～第 (59) 行将 $I(k_x,\omega)$ 与反射系数相乘，添上 z 方向波数的部分，再作傅里叶变换得到反射声场的空间分布。第 (60)～第 (66) 行和第 (67)～第 (76) 行类似地计算透射和板中声场。第 (77) 行将不同的声场合在一起，第 (78)～第 (85) 行把它们画成空间分布图，如图 1.16(c) 和 (d) 所示。图 1.16(c) 下部是向上传播的入射声束，图 1.16(d) 下部是向下传播的反射波。在两个图的中间分别是薄板中的纵波位移位和横波位移位，位移位并不直接代表物理量，但是它们的分布可以对板中的声场给出一些定性的概念。两个图的上部都是透射波。第 (86) 行把下表面的入射波 (蓝色)、反射波 (黑色) 和上表面的透射波 (红色) 随 x 的变化画在一起，如图 1.16(b) 所示。

从图 1.16(a) 可以看出，这时入射波的角谱没有包含 Lamb 模式，因此在下面两图中反射波比较强，透射波很弱。在图 1.16(b) 中可以看到反射波的幅度和入射波接近，大部分能量都没有穿透板。

我们改变 ω_0 和 θ_0，再作计算，图 1.17～图 1.19 给出不同情况的计算结果，每种情况下图的安排和图 1.16 一样。图 1.17 中频率为 1.25，入射角为 0.13 rad。

声束的角谱包含了一个模式，因此透射比较强，反射比较弱。板中有模式波传播，透射波的宽度也增大了，并且透射波束位置向右边移动了一些。

图 1.18 中频率为 0.87，入射角为 0.14 rad。波束包含模式的频散曲线斜率为

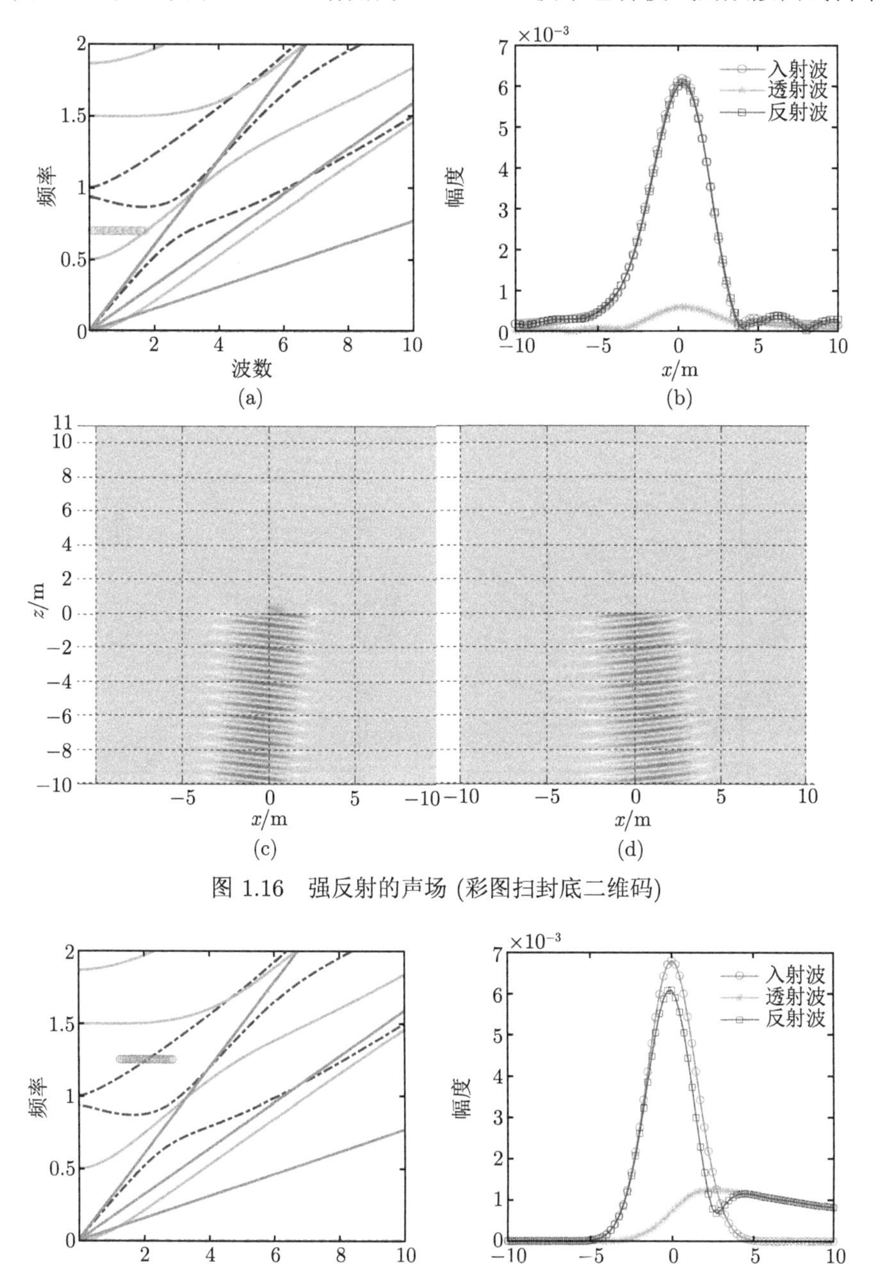

图 1.16　强反射的声场 (彩图扫封底二维码)

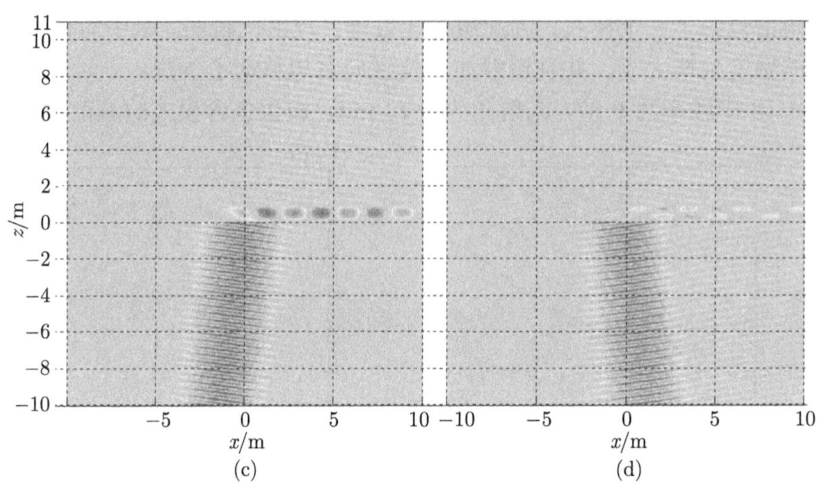

图 1.17　激发 Lamb 模式的入射波产生的声场 (彩图扫封底二维码)

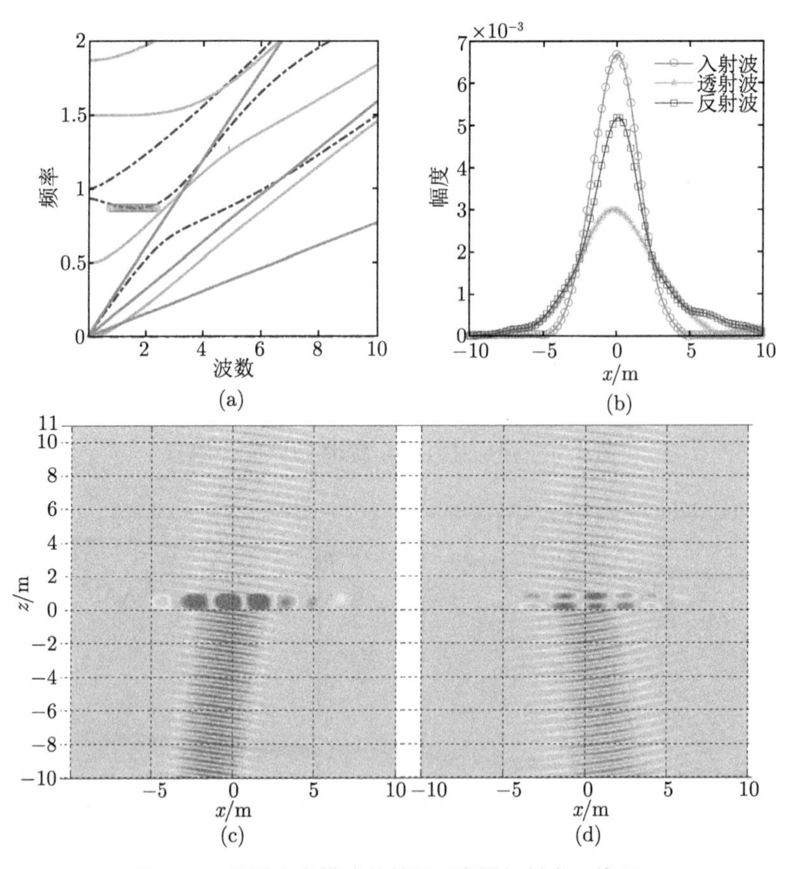

图 1.18　零群速度模式的情况 (彩图扫封底二维码)

0，也就是这段模式的群速度为 0，透射波束的位置和入射波束一样，透射波束没有展宽，幅度也比较大。

图 1.19 中频率为 0.92，入射角为 0.06 rad。波束包含模式的频散曲线斜率为负，也就是说这段模式的群速度是负的，这时透射波束的位置向左边偏移。这些例子说明，模式的性质对透射现象有影响，模式的群速度方向决定透射声束的偏移方向。

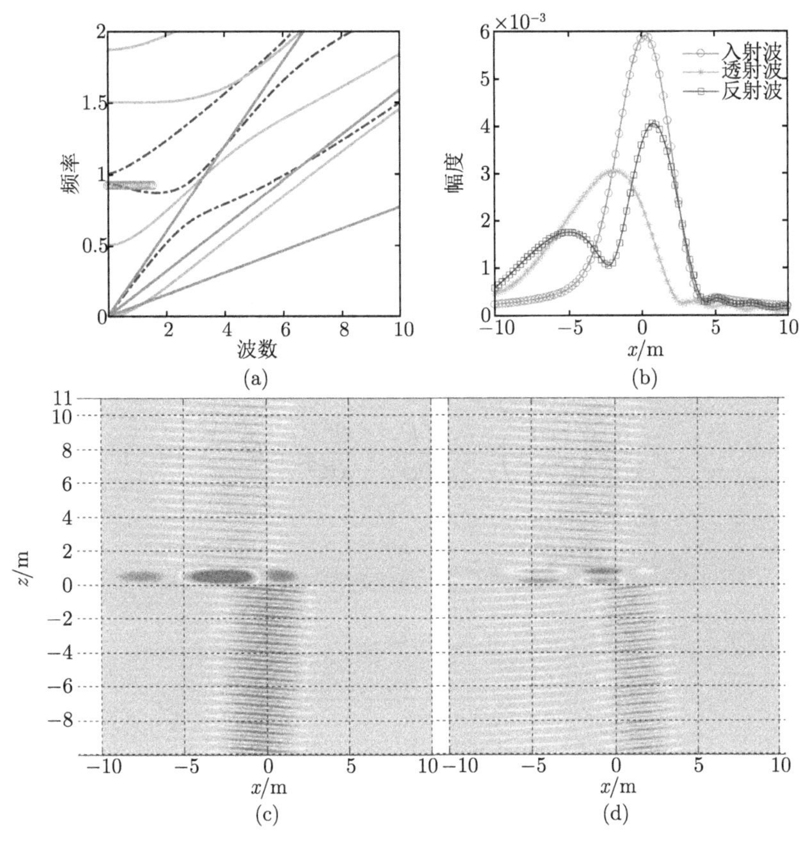

图 1.19 负群速度模式的情况 (彩图扫封底二维码)

复 习 题

1. 什么是混叠？说明混叠的现象和产生机理。
2. 什么是角谱？可用于什么样的问题？举例说明用角谱方法解题的基本步骤。
3. 编程计算图 1.12 所示的多层平行介质的声场。

第 2 章　圆柱坐标系中的角谱方法

第 1 章讨论的是直角坐标系中的角谱方法，用以分析具有多个平行界面的多层结构问题。在声学中还有许多问题用其他坐标系更方便，本章讨论的圆柱坐标系适用于轴对称或与圆柱、圆管、圆孔等有关的声学问题。

2.1　圆 柱 面 波

2.1.1　基本方程

直角坐标系中的角谱方法把一般的声场表示成平面波的线性叠加。与此类似，圆柱坐标中的角谱方法把一般的声场表示成 (圆) 柱面波的线性叠加。我们先简单回顾一下柱面波。

考虑图 2.1 所示的圆柱坐标系 $r\phi z$，稳态声波方程成为

$$\frac{\partial}{r\partial r}\left(\frac{r\partial P}{\partial r}\right)+\frac{\partial^2 P}{r^2\partial\phi^2}+\frac{\partial^2 P}{\partial z^2}+k^2P=0 \tag{2.1}$$

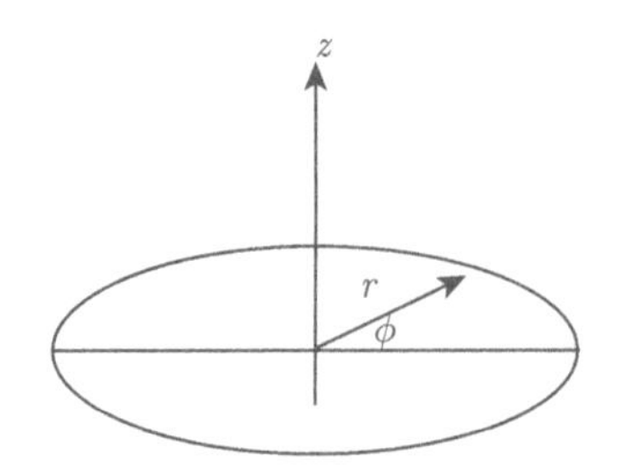

图 2.1　圆柱坐标系

利用数学物理方法中的分离变量法可以把上式的解写成

$$P\left(r,\phi,z\right)=R\left(r\right)Z\left(z\right)\varPhi\left(\phi\right) \tag{2.2}$$

其中，z 方向的方程是

$$\frac{\mathrm{d}^2 Z}{\mathrm{d}z^2}+k_z^2 Z=0 \tag{2.3}$$

式中，k_z 是待定常数。上式是二阶线性方程，有两个独立解，可取为

$$\exp\left(\pm\mathrm{i}k_z z\right) \tag{2.4}$$

分别是 $\pm z$ 方向传播的波或凋落波，k_z 是 z 方向的波数。式 (2.4) 的线性组合给出不同意义的解，如 $\cos(k_z z)$ 和 $\sin(k_z z)$，用以解不同的问题。这部分的解和直角坐标系相同。ϕ 方向的方程为

$$\frac{\mathrm{d}^2\Phi}{\mathrm{d}\phi^2}+m^2\Phi=0 \tag{2.5}$$

上式也是二阶线性方程，有两个独立解，可取为 $\cos(m\phi)$ 和 $\sin(m\phi)$。m 是声场在周向的周期数，一般为整数。Φ 也可以取 $\exp(\pm\mathrm{i}m\phi)$，代表绕 z 轴旋转的声场。

把式 (2.3) 和式 (2.5) 代入式 (2.2) 和式 (2.1)，得到 $R(r)$ 应该满足

$$\frac{\mathrm{d}}{r\mathrm{d}r}\left(r\frac{\mathrm{d}R}{\partial r}\right)+\left(k^2-k_z^2-\frac{m^2}{r^2}\right)R=0 \tag{2.6}$$

引入新的变量

$$k_r=\sqrt{k^2-k_z^2}=\sqrt{k_x^2+k_y^2} \tag{2.7}$$

和 $x=k_r r$(这里的 x 不是直角坐标系中的 x)，得到 $R(x)$ 须满足

$$\frac{\mathrm{d}}{x\mathrm{d}x}\left(x\frac{\mathrm{d}R}{\mathrm{d}x}\right)+\left(1-\frac{m^2}{x^2}\right)R=0 \tag{2.8}$$

这是 m 阶贝塞尔方程，在许多教材中都有介绍，这里列出我们要用到的性质。贝塞尔方程也是一个二阶常微分方程，有两个线性独立的解，m 阶贝塞尔函数 $\mathrm{J}_m(x)$ 和 m 阶诺依曼函数 $\mathrm{Y}_m(x)$ 就是这样的两个解。$\mathrm{J}_m(x)$ 和 $\mathrm{Y}_m(x)$ 的线性组合也是式 (2.8) 的解，其中常用的有

$$\mathrm{H}_m^{(1)}(x)=\mathrm{J}_m(x)+\mathrm{i}\mathrm{Y}_m(x) \tag{2.9}$$

和

$$\mathrm{H}_m^{(2)}(x)=\mathrm{J}_m(x)-\mathrm{i}\mathrm{Y}_m(x) \tag{2.10}$$

分别称为第一类和第二类汉克尔函数。这些函数统称为柱函数，有时也统称为贝塞尔函数。图 2.2 和图 2.3 分别是 0~10 阶的 $\mathrm{J}_m(x)$ 和 $\mathrm{Y}_m(x)$。图中曲线旁边的数字是阶数。由图可见，$x=0$ 时零阶贝塞尔函数为 1，阶数大于 0 的贝塞尔函数为 0。诺依曼函数在 $x=0$ 时发散。随着 x 增大，贝塞尔函数和诺依曼函数都趋向衰减的振荡。

贝塞尔函数的级数表示是

$$\mathrm{J}_m(x)=\frac{1}{m!}\left(\frac{x}{2}\right)^m-\frac{1}{(m+1)!}\left(\frac{x}{2}\right)^{m+2}+\frac{1}{2!(m+2)!}\left(\frac{x}{2}\right)^{m+4}-\cdots \tag{2.11}$$

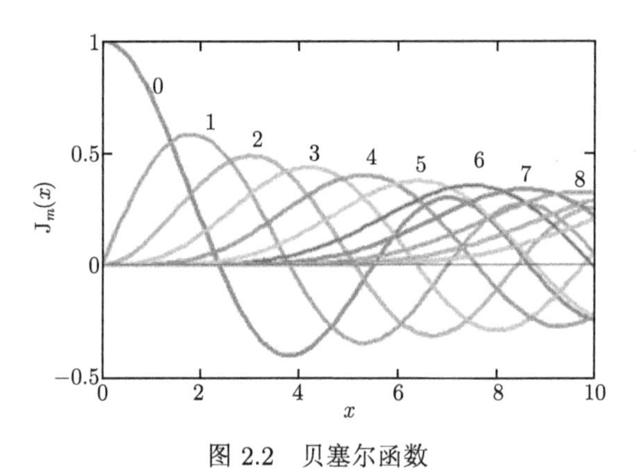

图 2.2　贝塞尔函数

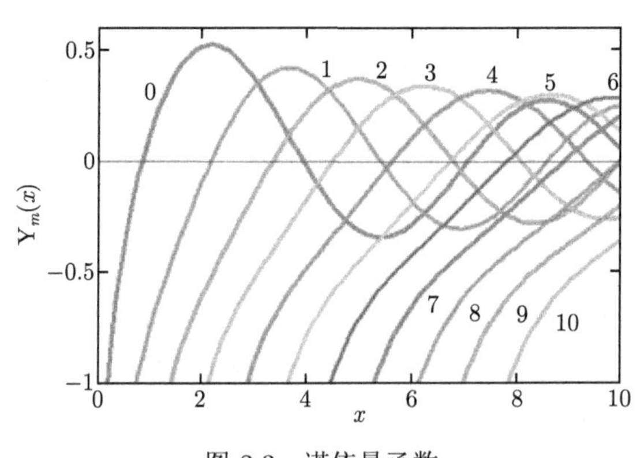

图 2.3　诺依曼函数

当 $x \to 0$ 时

$$\mathrm{J}_m(x) \to \frac{1}{m!}\left(\frac{x}{2}\right)^m$$

$$\mathrm{Y}_m(x) \to \begin{cases} \dfrac{2\ln x}{\pi}, & m=0 \\ -\dfrac{(m-1)!}{\pi}\left(\dfrac{2}{x}\right)^m, & m>0 \end{cases}$$

贝塞尔函数有一些积分表示，如

$$\mathrm{J}_m(x) = \frac{1}{2\pi \mathrm{i}^m}\int_0^{2\pi} \exp(\mathrm{i}x\cos w)\exp(\pm \mathrm{i}mw)\,\mathrm{d}w \tag{2.12}$$

式中，x 可以是复数。式 (2.12) 中，$\exp(\mathrm{i}x\cos w)$ 是 w 的周期函数，可以展开为傅里叶级数，对照式 (1.2)，式 (2.12) 是傅里叶级数的系数，于是得到

$$\exp\left(\mathrm{i}x\cos w\right)=\sum_{m=-\infty}^{\infty}\mathrm{i}^{m}\mathrm{J}_{m}\left(x\right)\exp\left(\mp\mathrm{i}mw\right) \tag{2.13}$$

这个傅里叶级数后面有用。

当 $x\to\infty$ 时，贝塞尔函数有渐近公式

$$\mathrm{J}_{m}\left(x\right)\to\sqrt{\frac{2}{\pi x}}\cos\left(x-\frac{2m+1}{4}\pi\right) \tag{2.14}$$

$$\mathrm{Y}_{m}\left(x\right)\to\sqrt{\frac{2}{\pi x}}\sin\left(x-\frac{2m+1}{4}\pi\right) \tag{2.15}$$

$$\mathrm{H}_{m}^{(1)}\left(x\right)\to\sqrt{\frac{2}{\pi x}}\exp\left[\mathrm{i}\left(x-\frac{2m+1}{4}\pi\right)\right] \tag{2.16}$$

$$\mathrm{H}_{m}^{(2)}\left(x\right)\to\sqrt{\frac{2}{\pi x}}\exp\left[-\mathrm{i}\left(x-\frac{2m+1}{4}\pi\right)\right] \tag{2.17}$$

根据渐近公式知道，当 x 是实数而且比较大时，$\mathrm{H}_{m}^{(1)}\left(x\right)$ 和 $\mathrm{H}_{m}^{(2)}\left(x\right)$ 是 x 的复的振荡函数，即它的实部和虚部都是振荡函数。考虑到时间因子 $\exp(-\mathrm{i}\omega t)$，$\mathrm{H}_{m}^{(1)}\left(x\right)$ 和 $\mathrm{H}_{m}^{(2)}\left(x\right)$ 分别代表向外扩散和向内会聚的波，而 $\mathrm{J}_{m}\left(x\right)$ 和 $\mathrm{Y}_{m}\left(x\right)$ 是 x 的振荡函数，代表驻波。当 x 是比较大的实数时，贝塞尔函数的振荡幅度和 $\sqrt{x}$ 成反比。当 x 是纯虚数 (辐角 $\pi/2$) 时，$\mathrm{J}_{m}\left(x\right)$ 随着 $|x|$ 的增大呈指数增加，$\mathrm{H}_{m}^{(1)}\left(x\right)$ 随着 $|x|$ 的增大呈指数衰减。

各种贝塞尔函数的数值计算常根据级数表示、渐近公式等性质进行，准确计算各种阶数和宗量的贝塞尔函数是一个困难的问题，现在已有许多计算软件可以应用，一般不再需要自己编程计算。

相邻阶的贝赛尔函数之间有递推关系

$$R_{m-1}\left(x\right)+R_{m+1}\left(x\right)=\frac{2m}{x}R_{m}\left(x\right)$$

$$R_{m}'\left(x\right)=R_{m-1}\left(x\right)-\frac{m}{x}R_{m}\left(x\right)=-R_{m+1}\left(x\right)+\frac{m}{x}R_{m}\left(x\right) \tag{2.18}$$

递推关系常用于计算贝塞尔函数的导数。

把上面得到的 Z，$\varPhi$ 和 R 的解代入式 (2.2)，得到波动方程在柱坐标中的许多解，如

$$P\left(r,\phi,z\right)=\mathrm{J}_{m}\left(k_{r}r\right)\cos\left(m\phi\right)\exp\left(\mathrm{i}k_{z}z\right) \tag{2.19}$$

等，统称为柱面波。它们的线性叠加是波动方程的通解，其中柱函数的具体形式根据实际问题选择。根据贝塞尔函数的渐近性质可以知道，在 r 很大的地方通解

中每一项都是 r 方向的波，当 $k_z = 0$ 时，在 r 为常数的柱面上，波的相位是一样的，但是当 $m > 0$ 时，在 r 为常数的柱面上，波的幅度是周期变化的。

当 $m = 0$ 时，上面得到的解与 ϕ 无关，整个声场是轴对称的。

2.1.2 柱面波的例子

本节介绍一些柱面波的图形，以得到直观的印象。

考虑声场 $\mathrm{J}_0(k_r r)\exp(\mathrm{i}k_z z)$，它是轴对称的。根据式 (2.7) 有 $k_r^2 + k_z^2 = k^2$。图 2.4(b) 的声场有 $k_r = 0.7k$，$k_z = 0.717k$，上面的曲线是 $\mathrm{J}_0(k_r r)$，下面是通过 z 轴平面的声场，色彩表示 $\mathrm{J}_0(k_r r)\exp(\mathrm{i}k_z z)$ 的实部，显示声场干涉的图案。图 2.4(c) 的 $k_r = 1.001k$，$k_z = 0.044\mathrm{i}k$，k_r 比 k 大，k_z 是虚数，声场是凋落波。图 2.4(a) 的 $k_z = 1.02k$，$k_r = 0.2\mathrm{i}k$，k_z 比 k 大，k_r 是虚数，r 增大时声场发散。

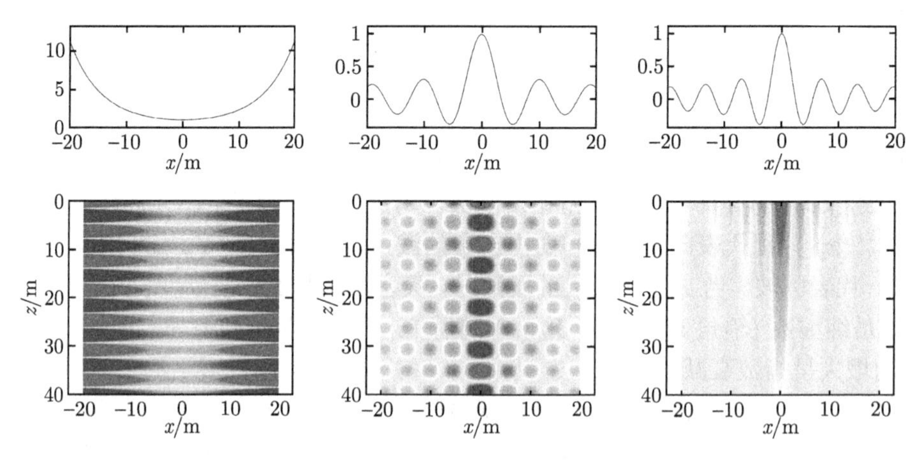

图 2.4 柱面波声场 (彩图扫封底二维码)

图 2.5 是两个非轴对称的声场 $\mathrm{J}_m(k_r r)\sin(m\phi)\exp(\mathrm{i}k_z z)$ (m 分别是 5 和

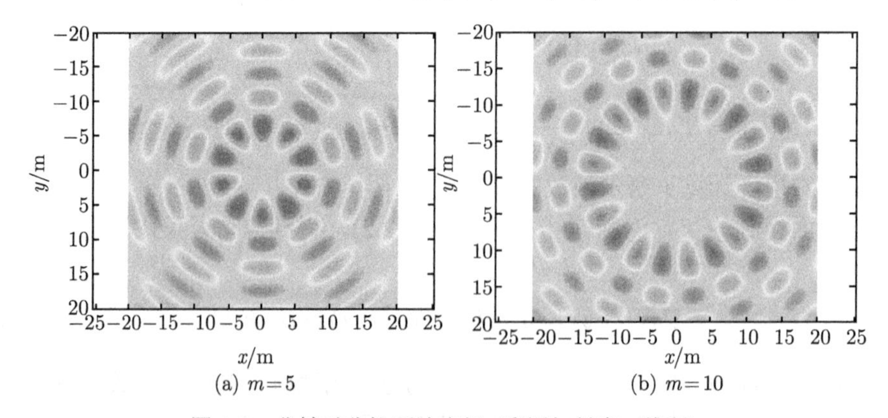

图 2.5 非轴对称柱面波声场 (彩图扫封底二维码)

10)，图中显示的是 $z=0$ 平面上的声场。在 r 比较小时声场很弱，也是一种凋落波。r 增大时声场又显示出干涉波的特征。

图 2.6 的两个图分别是 $z=0$ 平面上声场 $\mathrm{H}_m^{(1)}(k_r r)\exp(\mathrm{i}m\phi)$ 的实部和虚部 $(m=5)$。在 r 很小时声场是发散的。整个声场绕 z 轴旋转。声场 $\mathrm{H}_m^{(2)}(k_r r)\exp(\mathrm{i}m\phi)$ 与其相似，但是旋转方向相反。两者叠加又得到图 2.5(a) 的声场。

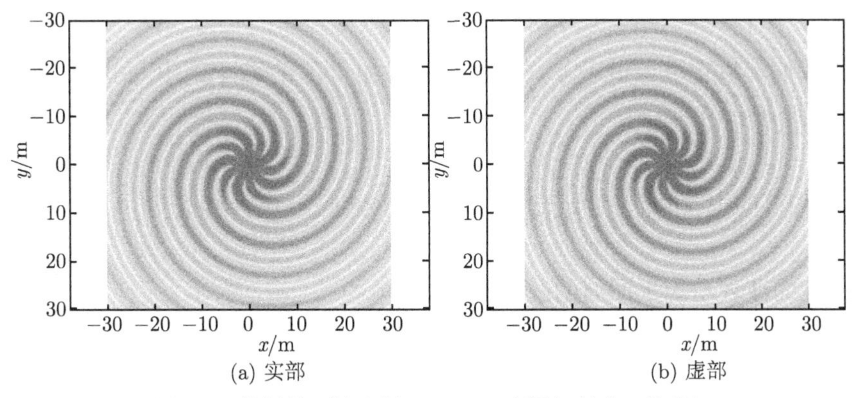

图 2.6 旋转柱面波声场 $(m=5)$(彩图扫封底二维码)

2.1.3 平面波和柱面波的关系

平面波和柱面波都是空间的波，都是波动方程的解，因此它们之间有密切的关系。在直角坐标系中一般的波可以表示为平面波 $\exp[\mathrm{i}(k_x x+k_y y+k_z z)]$ 的线性叠加，在柱坐标系中可以表示为柱面波 $\mathrm{J}_m(k_r r)\exp(\mathrm{i}m\phi+\mathrm{i}k_z z)$ 的线性叠加。平面波和柱面波还可以互相表示，下面给出具体的表达式。两者随 z 的变化是一样的，因此只需考虑

$$\exp[\mathrm{i}(k_x x+k_y y)] \tag{2.20}$$

和

$$\mathrm{J}_m(k_r r)\exp(\mathrm{i}m\phi) \tag{2.21}$$

的互相表示。下面只讨论 k_x，k_y 和 k_r 是实数的情况。

如果式 (2.20) 的传播方向与 x 成 α 角，则

$$k_x=k_r\cos\alpha,\quad k_y=k_r\sin\alpha \tag{2.22}$$

再利用 $x=r\cos\phi$，$y=r\sin\phi$，式 (2.20) 成为

$$\exp[\mathrm{i}(k_x x+k_y y)]=\exp[\mathrm{i}k_r r\cos(\phi-\alpha)] \tag{2.23}$$

它是 ϕ 的周期函数，周期是 2π，因此可以展开为傅里叶级数，在式 (2.13) 中 $\mp$ 取负号，x 取 $k_r r$，w 取 $\phi-\alpha$，得到

$$\exp\left[\mathrm{i}k_r r\cos\left(\phi-\alpha\right)\right]=\sum_{m=-\infty}^{\infty}\mathrm{i}^m \mathrm{J}_m\left(k_r r\right)\exp\left[-\mathrm{i}m\left(\phi-\alpha\right)\right] \tag{2.24}$$

上式把平面波表示为柱面波的叠加。类似地可以得到

$$\exp\left[-\mathrm{i}\left(k_x x+k_y y\right)\right]=\sum_{m=-\infty}^{\infty}\left(-\mathrm{i}\right)^m \mathrm{J}_m\left(k_r r\right)\exp\left[\mathrm{i}m\left(\phi-\alpha\right)\right] \tag{2.25}$$

反过来我们可以把柱面波表示成平面波的叠加。在式 (2.12) 中 ± 取负号，x 取 $k_r r$，w 取 $\alpha-\phi$，得到

$$\mathrm{J}_m\left(k_r r\right)\exp\left(-\mathrm{i}m\phi\right)=\frac{1}{2\pi\mathrm{i}^m}\int_0^{2\pi}\exp\left[\mathrm{i}k_r r\cos\left(\phi-\alpha\right)\right]\exp\left(-\mathrm{i}m\alpha\right)\mathrm{d}\alpha \tag{2.26}$$

这就把柱面波表示为平面波的叠加形式。

上面的分析表明，平面波和柱面波之间的关系类似于傅里叶级数的关系。

2.2 圆柱坐标系中平面分层问题的角谱方法

2.2.1 柱坐标系中的角谱和汉克尔变换

第 1 章介绍了界面与 z 轴垂直的多层介质稳态声场的角谱方法，这种问题也可以在柱坐标系中求解，本节介绍这方面的内容。根据式 (1.46)，稳态声场可以表示为平面波的叠加

$$\begin{aligned}P(x,y,z)&=\mathcal{F}_2^{-1}\left[P'(k_x,k_y)\exp(\mathrm{i}k_z z)\right]\\&=\frac{1}{2\pi}\int_{-\infty}^{\infty}\int_{-\infty}^{\infty}P'(k_x,k_y)\exp\left[\mathrm{i}(k_x x+k_y y+k_z z)\right]\mathrm{d}k_x\mathrm{d}k_y\end{aligned} \tag{2.27}$$

其中，角谱为

$$P'(k_x,k_y)=\mathcal{F}_2 P(x,y,0)=\frac{1}{2\pi}\int_{-\infty}^{\infty}\int_{-\infty}^{\infty}P(x,y,0)\exp\left[-\mathrm{i}(k_x x+k_y y)\right]\mathrm{d}x\mathrm{d}y \tag{2.28}$$

$z=0$ 平面的声场和角谱之间满足二维傅里叶变换关系。

在柱坐标系 $r\phi z$ 中，声场分布为 $P(x,y,z)=P(r\cos\phi,r\sin\phi,z)=P(r,\phi,z)$。它是 ϕ 的周期函数，可以用傅里叶级数展开为

$$P\left(r,\phi,z\right)=\sum_{m=-\infty}^{\infty}P_m\left(r,z\right)\exp\left(-\mathrm{i}m\phi\right) \tag{2.29}$$

其中，傅里叶系数

$$P_m(r,z)=\frac{1}{2\pi}\int_0^{2\pi}P(r,\phi,z)\exp(\mathrm{i}m\phi)\,\mathrm{d}\phi \tag{2.30}$$

角谱 $P'(k_x,k_y)$ 是三维的波矢空间中平面 k_xk_y 上的函数。式 (2.22) 引入了平面 k_xk_y 上的极坐标，即 $P'(k_x,k_y)=P'(k_r,\alpha)$。$P'(k_r,\alpha)$ 是 α 的周期函数，可用傅里叶级数展开为

$$P'(k_r,\alpha)=\sum_{m=-\infty}^{\infty}\mathrm{i}^{-m}P'_m(k_r)\exp(-\mathrm{i}m\alpha) \tag{2.31}$$

其中，傅里叶系数

$$P'_m(k_r)=\frac{\mathrm{i}^m}{2\pi}\int_0^{2\pi}P'(k_r,\alpha)\exp(\mathrm{i}m\alpha)\,\mathrm{d}\alpha \tag{2.32}$$

上面两式中引入 i^m 并不会改变傅里叶级数的关系，但是可以简化下面的推导。

把式 (2.27) 中的积分 $\int_{-\infty}^{\infty}\int_{-\infty}^{\infty}\mathrm{d}k_x\mathrm{d}k_y$ 改为 $\int_0^{2\pi}\int_0^{\infty}k_r\mathrm{d}k_r\mathrm{d}\alpha$，再根据式 (2.24)，用柱面波表示平面波，式 (2.27) 成为

$$P(r,\phi,z)=\frac{1}{2\pi}\int_0^{\infty}k_r\mathrm{d}k_r\int_0^{2\pi}\mathrm{d}\alpha P'(k_r,\alpha)\exp(\mathrm{i}k_zz)\sum_{m=-\infty}^{\infty}\mathrm{i}^m\mathrm{J}_m(k_rr)\exp[-\mathrm{i}m(\phi-\alpha)] \tag{2.33}$$

利用式 (2.32) 得到

$$P(r,\phi,z)=\sum_{m=-\infty}^{\infty}\int_0^{\infty}P'_m(k_r)\,\mathrm{J}_m(k_rr)\exp[\mathrm{i}(k_zz-m\phi)]k_r\mathrm{d}k_r \tag{2.34}$$

上式把声场表示成柱面波 $\mathrm{J}_m(k_rr)\exp[\mathrm{i}(k_zz-m\phi)]$ 的叠加，是柱坐标系的角谱表示。角谱是 $P'_m(k_r)$，它是 m 和 k_r 的函数。

把式 (2.34) 中的 m 改为 n，代入式 (2.30) 得到

$$P_m(r,z)=\frac{1}{2\pi}\sum_{n=-\infty}^{\infty}\int_0^{\infty}\int_0^{2\pi}P'_n(k_r)\mathrm{J}_n(k_rr)\exp[\mathrm{i}(k_zz+(m-n)\phi)]k_r\mathrm{d}k_r\mathrm{d}\phi$$

注意到，在 $n=m$ 时，$\frac{1}{2\pi}\int\limits_0^{2\pi}\exp\left[\mathrm{i}\left(n-m\right)\right]\mathrm{d}\phi=1$，$n\neq m$ 时为 0，上式成为

$$P_m\left(r,z\right)=\int\limits_0^{\infty}P'_m\left(k_r\right)\mathrm{J}_m\left(k_r r\right)\exp(\mathrm{i}k_z z)k_r\mathrm{d}k_r \tag{2.35}$$

并有

$$P_m\left(r,0\right)=\int\limits_0^{\infty}P'_m\left(k_r\right)\mathrm{J}_m\left(k_r r\right)k_r\mathrm{d}k_r \tag{2.36}$$

类似地，处理式 (2.28)，得到

$$P'_m\left(k_r\right)=\int\limits_0^{\infty}P_m\left(r,0\right)\mathrm{J}_m\left(k_r r\right)r\mathrm{d}r \tag{2.37}$$

式 (2.36) 和式 (2.37) 给出了柱坐标系中声场的傅里叶系数 $P_m\left(r,0\right)$ 与声场角谱 $P'_m\left(k_r\right)$ 之间满足的积分变换关系，这种变换称为汉克尔变换。上面的结果表明，m 阶 $P_m\left(r\right)$ 只与阶数相同的 $P'_m\left(k_r\right)$ 有关，不同阶数声场的傅里叶系数和角谱的傅里叶系数无关。

上面得到的各种关系可以用下式表示。式中左边的 P 和 P' 是声场和直角坐标系中的角谱表示。它们之间满足二重傅里叶变换的关系，具体公式是式 (2.27) 和式 (2.28)。在柱坐标系中声场 $P(r,\phi,z)$ 和 $P'(k_r,\alpha)$ 分别展开为傅里叶级数，见式 (2.29)~式 (2.32)，它们的傅里叶系数是 P_m 和 P'_m。P_m 和 P'_m 之间满足汉克尔变换，见式 (2.36) 和式 (2.37)。

$$\begin{array}{ccc}
P(x,y,z)=P(r,\phi,z) & \underset{\mathcal{FS}}{\Leftrightarrow} & P_m\left(r,z\right) \\
\Updownarrow\ \mathcal{F}_2 & & \Updownarrow\ \mathcal{H} \\
P'(k_x,k_y)=P'\left(k_r,\alpha\right) & \underset{\mathcal{FS}}{\Leftrightarrow} & P'_m\left(k_r\right)
\end{array}$$

由于上面这些关系，用平面波表示声场的角谱方法和用柱面波表示声场的角谱方法，理论上是等效的。当问题关于 z 轴有一定的对称性时，声场 P 是角度的函数 $\exp\left(-\mathrm{i}m\phi\right)$，柱面波的角谱方法中只有阶数为 m 的一项不为 0，计算大为简化。对于轴对称问题，只有 $m=0$ 的项 $P_0\left(r,z\right)$ 不为 0，且与 ϕ 无关。这时角谱 $P'_m\left(k_r\right)=P'_0\left(k_r\right)$，与声场的傅里叶系数的关系是零阶汉克尔变换

$$P_0'(k_r) = \int_0^{\infty} P_0(r,0)\,\mathrm{J}_0(k_r r)\,r\mathrm{d}r \tag{2.38}$$

$$P_0(r,z) = \int_0^{\infty} P_0'(k_r)\,\mathrm{J}_0(k_r r)\exp(\mathrm{i}k_z z)\,k_r\mathrm{d}k_r \tag{2.39}$$

这是最常用的情况。

2.2.2 球面波在平面界面上的反射和透射

这一节用 2.2.1 节介绍的方法计算球面波在平面界面上的反射和透射。

图 2.7 表示界面 $z=0$ 两侧有两种介质，它们的密度和声速分别为 ρ_1，c_1 和 ρ_2，c_2。$\boldsymbol{r}'=(0,z')$ 处有一个点声源，它向周围发出球面波，这里 $z'>0$。声源在第一个介质内发出的球面波是

$$P_{\mathrm{i}} = \frac{\exp(\mathrm{i}k_1 R_0)}{4\pi R_0} \tag{2.40}$$

式中，$k_1=\dfrac{\omega}{c_1}$；R_0 是声源到声场中的点 $\boldsymbol{r}=(r,z)$ 的距离，$R_0=\sqrt{r^2+(z-z')^2}$。式 (2.40) 虽然简单，却难以直接用于我们的问题。汉克尔变换式 (2.38) 和式 (2.39) 用柱面波的叠加表示一般的轴对称声场。式 (2.40) 的球面波也有这种角谱表示。

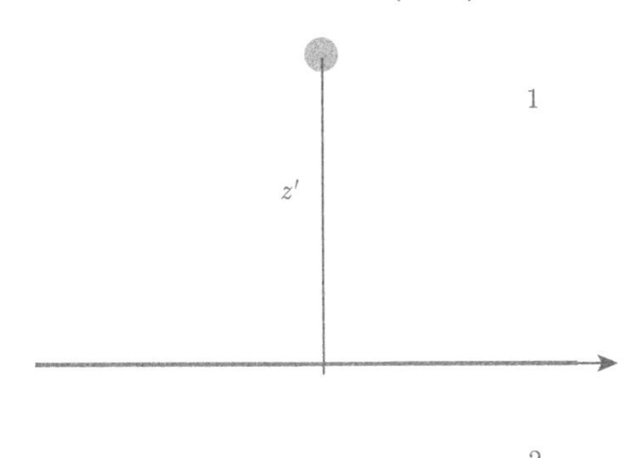

图 2.7 球面波和平面界面

经过比较复杂的推导可以得到将球面波用平面波和柱面波表达的式子，分别如下

$$P_{\mathrm{i}} = \frac{\mathrm{i}}{8\pi^2}\iint_{\infty} \frac{\exp[\mathrm{i}(k_x x + k_y y + k_z|z-z'|)]}{k_z}\mathrm{d}k_x\mathrm{d}k_y \tag{2.41}$$

$$P_{\mathrm{i}} = \frac{\mathrm{i}}{4\pi}\int_0^{\infty} \frac{\mathrm{J}_0(k_r r)\exp(\mathrm{i}k_z|z-z'|)}{k_z}k_r\mathrm{d}k_r \tag{2.42}$$

其中，$k_x^2+k_y^2+k_z^2=k_r^2+k_z^2=\left(\dfrac{\omega}{c_1}\right)^2$。在柱坐标系中，在界面 $z=0$ 上，入射声压是

$$P_{\mathrm{i}}(r,0)=\frac{\mathrm{i}}{4\pi}\int_0^\infty\frac{\mathrm{J}_0(k_r r)\exp(\mathrm{i}k_z z')}{k_z}k_r\mathrm{d}k_r \tag{2.43}$$

上式积分式有确定的 k_r，入射角 $\theta=\arccos\dfrac{k_z}{k_1}$ 是 k_r 的函数，因此反射系数和透射系数都是 k_r 的函数，分别记作 $R(k_r)$ 和 $T(k_r)$，具体表达式参见式 (1.64)。于是得到反射波和透射波分别为

$$P_{\mathrm{r}}(r,z)=\frac{\mathrm{i}}{4\pi}\int_0^\infty\frac{R(k_r)\mathrm{J}_0(k_r r)\exp[\mathrm{i}k_z(z+z')]}{k_z}k_r\mathrm{d}k_r \tag{2.44}$$

$$P_{\mathrm{t}}(r,z)=\frac{\mathrm{i}}{4\pi}\int_0^\infty\frac{T(k_r)\mathrm{J}_0(k_r r)\exp\left[\mathrm{i}\left(k_z z'-k_z^{(2)}z\right)\right]}{k_z}k_r\mathrm{d}k_r \tag{2.45}$$

其中，$k_r^2+\left(k_z^{(2)}\right)^2=\left(\dfrac{\omega}{c_2}\right)^2$。

2.2.3　程序和结果

式 (2.44) 和式 (2.45) 分别给出了反射波和透射波的角谱表示，下面是计算程序。

```
程序2.1
(1) clear
(2) dn1=1000;dn2=600;
(3) c1=1500*(1-i/2/100);c2=2000*(1-i/2/100);
(4) zs=.02;r=.08;znn=6;dz=.01;

(5) nf=200;dt=.5e-6;df=1/nf/dt;
(6) n=1000;dkr=10;kr=[0:n-1]*dkr;
(7) f=[0:nf-1]*df;f0=1500000;fb=.2*f0;
(8) [krr,ff]=meshgrid(kr,f);
(9) so=exp(-(f-f0).*(f-f0)/fb/fb);
(10) k1=2*pi*ff/c1;k2=2*pi*ff/c2;
(11) kz1=sqrt(k1.*k1-krr.*krr);
(12) kz2=sqrt(k2.*k2-krr.*krr);
```

```
(13) rfc=(kz1/dn1-kz2/dn2)./(kz1/dn1+kz2/dn2);
(14) trs=2*kz1/dn1./(kz1/dn1+kz2/dn2);

(15) ww=zeros(1024,znn);
(16) for zn=1:znn
(17) z=(zn-1)*dz;
(18) p=i*besselj(0,krr*r).*(exp(i*abs(zs-z)*kz1)+rfc.*...
     exp(i*(zs+z)*kz1))./kz1.*krr;
(19) p(1,1)=0;
(20) q=sum(p,2)*dkr.*so.';
(21) w=fft(q,1024);
(22) ww(:,zn)=w;
(23) end
(24) figure(1)
(25) gg=plot([1:1024]*dt*nf/1.024,(real(ww)/20+ones(1024,1)*...
     [0:znn-1])*dz);
(26) set(gg,'linewidth',2);
(27) axis([0.04 0.08 -.01 .06])
(28) xlabel('Time/mS')
(29) ylabel('z/m')
(30) set(gcf,'color',[1 1 1])

(31) for zn=1:znn
(32) z=(zn-1)*dz;
(33) p=i*trs.*besselj(0,krr*r).*exp(i*zs*kz1+i*z*kz2)./...
     kz1.*krr;
(34) p(1,1)=0;
(35) q=sum(p,2)*dkr.*so.';
(36) w=fft(q,1024);
(37) ww(:,zn)=w;
(38) end
(39) figure(2)
(40) gg=plot([1:1024]*dt*nf/1.024,(real(ww)/20+ones(1024,1)*...
     [0:-1:-znn+1])*dz);
(41) set(gg,'linewidth',2);
```

```
(42) axis([0.04 0.08 -.06 .01])
(43) xlabel('Time/mS')
(44) ylabel('z/m')
(45) set(gcf,'color',[1 1 1])
```

程序中第 (2) 和第 (3) 行输入两种介质的密度 1000 kg/m^3 和 600 kg/m^3，声速 1500 m/s 和 2000 m/s。声速附加了一个小的虚部，相当于介质的声衰减。第 (4) 行输入声源和接收点的位置。声源离开界面的距离 z_s 为 20 mm，如图 2.8 中的 S，中心频率 1.5 MHz。在第一种介质中有 6 个接收点，它们离开声源的水平距离是 $r = 80$ mm，自下而上离开界面的距离分别是 $z = 0\text{mm}, 10\text{mm}, \cdots, 50$ mm，如图 2.8 右边竖线上的上面 6 个点。在第二种介质中也计算 6 个点的波形，接收点离开声源的水平距离也是 80 mm，自上而下离开界面的距离分别是 $z = 0$ mm, 10 mm, $\cdots$,50 mm，如图 2.8 所示。第 (15)~ 第 (23) 行计算第一种介质中的入射声场和反射声场，第 (18) 行计算角谱，第 (20) 行的求和是对 k_r 的积分，第 (21) 行把稳态声场变换为时间域的波形。第 (24)~ 第 (30) 行画出第一种介质中的 6 个接收波形，如图 2.9 所示。第 (31)~ 第 (45) 行是计算第二种介质中的透射波形，方法与第 (15)~ 第 (30) 行类似，结果如图 2.10 所示。

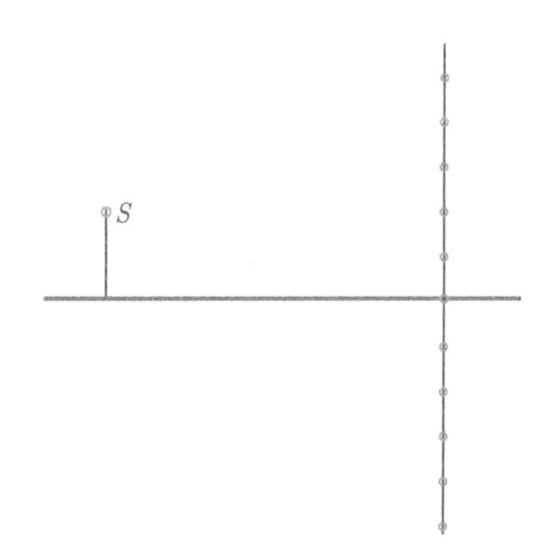

图 2.8　声源和接收点

图 2.9 是第一种介质中计算的波形。图中分别用 D，R 和 H 标出直达波、镜面反射波和侧面波的脉冲。侧面波也称为头波，它的幅度比较小，在距离界面比较近的地方，到达时间比其他波早。

图 2.10 是第二种介质中的接收波形，图 2.10(a) 是上述 6 个点的波形，每个波形中首先到达的是透射波 T。在紧靠界面的波形中后面还有一个比较大的脉冲 Q，其他脉冲波形中没有这个脉冲。图 2.10(b) 给出紧靠界面的几个不同距离的波

形，自上而下与界面的距离分别是 $z = 0$ mm, 0.5 mm, $\cdots$, 2 mm。由图 2.10(b) 中可见，在界面附近，T 的幅度随离开界面的距离增加，而 Q 的幅度迅速降低。对照图 2.9，在界面上 T 的到达时间和侧面波一致，而 Q 的到达时间与直达波和镜面反射波一致，超过临界折射角后直达波与镜面反射波沿界面的相速度小于第二介质的声速，因此 Q 在 z 方向是凋落的。在第二种介质中波长是 1.3 mm，图中可见，Q 进入第二种介质的深度与波长相当。

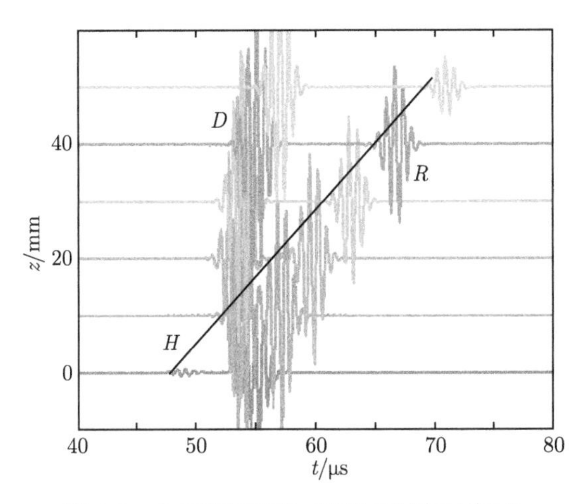

图 2.9　入射和反射波 (彩图扫封底二维码)

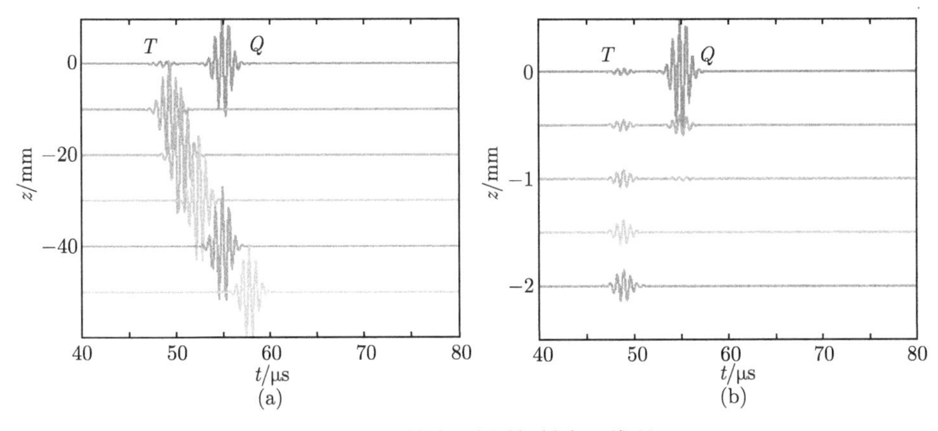

图 2.10　透射波 (彩图扫封底二维码)

用上面的方法可以计算空间各点的波形和声场的空间分布，但是由于不能采用快速傅里叶变换，计算效率比较低。如果声源发出瞬态的脉冲波，根据几何声学可以确定各个波在确定时刻到达的位置。图 2.11 是一个例子。图中横线是两种介质的分界面，图 2.11(a) 和 (b) 是上面计算的 $c_2 > c_1$ 的情况。D 是声源 O 发出的直达波。R 是虚源发出的镜面反射波。在第二种介质中，T 是透射波。图 2.11(a) 的时间比较早，直达波波前与界面交点的入射角小于临界折射角，声场中没有侧面波。图 2.11(b) 时间比较晚，直达波的入射角超过了临界折射角，产生侧面波 H。侧面波的波前是线段代表的圆锥面，线段的一端是透射波波前与界面的交点，另一端与反射波相切。在靠近界面处侧面波已经在其他波的前面。图 2.11(c) 是 $c_2 < c_1$ 的情况，这时没有临界折射角，声场中没有上面讨论的侧面波。波前计算的程序见程序 2.2。

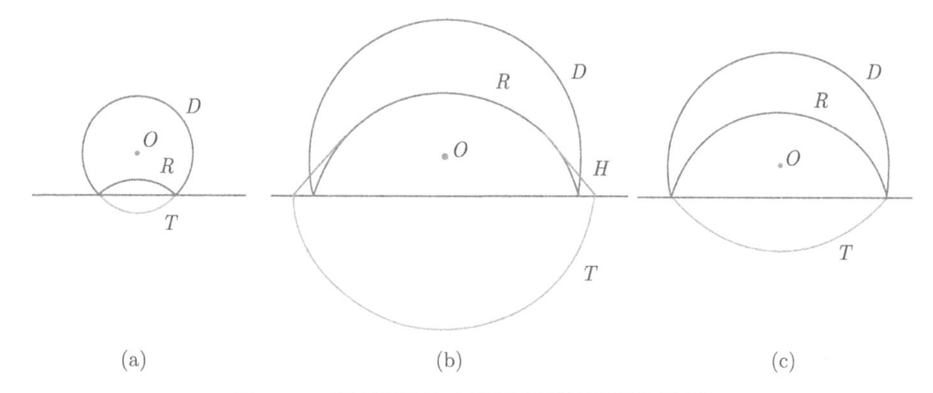

图 2.11 球面脉冲波在平面界面的反射和透射

程序2.2

```
(1) clear;
(2) t=0.00005;
(3) zs=.02;
(4) c1=1500;
(5) c2=2000;
(6) d=c1*t;
(7) the=[-pi:.01:pi];
(8) r=d*sin(the);
(9) z1=d*cos(the);
(10) z=abs(zs-z1);
(11) the2=asin(sin(the)*c2/c1);
(12) r2=zs*tan(the)+(d-zs./cos(the))*c2/c1.*sin(the2);
(13) z2=-(d-zs./cos(the))*c2/c1.*cos(the2);
(14) if d>zs
(15) n1=double(int16(315-asin(c1/c2)/.01));
```

```
(16) n2=double(int16(315+asin(c1/c2)/.01));
(17) r3=r2(n1:n2);
(18) z3=z2(n1:n2);
(19) end
(20) hold off;
(21) gg=plot(r,z);
(22) set(gg,'linewidth',3);
(23) hold on
(24) gg=plot(r3,z3,'g');
(25) set(gg,'linewidth',3);
(26) axis equal;
(27) axis off;
(28) hold on
(29) plot([-.1,.1],[0 0],'k');
(30) plot(0,.02,'r.');
(31) axis([-0.1 0.1 -.1 .1]);
(32) set(gcf,'color',[1 1 1]);
```

程序第 (2) 行输入要计算的波前时间，第 (6) 行是波前在第一种介质中走过的距离。第 (7) 行是声源出发的射线方向，第 (8)~ 第 (10) 行计算直达波和反射波的波前。第 (11) 行计算透射角，第 (12) 和第 (13) 行计算透射波波前。第 (14)~ 第 (19) 行选出透射波的角度范围。后面各行画图。

2.3 柱面分层结构的角谱方法

2.3.1 用于共轴的多层圆柱分层介质问题的角谱方法

前面介绍了直角坐标系和柱坐标系中用于多层平行分层介质的角谱方法。本节再介绍柱坐标系中另一种重要的角谱方法，这种方法可用于共轴的多层圆柱分层介质的问题，在这类问题中，介质的性质与 z 和 ϕ 无关，各个分层界面的 r 是常数。

我们用井孔声场的计算为例介绍这种方法。考虑柱坐标系中无限大弹性介质内有一个半径为 a 的无限长圆孔，井孔的中心轴与 z 轴重合，如图 2.12 所示。孔内充满密度为 ρ_{f}，声速为 c_{f} 的流体，井孔外固体的密度为 ρ，纵波和横波的速度分别为 c_{p} 和 c_{s}。假设坐标系的原点有一个点声源，这个点声源在无穷大流体介质中产生的声压是扩散的球面波，其声压如式 (2.40)，这里改写为

$$P_{\mathrm{i}}=\frac{F(\omega)\exp\left(\mathrm{i}k_{\mathrm{f}}R_0\right)}{4\pi R_0} \tag{2.46}$$

称为直达波，其中，$k_{\mathrm{f}}=\dfrac{\omega}{c_{\mathrm{f}}}$；$R_0=\sqrt{r^2+z^2}$，是场点与声源的距离；$F(\omega)$ 是声源的频谱。

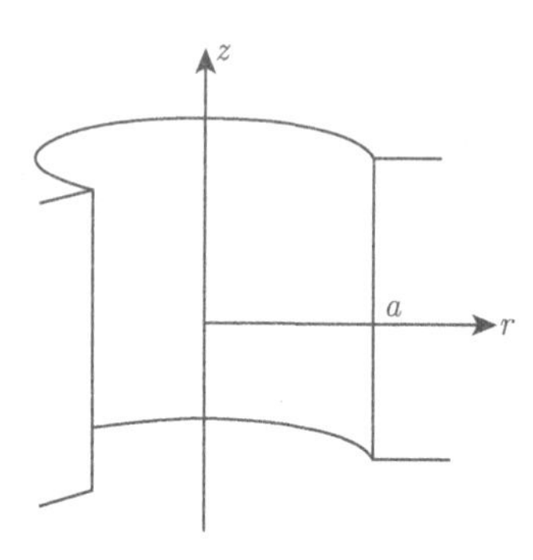

图 2.12　井孔示意图

井孔内外的整个声场可以分为三部分，第一部分是声源在孔内产生的直达波，第二部分是孔壁多次反射在孔内产生的波，第三部分是孔外固体中的声波。

我们先考虑井孔内流体中的反射波 $P(r,\phi,z)$。$P(r,\phi,z)$ 是 ϕ 的周期函数，可以按式 (2.29) 展开成傅里叶级数，傅里叶系数 $P_m(r,z)$ 如式 (2.30) 所示。将 $P_m(r,z)$ 对 z 轴作傅里叶变换得到波数域的声场

$$\tilde{P}_m(r,k_z)=\frac{1}{2\pi}\int_{-\infty}^{\infty}P_m(r,z)\exp\left(-\mathrm{i}k_zz\right)\mathrm{d}z \tag{2.47}$$

逆变换是

$$P_m(r,z)=\int_{-\infty}^{\infty}\tilde{P}_m(r,k_z)\exp\left(\mathrm{i}k_zz\right)\mathrm{d}k_z \tag{2.48}$$

将式 (2.48) 代入式 (2.29) 得到

$$P(r,\phi,z)=\sum_{m=-\infty}^{\infty}\int_{-\infty}^{\infty}\tilde{P}_m(r,k_z)\exp\left(\mathrm{i}k_zz\right)\exp\left(-\mathrm{i}m\phi\right)\mathrm{d}k_z \tag{2.49}$$

再代入式 (2.1)，对 z 求导相当于乘以 $\mathrm{i}k_z$，对 ϕ 求导相当于乘以 $-\mathrm{i}m$，得到

$$\sum_{m=-\infty}^{\infty}\int_{-\infty}^{\infty}\left[\frac{\partial}{r\partial r}\left(r\frac{\partial\tilde{P}_m}{\partial r}\right)+\left(k_{\mathrm{f}}^2-k_z^2-\frac{m^2}{r^2}\right)\tilde{P}_m\right]\exp\left(\mathrm{i}k_zz\right)\exp\left(-\mathrm{i}m\phi\right)\mathrm{d}k_z=0$$

把上式代入傅里叶系数的公式 (2.30) 和傅里叶变换式 (2.47)，根据 $\exp(\mathrm{i}k_z z)$ 和 $\exp(-\mathrm{i}m\phi)$ 的正交性可知，上式中的中括号应为零。对照式 (2.8)，波数域的声场 $\tilde{P}_m$ 要满足贝塞尔方程，因此 $\tilde{P}_m$ 可以是各种贝塞尔函数，如 $\mathrm{J}_m(k_{\mathrm{fr}}r)$、$\mathrm{Y}_m(k_{\mathrm{fr}}r)$、$\mathrm{H}_m^{(1,2)}(k_{\mathrm{fr}}r)$ 和它们的线性组合，这里 $k_{\mathrm{fr}}=\sqrt{k_{\mathrm{f}}^2-k_z^2}$。对于井孔内的声场, 由于井孔区域包含 $r=0$，因此必须选当 $r=0$ 时不发散的贝塞尔函数，即

$$\tilde{P}_m(r,k_z)=P'_m(k_z)\,\mathrm{J}_m(k_{\mathrm{fr}}r) \tag{2.50}$$

$P'_m(k_z)$ 是待定系数。把上式代入式 (2.49)，得到

$$P(r,\phi,z)=\sum_{m=-\infty}^{\infty}\int_{-\infty}^{\infty}P'_m(k_z)\,\mathrm{J}_m(k_{\mathrm{fr}}r)\exp(\mathrm{i}k_z z-\mathrm{i}m\phi)\,\mathrm{d}k_z \tag{2.51}$$

对照式 (2.19)，上式把一般的反射波声场表示成柱面波的叠加，系数 $P'_m(k_z)$ 是角谱，它是 m 和 k_z 的函数，与空间位置无关。

z 轴上的点声源在井孔内外产生的声场是轴对称的，因此式 (2.50) 中只需取 $m=0$ 的项，为

$$\tilde{P}(r,k_z)=P'(k_z)\,\mathrm{J}_0(k_{\mathrm{fr}}r) \tag{2.52}$$

这里我们略去了角谱的下标 0。

我们再看直达波，式 (2.46) 的形式虽然简单，但是难以用于我们的问题，需要把它表示成类似于式 (2.51) 柱面波的叠加。具体推导比较烦琐，我们直接给出结果：

$$P_{\mathrm{i}}=\frac{\mathrm{i}F(\omega)}{8\pi}\int_{-\infty}^{\infty}\mathrm{H}_0^{(1)}(k_{\mathrm{fr}}r)\exp(\mathrm{i}k_z z)\,\mathrm{d}k_z \tag{2.53}$$

这里和下面都假定 $z>0$，$z<0$ 的声场是对称的。直达波是向外扩散的，因此，上式中的贝塞尔函数取第一类汉克尔函数。根据式 (2.47)，波数域中的直达波是 $\tilde{P}_{\mathrm{i}}=\dfrac{\mathrm{i}}{8\pi}F(\omega)\mathrm{H}_0^{(1)}(k_{\mathrm{fr}}r)$，角谱是

$$P'_{\mathrm{i}}=\frac{\mathrm{i}}{8\pi}F(\omega) \tag{2.54}$$

再考虑井孔外固体中的声场，根据 1.3 节的讨论，位移用位移位表示为 $\boldsymbol{u}=\nabla\varphi+\nabla\times\boldsymbol{\psi}$。纵波位移位 φ 满足纵波波动方程。横波位移位是矢量，可以表示为 $\boldsymbol{\psi}=\hat{z}\psi+\nabla\times(\hat{z}\eta)$，其中 ψ 和 η 满足横波波动方程 $\nabla^2\psi+k_{\mathrm{s}}^2\psi=0$ 和 $\nabla^2\eta+k_{\mathrm{s}}^2\eta=0$。对于我们考虑的轴对称问题，$\psi=0$。纵波波动方程和横波波动方程的形式与流体中的声波方程是一样的，只需要把声波方程中的声速换成纵波

速度 c_{p} 和横波速度 c_{s}，因此 φ 和 ψ 可以表示成式 (2.50) 的形式，与式 (2.52) 对应的角谱表示为

$$\tilde{\varphi}(r,k_z)=\varphi'(k_z)\mathrm{H}_0^{(1)}(k_{\mathrm{p}r}r) \tag{2.55}$$

和

$$\tilde{\eta}(r,k_z)=\eta'(k_z)\mathrm{H}_0^{(1)}(k_{\mathrm{s}r}r) \tag{2.56}$$

式中，$k_{\mathrm{p}r}$ 和 $k_{\mathrm{s}r}$ 满足 $k_{\mathrm{p}r}^2=k_{\mathrm{p}}^2-k_z^2$，$k_{\mathrm{s}r}^2=k_{\mathrm{s}}^2-k_z^2$；这里 $k_{\mathrm{p}}=\dfrac{\omega}{c_{\mathrm{p}}}$，$k_{\mathrm{s}}=\dfrac{\omega}{c_{\mathrm{s}}}$。井孔外固体延伸到无穷大，声场是扩散的，因此上面两式的贝塞尔函数取第一类汉克尔函数。$\varphi'(k_z)$ 和 $\eta'(k_z)$ 分别是纵、横波位移位的角谱，这里也只需要 $m=0$ 的项，并省略了角谱的脚标 0。

为了求出孔内反射场、孔外的纵波和横波，我们利用孔壁 $r=a$ 处的边界条件。在孔壁处这三部分声场应满足法向位移和应力连续、切向应力为零的边界条件。即 $u_{\mathrm{i}r}+u_r=u_{\mathrm{s}r}$，$-p_{\mathrm{i}}-p=\sigma_{\mathrm{r}r}$ 和 $\sigma_{\mathrm{r}z}=0$。式中 p_{i} 和 $u_{\mathrm{i}r}$ 分别是直达波在孔壁处的声压和径向位移，p 和 u_r 分别是反射波在孔壁处的声压和径向位移，$u_{\mathrm{s}r}$，$\sigma_{\mathrm{r}r}$ 和 $\sigma_{\mathrm{r}z}$ 分别是孔外声场在孔壁处的径向位移和两个应力分量。对于一般的井孔声场问题还有一个边界条件，即在 $r=a$ 处，$\sigma_{\mathrm{r}\phi}=0$。在我们的轴对称问题中 $u_\phi=0$，这个条件已自动满足。这些边界条件中的物理量都是空间和时间的函数，但是它们对时间和 z 轴作傅里叶变换时形式不变。边界条件中的物理量都可以用流体中的声压和固体中的位移位表示，比如，流体中 $\rho_{\mathrm{f}}\dfrac{\partial^2}{\partial t^2}\boldsymbol{u}=-\nabla p$，变换后是 $\rho_{\mathrm{f}}\omega^2\tilde{\boldsymbol{U}}=\nabla\tilde{P}$，对直达波有

$$\rho_{\mathrm{f}}\omega^2\tilde{U}_{\mathrm{i}r}=\frac{\partial}{\partial r}\tilde{P}_{\mathrm{i}}=\frac{\mathrm{i}}{2}F(\omega)\frac{\partial}{\partial r}\mathrm{H}_0^{(1)}(k_{\mathrm{f}r}r)=-\frac{\mathrm{i}}{2}F(\omega)k_{\mathrm{f}r}\mathrm{H}_1^{(1)}(k_{\mathrm{f}r}r)$$

其中，用到贝塞尔函数的递推公式 (2.18)。类似地得到

$$\rho_{\mathrm{f}}\omega^2\tilde{U}_r=P'(k,\omega)k_{\mathrm{f}r}\mathrm{J}_1(k_{\mathrm{f}r}r)$$

固体中的位移

$$\tilde{U}_{\mathrm{s}r}=\frac{\partial}{\partial r}\tilde{\varphi}+\mathrm{i}k_z\frac{\partial}{\partial r}\tilde{\eta}=-\varphi'k_{\mathrm{p}r}\mathrm{H}_1^{(1)}(k_{\mathrm{p}r}r)-\eta'(k,\omega)\mathrm{i}k_zk_{\mathrm{s}r}\mathrm{H}_1^{(1)}(k_{\mathrm{s}r}r)$$

把它们代入第一个边界条件，得到关于三个角谱的线性方程。类似得到另外两个边界条件的方程，排列在一起，整理后得到

$$\boldsymbol{M}\begin{pmatrix}P'\\ \varphi'\\ \mathrm{i}k\eta'\end{pmatrix}=\begin{pmatrix}k_{\mathrm{f}r}\mathrm{H}_1^{(1)}(k_{\mathrm{f}r}a)\\ -\rho_{\mathrm{f}}\omega^2\mathrm{H}_0^{(1)}(k_{\mathrm{f}r}a)\\ 0\end{pmatrix} \tag{2.57}$$

式中，系数矩阵

$$\boldsymbol{M}=\begin{pmatrix} m_{11} & m_{12} & m_{13} \\ m_{21} & m_{22} & m_{23} \\ m_{31} & m_{32} & m_{33} \end{pmatrix}$$

$$=\begin{pmatrix} -k_{\mathrm{f}r}\mathrm{J}_1(k_{\mathrm{f}r}a) & k_{\mathrm{p}r}\mathrm{H}_1^{(1)}(k_{\mathrm{p}r}a) \\ \rho_{\mathrm{f}}\omega^2\mathrm{J}_0(k_{\mathrm{f}r}a) & \mu\ \left[(2k^2-k_{\mathrm{s}}^2)\mathrm{H}_0^{(1)}(k_{\mathrm{p}r}a)+\dfrac{2k_{\mathrm{p}r}}{a}\mathrm{H}_1^{(1)}(k_{\mathrm{p}r}a)\right] \\ 0 & 2k_z^2k_{\mathrm{p}r}\mathrm{H}_1^{(1)}(k_{\mathrm{p}r}a) \end{matrix}$$

$$\begin{matrix} k_{\mathrm{s}r}\mathrm{H}_1^{(1)}(k_{\mathrm{s}r}a) \\ \mu\ \left[-2k_{\mathrm{s}r}^2\mathrm{H}_0^{(1)}(k_{\mathrm{s}r}a)+\dfrac{2k_{\mathrm{s}r}}{a}\mathrm{H}_1^{(1)}(k_{\mathrm{s}r}a)\right] \\ (2k_z^2-k_{\mathrm{s}}^2)k_{\mathrm{s}r}\mathrm{H}_1^{(1)}(k_{\mathrm{s}r}a) \end{pmatrix}$$

这里，μ 是固体的拉梅系数。求解这个方程组，将结果转换到空间时间域, 就得到声场各点的波形和空间分布。由于对波数的积分是沿实轴对 k_z 作积分，数值计算时常对离散的 k_z 求和，所以这个方法在井孔声学中常称为实轴积分法或离散波数法。下面是计算程序。

```
程序2.3
(1) clear
(2) vf=1500;   qf=50;
(3) vp=4500;   qp=50;
(4) vs=2500;   qs=50;
(5) dn=2500;
(6) dn0=1000;

(7) nkz=1024; dz=0.01; dkz=pi/(dz*nkz);
(8) nnf=1024;dt=5e-6;dfq=1/(2*dt*nnf);
(9) f0=15000; fb=.4*f0;
(10) nfb=1;  nfe=800;

(11) r=0.1;

(12) cf=vf*(1.0-i/2.0/qf);
(13) cp=vp*(1.0-i/2.0/qp);
(14) cs=vs*(1.0-i/2.0/qs);
```

```
(15) om=[nfb:nfe]'*dfq*2*pi*ones(1,nkz);
(16) k=ones(nfe-nfb+1,1)*(0:nkz-1)*dkz;
(17) kf=om/cf;  kp=om/cp;  ks=om/cs;
(18) kfr=sqrt(kf.*kf-k.*k);
(19) kpr=sqrt(kp.*kp-k.*k);
(20) ksr=sqrt(ks.*ks-k.*k);

(21) m11=-kfr.*besselj(1,kfr*r);
(22) m21=dn0/dn*ks.*ks.*besselj(0,kfr*r);
(23) m12=kpr.*besselh(1,kpr*r);
(24) m22=(2*k.*k-ks.*ks).*besselh(0,kpr*r)+2*kpr/r.*...
     besselh(1,kpr*r);
(25) m32=2*k.*k.*kpr.*besselh(1,kpr*r);
(26) m13=ksr.*besselh(1,ksr*r);
(27) m23=2*(-ksr.*ksr.*besselh(0,ksr*r)+ksr/r.*...
     besselh(1,ksr*r));
(28) m33=-ksr.*(ksr.*ksr-k.*k).*besselh(1,ksr*r);

(29) b1=i/2*kfr.*besselh(1,kfr*r);
(30) b2=-dn0/dn*i/2*ks.*ks.*besselh(0,kfr*r);

(31) a1=m22.*m33-m23.*m32;
(32) a2=m12.*m33-m13.*m32;
(33) a3=m11.*a1-m21.*a2;
(34) a4=(b2.*d11-b1.*d21)./a3;
(35) p1=(b1.*a1- b2.*a2)./a3;

(36) nz=11;
(37) zz=[2:nz+1]*25;
(38) z=zz*dz;

(39) fks=[p1,zeros(nfe-nfb+1,1),p1(:,nkz:-1:2)];
(40) fzs=ifft(fks,[],2)/2;
(41) f=dfq*[0:nnf-1]; so=exp(-(f-f0).*(f-f0)/fb/fb);     %Source
```

```
(42) fzs1=[zeros(nfb,nz);fzs(:,zz);zeros(nnf-nfe-1,nz)].*...
     (so.'*ones(size(zz)));
(43) fzs2=[fzs1;zz*0;conj(fzs1(nnf:-1:2,:))];
(44) tzs=fft(fzs2,[],1);

(45) figure(2)
(46) nt=500;
(47) tzf=real(tzs(1:nt,:))*.5;
(48) plot([1:nt]*dt*1000,tzf.*(ones(nt,1)*z)+ones(nt,1)*z,'k')
(49) set(gcf, 'color',[1 1 1]);
(50) xlabel('time mS');
(51) ylabel('distance m');
(52) hold on;plot([0 3500/vp]+.0,[0 3.5],'k--')
(53) hold on;plot([0 3500/vs]+.0,[0 3.5],'k--')
(54) hold on;plot([0 3500/vf]+.0,[0 3.5],'k--')
(55) axis([0 2.5 0 3.5])
```

程序中第 (12)~ 第 (14) 行声速引入虚部，模拟介质的衰减，也使计算稳定。第 (15) 和第 (16) 相当于 meshgrid 函数。第 (17)~ 第 (30) 行建立代数方程组的矩阵和列矢量，m_{11} 等都是波数和频率的函数。第 (31)~ 第 (35) 行求解方程组。这里直接引用三阶行列式的计算，没有用软件的求逆，避免了多次循环。第 (39) 行将角谱对称扩展到负的波数，第 (40) 行作波数到 z 的傅里叶变换，这里傅里叶变换是 2048 点的，结果 f_{zs} 是 z 和频率的函数，第 (41) 行计算源的高斯频谱。第 (42) 行从 f_{zs} 取出 11 个 z 的值，是要计算接收信号的位置。第 (43) 行将正频率的频谱共轭扩展到负频率，第 (44) 行作频率到时间的变换，得到 11 个接收波形。第 (45)~ 第 (51) 行作图。第 (52)~ 第 (54) 行画三条斜线，它们的斜率分别是固体纵、横波和流体声速。

2.3.2 计算参数和接收波形

我们取了两组计算模型参数，如表 2.1 所示。第一个模型中孔外固体的纵波和横波声速都比孔内流体的声速大，称为快速介质。第二个模型中孔外固体的纵波声速比孔内流体的声速大，但是孔外固体的横波声速比孔内流体的声速小，称为慢速介质。下面将看到这两类模型的声场有许多不同的特征。计算中考虑了介质的声吸收，把各种介质的机械 Q 都取为 50。声源的波形是高斯包络调制的正弦波。中心频率如表 2.1 所示，带宽是中心频率的 0.4 倍。

表 2.1　井孔声场的计算参数

		快速介质	慢速介质
孔内流体	声速/(m/s)	1500	1500
	密度/(kg/m^3)	1000	1000
孔外固体	纵波声速/(m/s)	4500	2300
	横波声速/(m/s)	2500	1100
	密度/(kg/m^3)	2500	2000
声源的中心频率/kHz		15	7
孔半径/m		0.1	0.1

图 2.13 是快速介质模型中在井孔中心轴上的接收波形，自下而上各个波形的接收位置和声源的距离 (称为源距) 分别是 0.5 m，0.75 m，···，2.5 m。这些波形和测井得到的实际信号是相符合的。图 2.13 给人的第一个感觉是井孔中的接收信号相当复杂。随着与声源的距离的增加，信号不断拉长，幅度不断降低。为了能清楚地显示所有的信号，图中每个信号的放大倍数都是和源距成正比的 (见程序 2.3 中第 (48) 行)。

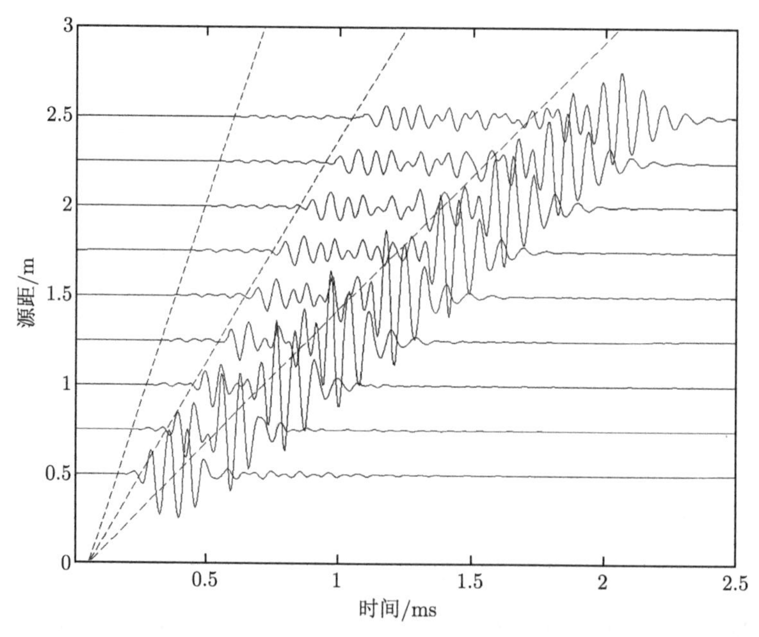

图 2.13　快速介质模型中在井孔中心轴上的接收波形

图中每个信号大致包括三部分，开始的部分很弱，中间一部分比较强，最后部分更强。随着源距增加，三个部分不断延迟。对照图中三条虚线，发现这三部分沿中心轴的传播速度大约等于孔外固体的纵、横波声速和孔内流体的声速。

图 2.14 是慢速介质中在井孔中心轴上的接收波形，自下而上各个波形的接收位置和声源的距离分别是 0.5 m，0.75 m，···，3 m。为了突出慢速介质的特点，声源的中心频率取得比较低。图中也有三条斜的虚线，左边虚线的斜率等于孔外固体的纵波声速，中间的等于孔内流体的声速，右边的等于孔外固体的横波声速。对照这三条虚线，发现接收波形中有三个脉冲，其中两个的传播速度大约等于孔外固体的纵波声速和孔内流体的声速，另一个的速度比固体中的横波声速还要小。

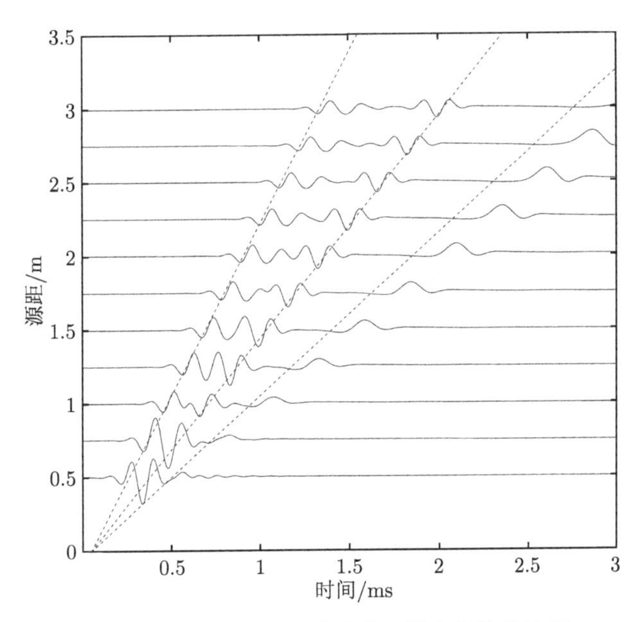

图 2.14 慢速介质中在井孔中心轴上的接收波形

2.3.3 声场分布

上面得到了不同模型的接收波形，但是这些结果并没有给出这些信号的形成机理和变化规律。井孔声场是很复杂的。介质参数和声源频率、带宽都对接收波形有很大的影响，用不同的参数计算的接收波形会有很大的差异。为了从接收波形中提取有用的信息，设计合理的仪器，必须深入分析井孔声场。下面计算一些固定时刻整个声场在空间的分布，这些空间分布能够帮助我们更深刻地了解整个声场的变化过程，了解接收信号中各个脉冲的物理意义。

声场的空间分布的计算方法和接收波形的计算方法是一样的，只是在计算二维傅里叶变换时可以先计算对频率的变换，然后计算对波数的变换，以提高效率。由于要计算不同半径的声场，因此计算量比 2.3.2 节中心轴上几个波形的计算量大得多。

先看快速地层的情况，声源的中心频率取得比较高，为 30 kHz，带宽也比较宽。这个频率比一般的测井仪器高，但是这样声源发射的脉冲比较短，具有格林函数的特点，便于区别不同的脉冲。不同频谱的声场基本上是由同样种类的脉冲组成的，但是当频率比较低、频带比较窄的时候，声场中的每个脉冲都比较长，相互之间可能重叠，不易区分。

整个声场是轴对称的，因此只要给出通过对称轴的一个剖面上的声场就足够了。图 2.15 是快速介质模型中 8 个不同时刻的声场，它们的时间分别是 50 μs，100 μs，150 μs，200 μs，300 μs，400 μs，500 μs 和 700 μs。每个图的中间颜色较浅的竖带是孔内流体部分，两边是孔外固体部分。声场的强弱用灰阶表

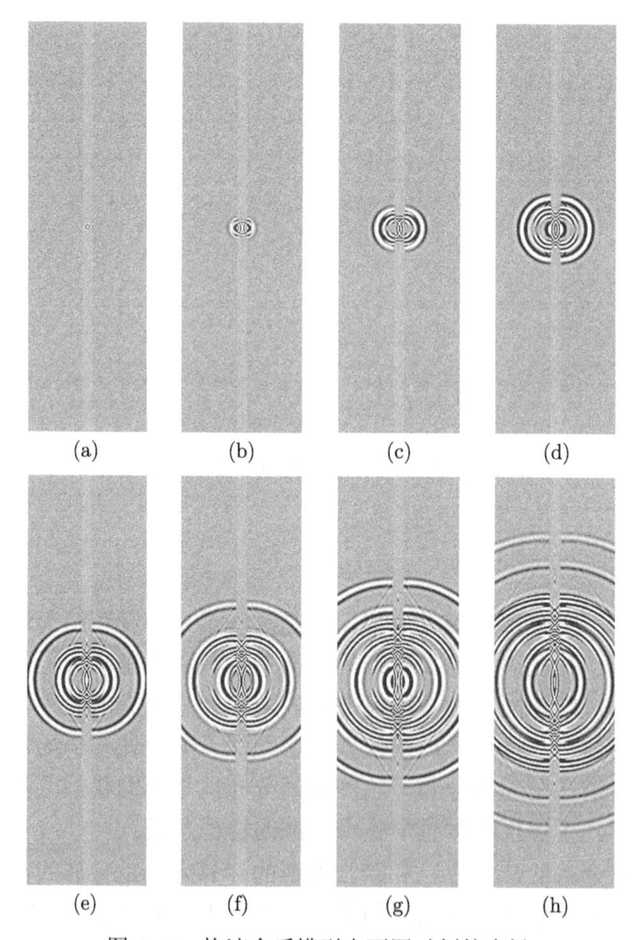

图 2.15　快速介质模型中不同时刻的声场

(a)～(h) 的时间分别是 50 μs，100 μs，150 μs，200 μs，300 μs，400 μs，500 μs 和 700 μs

示。孔内的灰阶表示声压，孔外是两个位移位的叠加 (确切地说，孔外显示的是 $\rho_{\mathrm{f}}\omega^2\varphi'(k,\omega)\mathrm{H}_0^{(1)}(k_{\mathrm{pr}}r)$ 的二维傅里叶变换和 $\mathrm{i}\rho_{\mathrm{f}}\omega^2\eta'(k,\omega)\mathrm{H}_0^{(1)}(k_{\mathrm{s}r}r)$ 的二维傅里叶变换的叠加。它们并不和具体的物理量对应，但是各个具体的物理量都由它们确定，它们和声压有同样的量纲，因此这里选用它们)。

孔内的声场可以分为直达波和反射波两部分，孔外可以分为纵波和横波两部分。图 2.16 显示的是和图 2.15 同样的声场，但是把各部分分别显示。孔内中心线左边是直达波，右边是反射波。孔外左边是纵波，右边是横波。这也是数值计算提供的一个独特的视角。

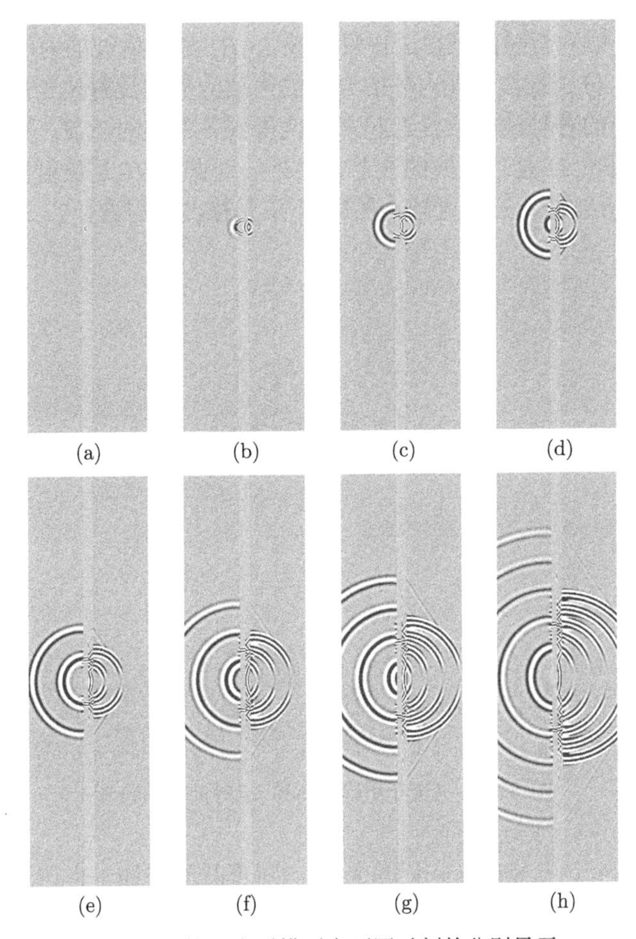

图 2.16 快速介质模型中不同时刻的分别显示

(a)~(h) 的时间分别是 50 μs，100 μs，150 μs，200 μs，300 μs，400 μs，500 μs 和 700 μs；纵波、横波、直达波和反射波在井轴左右两侧分别显示

从图 2.16 可以看出声场的发展过程。当声源刚发出脉冲时，孔内有一个对称的球面直达波。当直达波到达孔壁时 (图 2.16(a))，发生反射和折射。一部分能量反射回孔内，成为反射波。另一部分能量折射到孔外，向外传播，形成折射波。折射波有两个，分别是纵波和横波，它们的传播速度分别是纵波和横波的速度。

根据入射和反射的规律，可以得到在给定时刻井孔声场中各种波的波前位置。图 2.17 是快速介质模型 130 μs 时的波前位置。把声波在孔内流体中传播 130 μs 的距离记作 l。从声源的位置 O 出发，向各个方向画出许多射线，如果某一条射线和孔壁的交点到声源的距离大于 l，则在射线上标出 130 μs 时声波到达的位置，这就是直达波的波前位置 (图中的 D)，把不同方向的直达波的波前位置连起来，就得到直达波的波前。如果某一条射线和孔壁的交点到声源的距离小于 l(图中的 OA)，则按照反射和折射的规律画出反射波 (AR) 和折射波的射线 (AP 和 AS)。这里 R，P 和 S 分别是按照孔内外的介质的声速计算的反射波和折射波到达的位置，把不同方向的各种波的位置连起来，就得到各种波的波前。图中孔内上、下两个比较小的圆弧 D 是直达波的波前，另外一对圆弧 R 是反射波。孔外一对大圆弧 P 是纵波折射波，一对比较小的圆弧 S 是横波折射波。

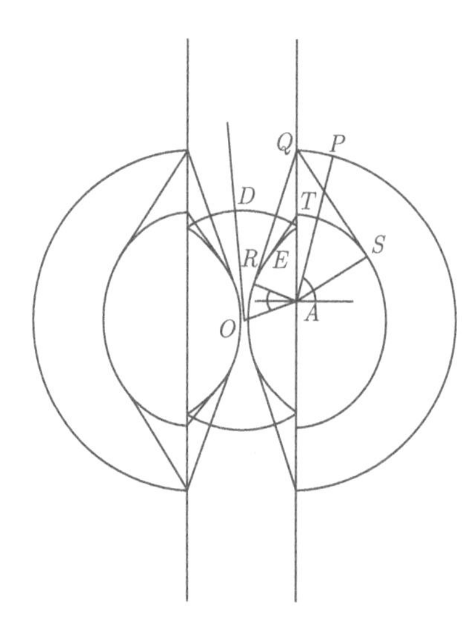

图 2.17 快速介质模型 130 μs 时的波前位置

当直达波刚到达孔壁时，入射角为 0°。随着时间增加，直达波的入射角不断增大。当入射角等于纵波临界折射角时，折射波沿孔壁传播。由于纵波速度高，纵波波前在最前面 (图中 Q 点)。它一面传播，一面产生速度比它低的波。在孔内是声波头波，它的波前是图中的直线 QR，实际上是一个圆锥面。在孔外是 QS 代表的横波头波。同样，临界折射的横波也在孔内产生头波，波前是图中的 TE。

现在回到井孔声场。和图 2.17 对比，不难发现图 2.15 和图 2.16(b)~(d) 中的直达波、反射波以及纵波折射波和横波折射波。从这些图中可见纵波和横波的波前像两个圆 (实际上像两个球面)。纵波的指向性比较均匀，整个圆的颜色比较一致。横波在与井轴垂直的方向比较弱，而在斜方向比较强。这些都是和折射系数与入射角的规律一致的。

在图 2.15 和图 2.16(d) 中，反射波再次到达孔壁，这时会发生新的反射和折射，产生新的反射波、两种折射波和各种头波。这个过程和直达波到达孔壁时是一样的。

经过一段时间，新产生的反射波又到达孔壁，于是上面的过程又重复一次。这样不断进行下去，产生一系列的反射波、折射波和头波。这在图 2.15 和图 2.16 的后面几个时刻显示得很清楚。经过多次的反射和传播，反射波会越来越弱，直到不能被观察到。在图 2.16(h) 中可以看到，声场是由一系列的反射波、纵波、横波和各种头波组成的。

除了上面所说的各种波，在紧靠孔壁的地方还有一些波，这是模式波，我们不做深入的讨论。

再来看慢速介质的情况，图 2.18 和图 2.19 是慢速介质中的声场，显示方法和上面快速介质声场图一样。

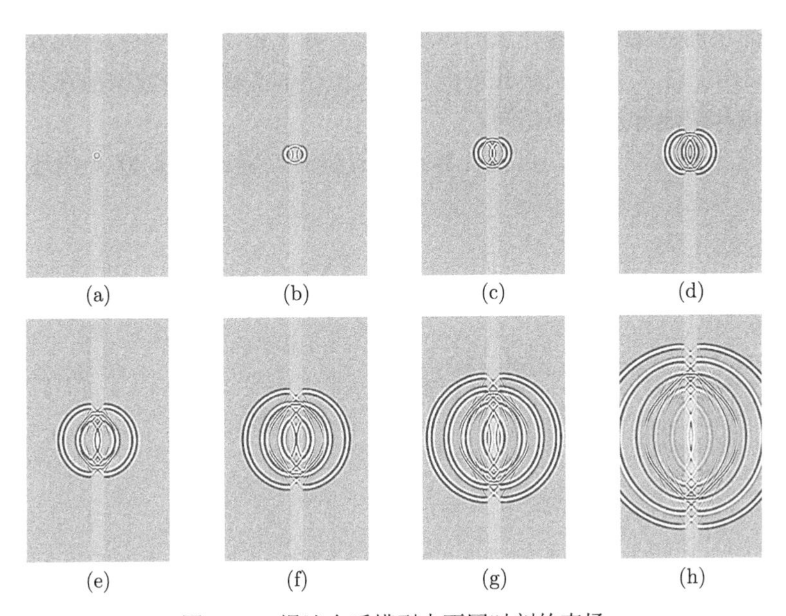

图 2.18 慢速介质模型中不同时刻的声场

(a)~(h) 的时间分别是 50 μs，100 μs，150 μs，200 μs，300 μs，400 μs，500 μs 和 700 μs

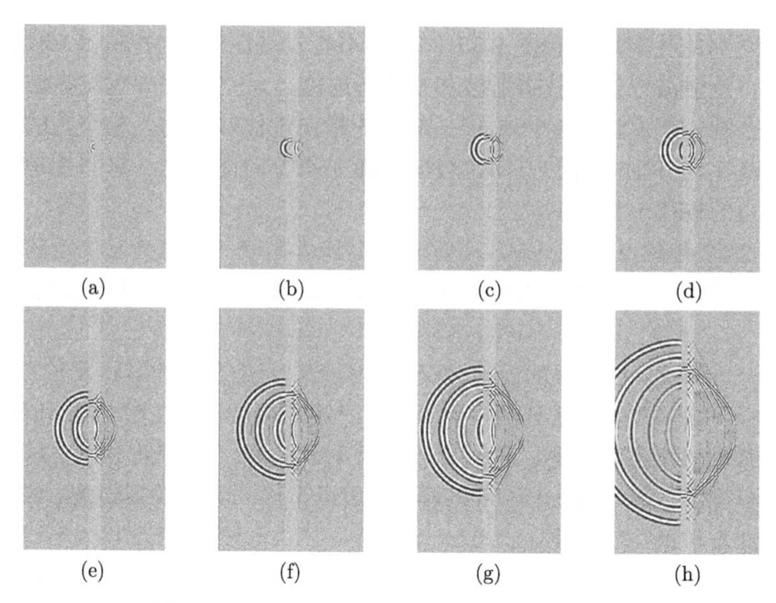

图 2.19　慢速介质模型中不同时刻的分别显示

(a)～(h) 的时间分别是 50 μs，100 μs，150 μs，200 μs，300 μs，400 μs，500 μs 和 700 μs；纵波、横波、直达波和反射波在井轴左右两侧分别显示

慢速介质的声场和快速介质的声场相比，除了由于速度不同，孔外的声场传播比较慢之外，主要的差别是孔内没有横波产生的头波，横波波前在和孔壁相交处的形态也和快速介质很不相同。

和快速介质模型一样，可以计算声场的波前位置。图 2.20 是慢速介质模型

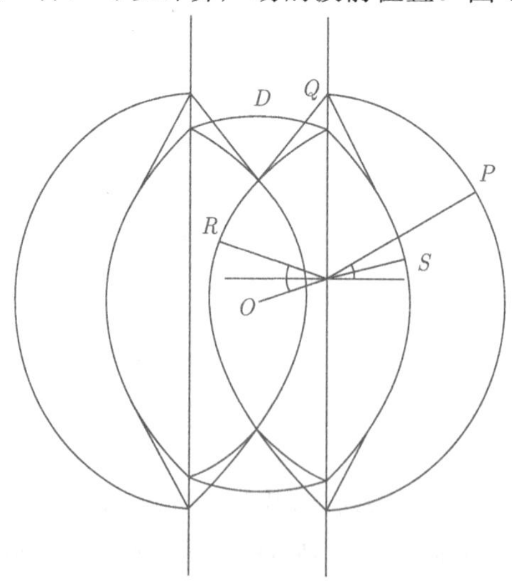

图 2.20　慢速介质模型 180 μs 时的波前位置

180 μs 时的波前位置。和快速介质比较，可以看到直达波、反射波、折射纵波和折射横波，也可以看到沿孔壁传播的临界折射纵波 (Q) 在孔内产生的声波头波和在孔外产生的横波头波；但是没有横波在孔内产生的声波头波。

2.3.4 广义射线声场

在 2.3.3 节中看到，声源发出的直达波和孔壁作用，产生反射波、折射波和头波，它们被称为一次反射波、一次折射波和一次头波。一次反射波在孔内传播，到达孔壁时会产生新的反射波、折射波和头波，称为二次反射波、二次折射波和二次头波。这个过程不断重复，产生一系列的波。它们的强度一个比一个弱，直到消失。我们用这个观点进一步分析。上面分析井孔内声场时取了原点有限的贝塞尔函数 $\mathrm{J}_m(k_{\mathrm{fr}}r)$，根据 $k_{\mathrm{fr}}r$ 比较大时的渐近公式 (2.14) 可知，它代表驻波。它也可以表示为 $\mathrm{J}_m(k_{\mathrm{fr}}r) = \dfrac{1}{2}\left[\mathrm{H}_m^{(1)}(k_{\mathrm{fr}}r) + \mathrm{H}_m^{(2)}(k_{\mathrm{fr}}r)\right]$，即发散和会聚波的和。先考虑声源发出的直达波和孔壁作用的情况，其在井孔内产生会聚的波。为了研究这种会聚波，井孔内声场的角谱表示不取 $\tilde{P}(r,k_z) = P'(k_z)\,\mathrm{J}_0(k_{\mathrm{fr}}r)$，而改为 $\tilde{P}(r,k_z) = P'(k_z)\mathrm{H}_m^{(2)}(k_{\mathrm{fr}}r)$。井孔外的角谱不变。贝塞尔函数和汉克尔函数的微分规则是相同的，因此只要把上面分析中的 $\mathrm{J}_0(k_{\mathrm{fr}}r)$ 换成 $\mathrm{H}_m^{(2)}(k_{\mathrm{fr}}r)$，求得 P'，φ' 和 η'，变换到空间时间域，就得到一次反射会聚波、折射纵波和折射横波。

图 2.21 和图 2.22 分别是快速介质和慢速介质模型中一次波在不同时刻的声场，计算的参数和时刻同上。两者比较，可以看到前四个时刻的声场是由直达波和一次波组成的。随着时间增加，多次反射波和折射波不断出现。图 2.21 和图 2.22

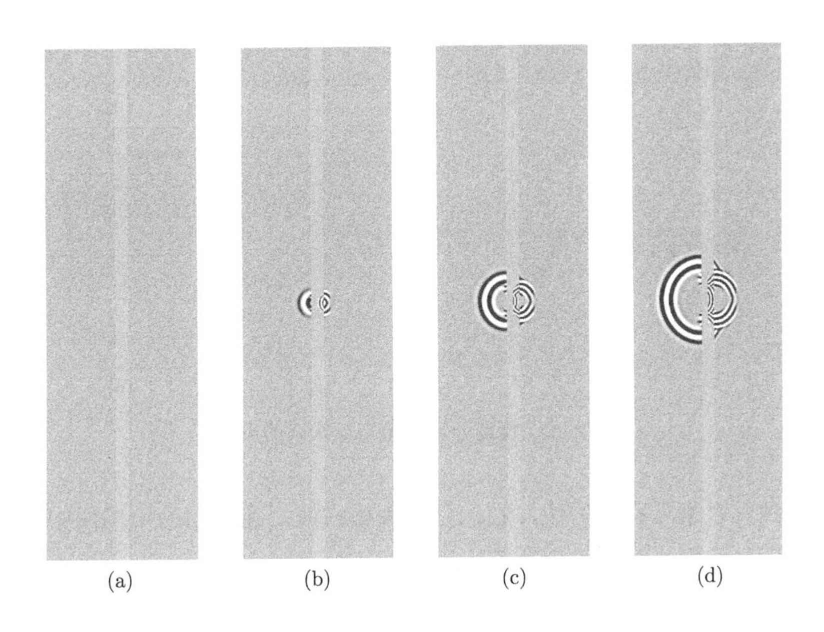

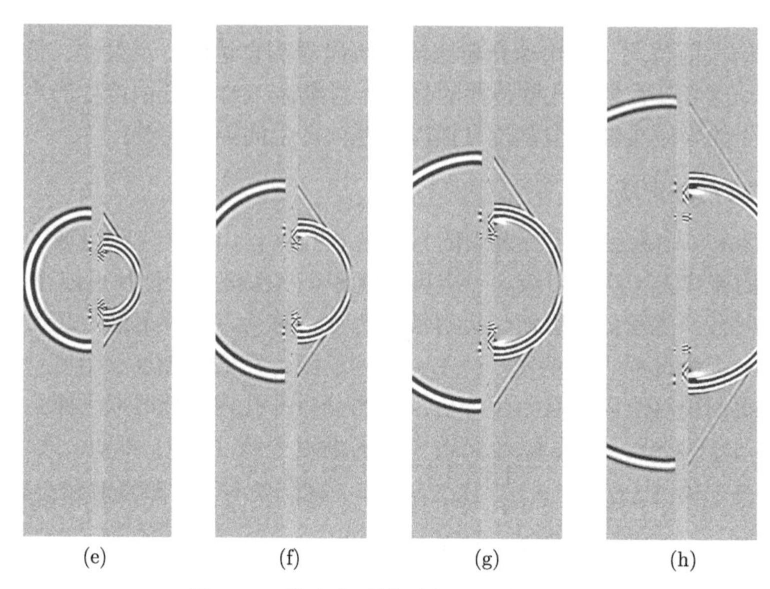

图 2.21　快速介质模型中一次波的声场

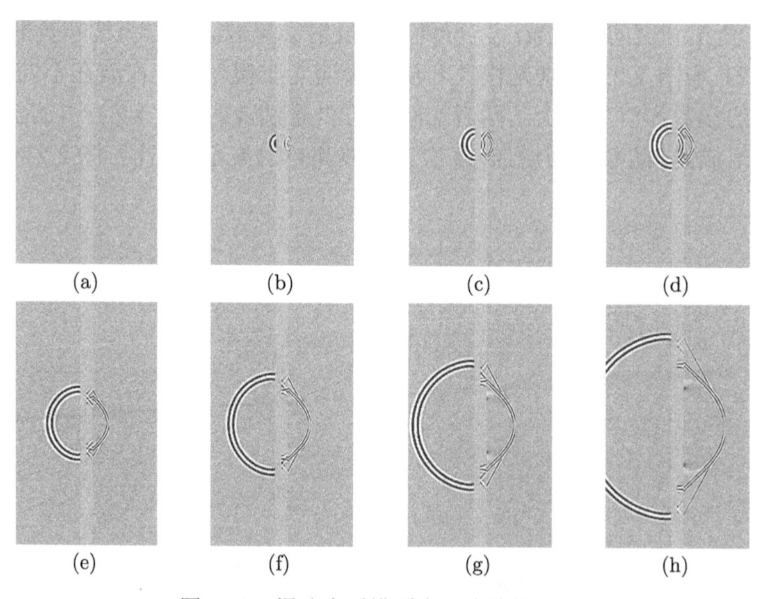

图 2.22　慢速介质模型中一次波的声场

中可以看到许多紧靠孔壁的波，它们是各种模式波，在前面的声场图中由于多次波的叠加，这些模式波不是很清楚。

复 习 题

1. 叙述柱坐标中的两种角谱方法。

2. 论述声场的傅里叶系数与声场角谱之间的关系。

3. 叙述角谱与角谱表示的概念差异。

4. 修改程序 2.3 中的孔外固体参数、声源参数及井孔半径参数，并运行，试总结运行结果的变化规律。

第 3 章　球坐标系中的角谱方法

3.1　球坐标系中波动方程的解

前两章介绍了直角坐标系和圆柱坐标系中的角谱方法, 这两类方法首先把一般的稳态声场表示为满足波动方程的平面波或柱面波的线性叠加，叠加的系数是波数的函数, 就是角谱。在波数域求得角谱后再转换到空间或空间时间域，得到稳态或瞬态的声场。与此相仿，球坐标的角谱方法把一般的声场表示为球面波的叠加。为此我们先讨论满足波动方程的球面波，这些波在数理方程中已经得到详细的讨论，下面给出主要结果。

图 3.1 表示球坐标系 $r\theta\phi$，r 是径向，ϕ 和 θ 分别是经度和纬度。稳态波动方程 $\nabla^2 P + k^2 P = 0$ 在球坐标系中的形式是

$$\frac{1}{r^2}\frac{\partial}{\partial r}\left(r^2\frac{\partial P}{\partial r}\right)+\frac{1}{r^2\sin\theta}\frac{\partial}{\partial\theta}\left(\sin\theta\frac{\partial P}{\partial\theta}\right)+\frac{1}{r^2\sin^2\theta}\frac{\partial^2 P}{\partial\phi^2}+k^2P=0 \tag{3.1}$$

其中，$k=\dfrac{\omega}{c}$，这里 c 是声速。采用分离变量法，设

$$P=R(r)\,\Theta(\theta)\,\Phi(\phi) \tag{3.2}$$

代入式 (3.1)，分离变量，得到三个常微分方程。

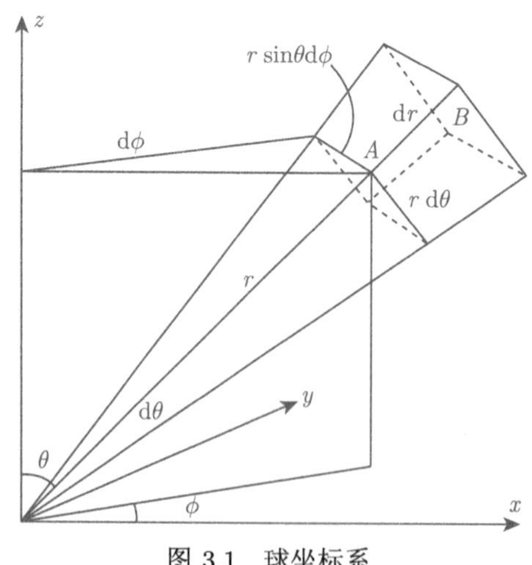

图 3.1　球坐标系

$\varPhi$ 的方程是 $\dfrac{\mathrm{d}^2\varPhi}{\mathrm{d}\phi^2}+m^2\varPhi=0$，并需要满足周期条件 $\varPhi(\phi)=\varPhi(\phi+2\pi)$，得到的解是

$$\varPhi(\phi)=A\cos(m\phi)+B\sin(m\phi) \tag{3.3}$$

其中，m 是整数。

$\varTheta$ 满足的方程是

$$\frac{1}{\sin\theta}\frac{\mathrm{d}}{\mathrm{d}\theta}\left(\sin\theta\frac{\mathrm{d}\varTheta}{\mathrm{d}\theta}\right)+\left[l(l+1)-\frac{m^2}{\sin^2\theta}\right]\varTheta=0 \tag{3.4}$$

为了得到在 $0\leqslant\theta\leqslant\pi$ 范围里有意义的解，l 是非负整数。记 $x=\cos\theta$，注意，这个 x 不是直角坐标系中的坐标，上式成为

$$\frac{\mathrm{d}}{\mathrm{d}x}\left[\left(1-x^2\right)\frac{\mathrm{d}\varTheta}{\mathrm{d}x}\right]+\left[l(l+1)-\frac{m^2}{1-x^2}\right]\varTheta=0 \tag{3.5}$$

这是缔合勒让德方程，其解是缔合勒让德函数，为

$$\varTheta=\mathrm{P}_l^m(\cos\theta)=\mathrm{P}_l^m(x)=\frac{(-1)^m\left(1-x^2\right)^{m/2}}{l!2^l}\frac{\mathrm{d}^{l+m}}{\mathrm{d}x^{l+m}}\left(x^2-1\right)^l \tag{3.6}$$

其中，$m=0,1,\cdots,l$。缔合勒让德函数满足正交性：

$$\int_0^{\pi}\mathrm{P}_l^m(\cos\theta)\mathrm{P}_n^j(\cos\theta)\sin\theta\mathrm{d}\theta=\int_{-1}^{1}\mathrm{P}_l^m(x)\mathrm{P}_n^j(x)\mathrm{d}x$$

$$=\begin{cases}0, & n\neq l \text{ 或 } j\neq m\\ \dfrac{2}{(2l+1)}\dfrac{(l+m)!}{(l-m)!}, & n=l \text{ 且 } j=m\end{cases} \tag{3.7}$$

当 $m=0$，即声场与 ϕ 无关时，$\varTheta=\mathrm{P}_l(x)=\dfrac{1}{l!2^l}\dfrac{\mathrm{d}^l}{\mathrm{d}x^l}\left(x^2-1\right)^l$，它们实际上是多项式，称为勒让德多项式。前几阶勒让德多项式为 $\mathrm{P}_0=1$，$\mathrm{P}_1=x$，$\mathrm{P}_2=\dfrac{1}{2}(3x^2-1)$，$\mathrm{P}_3=\dfrac{1}{2}(5x^3-3x)$ 等，以此类推。图 3.2 是它们的图像。

不难验证 $\mathrm{P}_l'(1)=\dfrac{l(l+1)}{2}$，勒让德多项式还满足正交性：

$$\int_0^{\pi}\mathrm{P}_l(\cos\theta)\mathrm{P}_n(\cos\theta)\sin\theta\mathrm{d}\theta=\int_{-1}^{1}\mathrm{P}_n(x)\mathrm{P}_l(x)\mathrm{d}x=\begin{cases}0, & n\neq l\\ \dfrac{2}{2l+1}, & n=l\end{cases} \tag{3.8}$$

r 方向的方程是

$$\frac{1}{r^2}\frac{\mathrm{d}}{\mathrm{d}r}\left(r^2\frac{\mathrm{d}R}{\mathrm{d}r}\right)+\left[k^2-\frac{l(l+1)}{r^2}\right]R=0 \tag{3.9}$$

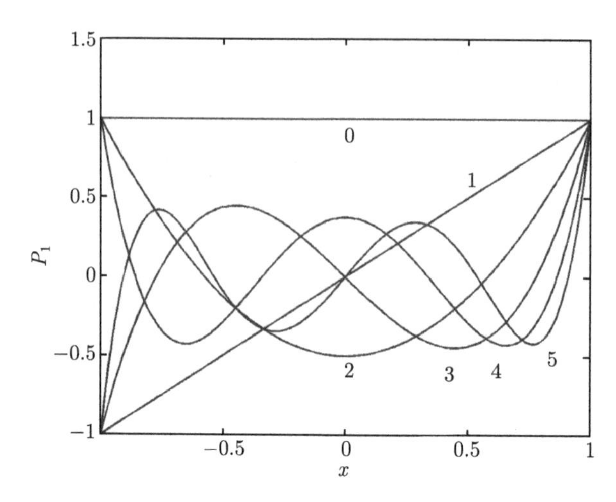

图 3.2　勒让德多项式

称为球贝塞尔方程，它的通解是球贝塞尔函数 j_l 和 n_l 的线性组合

$$R(r) = C\mathrm{j}_l(kr) + D\mathrm{n}_l(kr)$$

球贝塞尔函数可以用半整数阶的贝塞尔函数表示为

$$\mathrm{j}_m(z) = \sqrt{\frac{\pi}{2z}}\mathrm{J}_{m+\frac{1}{2}}(z) \tag{3.10}$$

和

$$\mathrm{n}_m(z) = \sqrt{\frac{\pi}{2z}}\mathrm{Y}_{m+\frac{1}{2}}(z) \tag{3.11}$$

它们实际上是初等函数，如 $\mathrm{j}_0(z) = \dfrac{\sin z}{z}$，$\mathrm{j}_1(z) = \dfrac{\sin z}{z^2} - \dfrac{\cos z}{z}$，$\mathrm{n}_0(z) = -\dfrac{\cos z}{z}$，$\mathrm{n}_1(z) = -\dfrac{\cos z}{z^2} - \dfrac{\sin z}{z}$ 等。球贝塞尔函数的两个线性组合 $\mathrm{h}_m^{(1,2)} = \mathrm{j}_m \pm \mathrm{i}\mathrm{n}_m$ 称为两类球汉克尔函数，不难验证 $\mathrm{h}_0^{(1,2)}(z) = \dfrac{\mp\mathrm{i}\exp(\pm\mathrm{i}z)}{z}$，$\mathrm{h}_1^{(1,2)}(z) = -\dfrac{\exp(\pm\mathrm{i}z)}{z} \mp \dfrac{\mathrm{i}\exp(\pm\mathrm{i}z)}{z^2}$ 等。第一类球汉克尔函数代表从原点向外扩散的辐射波，它满足递推公式和微分关系：

$$\mathrm{h}_{l+1}^{(1)}(z) + \mathrm{h}_{l-1}^{(1)}(z) = \frac{2l+1}{z}\mathrm{h}_l^{(1)}(z) \tag{3.12}$$

$$\frac{\mathrm{d}\mathrm{h}_l^{(1)}(z)}{\mathrm{d}z} = \frac{1}{2l+1}\left[l\mathrm{h}_{l-1}^{(1)}(z) - (l+1)\mathrm{h}_{l+1}^{(1)}(z)\right] \tag{3.13}$$

其余球贝塞尔函数的递推公式和微分公式与此类似。当 $z \to \infty$ 时，两类球汉克尔函数有渐近表示

$$\mathrm{h}_l^{(1)}(z) \to \frac{(\mp\mathrm{i})^{l+1}\exp(\pm\mathrm{i}z)}{z} \tag{3.14}$$

根据上面的讨论，得到球坐标中稳态辐射声场的一般形式是

$$P = \sum_{l=0}^{\infty}\sum_{m=0}^{l}(A'_{lm}\cos(m\phi) + B'_{lm}\sin(m\phi))\mathrm{h}_l^{(1)}(kr)\,\mathrm{P}_l^m(\cos\theta) \tag{3.15}$$

其中，A'_{lm} 和 B'_{lm} 是待定系数，由声源决定。上式是辐射声场的级数表示，如果把式中的 $\mathrm{h}_l^{(1)}(kr)$ 换成 $\mathrm{h}_l^{(2)}(kr)$，就得到会聚声场的级数表示。式 (3.15) 是声场的一般解，其中，$\cos(m\phi)\,\mathrm{h}_l^{(1,2)}(kr)\,\mathrm{P}_l^m(\cos\theta)$ 和 $\sin(m\phi)\,\mathrm{h}_l^{(1,2)}(kr)\,\mathrm{P}_l^m(\cos\theta)$ 是满足波动方程的球面波，系数 A'_{lm} 和 B'_{lm} 是角谱。θ 和 ϕ 的变化范围是有限的区间，因此角谱是分立的。对 ϕ 的变换就是傅里叶级数，对 θ 的变换结果也是级数。球面波中与方位有关的部分 $\cos(m\phi)\mathrm{P}_l^m(\cos\theta)$ 和 $\sin(m\phi)\mathrm{P}_l^m(\cos\theta)$ 称为球面函数或球函数，l 是它们的阶。对于确定的阶 l，$m = 0, 1, \cdots, l$，l 阶独立的球函数共有 $2l+1$ 个。根据勒让德函数的正交性和三角函数的正交性可知，不同的球函数在球面上正交，即

$$\int_0^{2\pi}\int_0^{\pi}\cos(m\phi)\mathrm{P}_l^m(\cos\theta)\sin(m'\phi)\mathrm{P}_{l'}^{m'}(\cos\theta)\sin\theta\mathrm{d}\theta\mathrm{d}\phi = 0 \tag{3.16}$$

当 $m > 0$ 或 $m' > 0$ 时，

$$\int_0^{2\pi}\int_0^{\pi}\cos(m\phi)\mathrm{P}_l^m(\cos\theta)\cos(m'\phi)\mathrm{P}_{l'}^{m'}(\cos\theta)\sin\theta\mathrm{d}\theta\mathrm{d}\phi \tag{3.17}$$

$$= \int_0^{2\pi}\int_0^{\pi}\sin(m\phi)\mathrm{P}_l^m(\cos\theta)\sin(m'\phi)\mathrm{P}_{l'}^{m'}(\cos\theta)\sin\theta\mathrm{d}\theta\mathrm{d}\phi = \frac{\delta_{ll'}\delta_{mm'}2\pi(l+m)!}{(2l+1)(l-m)!} \tag{3.18}$$

当 $m = m' = 0$ 时，

$$\int_0^{2\pi}\int_0^{\pi}\mathrm{P}_l^0(\cos\theta)\mathrm{P}_l'^0(\cos\theta)\sin\theta\mathrm{d}\theta\mathrm{d}\phi = \frac{\delta_{ll'}4\pi}{2l+1} \tag{3.19}$$

在远场，$kr \gg 1$，利用渐近表示得到

$$P \to \frac{\exp(\mathrm{i}kr)}{kr}\sum_{l=0}^{\infty}\sum_{m=0}^{l}(-\mathrm{i})^{l+1}(A'_{lm}\cos(m\phi) + B'_{lm}\sin(m\phi))\mathrm{P}_l^m(\cos\theta) \tag{3.20}$$

在远场，声波沿半径方向传播，在半径相等的球面上声场的振幅并不是常数，在不同的方位，振幅不一样。振幅在不同方位的相对分布不随距离变化。

根据 $\boldsymbol{V}=\dfrac{\nabla P}{\mathrm{i}\omega\rho_0}$，声场的质点速度的径向分量是

$$V_r=\frac{1}{\mathrm{i}\omega\rho_0}\frac{\partial P}{\partial r}=\frac{1}{\mathrm{i}\rho_0 c}\sum_{l=0}^{\infty}\sum_{m=0}^{l}\left(A'_{lm}\cos(m\phi)+B'_{lm}\sin(m\phi)\right)\left[\mathrm{h}_l^{(1)}(kr)\right]'\mathrm{P}_l^m(\cos\theta) \tag{3.21}$$

式中，$\left[\mathrm{h}_l^{(1)}(kr)\right]'=\left.\dfrac{\partial\mathrm{h}_l^{(1)}(z)}{\partial z}\right|_{z=kr}$，在远场，径向速度成为

$$V_r\to\frac{\exp(\mathrm{i}kr)}{\rho_0\omega r}\sum_{l=0}^{\infty}\sum_{m=0}^{l}(-\mathrm{i})^{l+1}\left(A_{lm}\cos(m\phi)+B_{lm}\sin(m\phi)\right)\mathrm{P}_l^m(\cos\theta) \tag{3.22}$$

与径向垂直的速度分量是小量。在远场，式 (3.22) 满足 $P=\rho_0 cV_r$，与平面波类似。

3.2　刚性圆球对平面波的散射

3.2.1　散射问题

这一节以刚性圆球对平面波的散射为例介绍球坐标的角谱方法。如图 3.3 所示，z 方向传播的入射平面波被坐标原点处一半径为 r_0 的刚性圆球散射。引入球坐标系 $r\theta\phi$，$\theta=0$ 是 z 方向。整个波场关于 z 轴对称，与 ϕ 无关。入射波为

$$P_{\mathrm{i}}=P_0\exp(\mathrm{i}kz)=P_0\exp(\mathrm{i}kr\cos\theta) \tag{3.23}$$

散射波为 P_{r}，总声场 $P=P_{\mathrm{i}}+P_{\mathrm{r}}$。圆球表面的边界条件是法向位移为 0：

$$V_r|_{r=r_0}=V_{\mathrm{i}r}|_{r=r_0}+V_{\mathrm{r}r}|_{r=r_0}=0 \tag{3.24}$$

其中，$V_{\mathrm{i}r}$ 和 $V_{\mathrm{r}r}$ 分别是入射波和散射波的径向速度。

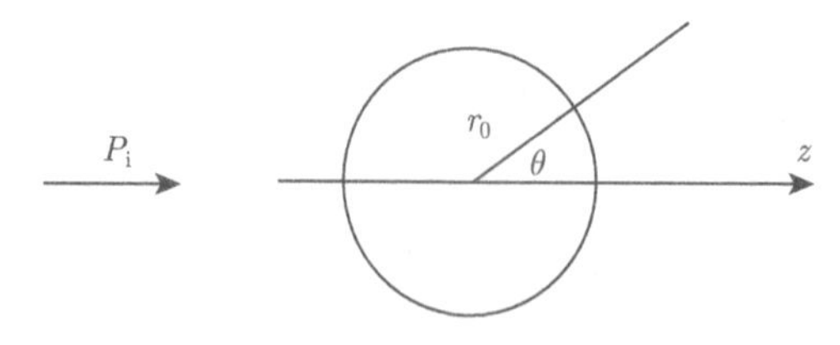

图 3.3　圆球对平面波的散射

3.2.2 用角谱方法求刚性球的散射问题

一般的声场都可以用角谱表示，入射平面波 $\exp(\mathrm{i}kz)=\exp(\mathrm{i}kr\cos\theta)$ 也可以用角谱表示。为此把平面波展开为勒让德函数的级数 $\exp(\mathrm{i}kr\cos\theta)=\sum\limits_{l=0}^{\infty}C_l\times$ $\mathrm{P}_l(\cos\theta)$，利用勒让德函数的正交性，式 (3.19) 可以求得

$$C_l=\frac{2l+1}{2}\int_{-1}^{1}\mathrm{P}_l(\cos\theta)\exp(\mathrm{i}kr\cos\theta)\,\mathrm{d}(\cos\theta)=(2l+1)\,\mathrm{i}^l\mathrm{j}_l(kr)$$

其中，积分可以用泰勒级数展开验证，于是得到用球函数表示平面波的公式

$$P_{\mathrm{i}}=P_0\exp(\mathrm{i}kz)=P_0\sum_{l=0}^{\infty}(2l+1)\,\mathrm{i}^l\mathrm{P}_l(\cos\theta)\mathrm{j}_l(kr) \tag{3.25}$$

这是一个有用的公式。由此得到入射波在界面上的法向速度：

$$V_{\mathrm{i}r}\big|_{r=r_0}=\frac{P_0}{\mathrm{i}\rho_0c}\sum_{l=0}^{\infty}(2l+1)\,\mathrm{i}^l\mathrm{P}_l(\cos\theta)\,[\mathrm{j}_l(kr_0)]' \tag{3.26}$$

散射波的角谱表示是

$$P_{\mathrm{r}}=P_0\sum_{l=0}^{\infty}A_l\mathrm{h}_l^{(1)}(kr)\,\mathrm{P}_l(\cos\theta) \tag{3.27}$$

由于散射波是向外扩散的，所以这里选用 $\mathrm{h}_l^{(1)}(kr)$。散射波在球面上的法向速度为

$$V_{\mathrm{r}r}\big|_{r=r_0}=\frac{P_0}{\mathrm{i}\rho_0c}\sum_{l=0}^{\infty}A_l\mathrm{P}_l(\cos\theta)\left[\mathrm{h}_l^{(1)}(kr_0)\right]' \tag{3.28}$$

入射波和散射波的法向位移互相抵消，因为两者都是勒让德函数的级数，必须逐项抵消，得到 $A_l=-\dfrac{(2l+1)\,\mathrm{i}^l\,[\mathrm{j}_l(kr_0)]'}{\left[\mathrm{h}_l^{(1)}(kr_0)\right]'}$，代入式 (3.27) 得到散射场

$$P_{\mathrm{r}}=-P_0\sum_{l=0}^{\infty}\frac{(2l+1)\,\mathrm{i}^l\,[\mathrm{j}_l(kr_0)]'}{\left[\mathrm{h}_l^{(1)}(kr_0)\right]'}\mathrm{h}_l^{(1)}(kr)\,\mathrm{P}_l(\cos\theta) \tag{3.29}$$

下面是计算程序。程序中要调用三个自定义的计算特殊函数的函数, 它们是球贝塞尔函数 sphj、球汉克尔函数 sphh 和勒让德多项式 lend，它们分别放在 sphj.m、sphh.m 和 lend.m 中，这三个文件要和下面的主程序放在同一个子目录中。下面是这三个文件和主程序。

sphj.m

```
function tr=sphj(n,x)
tr=sqrt(pi/2./x).*besselj(n+.5,x);
```

sphh.m

```
function tr=sphh(n,x)
tr=sqrt(pi/2./x).*besselh(n+.5,x);
```

lend.m

```
function pp=lend(n,x)
p=legendre(n,x);
pp=p(1,:);
```

```
程序3.1
(1) clear;warning off
(2) nt=256;dt=0.00005;df=1/dt/nt;tm=[0:nt-1]*dt;
(3) c=1500;r0=1.4324;%r0=1.4324/4;
(4) fq=[0:nt-1]*df;
(5) f0=2000;fb=0.4*f0;
(6) fp=exp(-(fq-f0).*(fq-f0)/fb/fb).*exp(i*2*pi*40*dt*fq);
(7) wb=fft(fp);
(8) maxl=25;l=[0:maxl];
(9) the=[0:100]*pi/100;r=[1:80]/10;[rr,thee]=meshgrid(r,the);
(10) prt=zeros(size(rr));
(11) wrk=zeros(150,101,80);

(12) for nf=1:150
(13) f=nf*df;k=2*pi*f/c;kr=r0*k;
(14) pr=-(2*l+1).*i.^l.*(l.*sphj(l-1,kr)-(l+1).
     *sphj(l+1,kr))./...(l.*sphh(l-1,kr)-(l+1).*sphh(l+1,kr));
(15) prt=zeros(size(rr));
(16) for n=0:maxl;ll=lend(n,cos(the));prt=prt+pr(n+1)*(ll.'*...
     ones(1,length(r))).*sphh(n,rr*k);end
(17) wrk(nf,:,:)=(prt+exp(i*k*rr.*cos(thee)))*2;%*15;
```

```
(18) end

(19) fdt1=zeros(26,101,80);
(20) for nnr=1:80
(21) spm=[zeros(1,101);wrk(:,:,nnr);...
     zeros(nt-151,101)].*(fp.'*ones(1,101));
(22) spt=fft(spm,[],1);fdt1(:,:,nnr)=spt(1:10:256,:);
(23) end

(24) x=[-200:200]/40;y=[0:200]/40;[xx,yy]=meshgrid(x,y);
(25) rp=sqrt(xx.*xx+yy.*yy)*10;thp=atan2(yy,xx)*100/pi;
(26) pp=zeros(size(rp))-100;

(27) for nfg=1:12;figure(nfg)
(28) for ix=1:length(x);for iy=1:length(y)
(29) if rp(iy,ix)>r0*10;pp(iy,ix)=fdt1(nfg,...
     uint8(thp(iy,ix)+1),uint8(rp(iy,ix)+1));end
(30) end;end

(31) pa=real(pp)+32;%pa=abs(pp);paa=[flipud(pa(2:201,:));pa];
     image(paa)
(32) axis equal;axis off;set(gcf,'color',[1 1 1])
(33) colormap('jet')
(34) end
```

理论上的公式 (3.29) 包含无穷多阶的球函数，实际程序中要截断，程序第 (8) 行确定球函数的最高阶数。第 (12)～ 第 (18) 行计算不同频率的稳态散射声场。第 (19)～ 第 (23) 行利用傅里叶变换把稳态的散射声场变换到时间域，得到不同时刻的声场分布，也称为时间切片。程序第 (24) 行到结束完成球坐标到直角坐标的变换，并形成图像，如图 3.4 和图 3.5 所示。

图 3.4 和图 3.5 分别是两个不同大小的圆球散射平面入射波的声场图，它们的 kr_0 分别为 3 和 12。其中 r_0 是球半径，k 是与中心频率 f_0 对应的波数。图中颜色显示的是总声场的实部，图中心深蓝色的圆是散射的圆球。竖的彩带是入射波，它是一个高斯包络的正弦脉冲，自左向右传播。图 3.4(a) 中入射波刚刚接触圆球，开始散射。之后的几个图中可以看到散射产生的瞬态波及其与入射波干

涉的图案。图 3.4(d)~(f) 中入射波已经离开圆球，散射波近乎一个球面波，由于扩散而逐渐衰减，入射波受到的干扰逐渐消失。图 3.5 的球比较大，散射波也比较强。

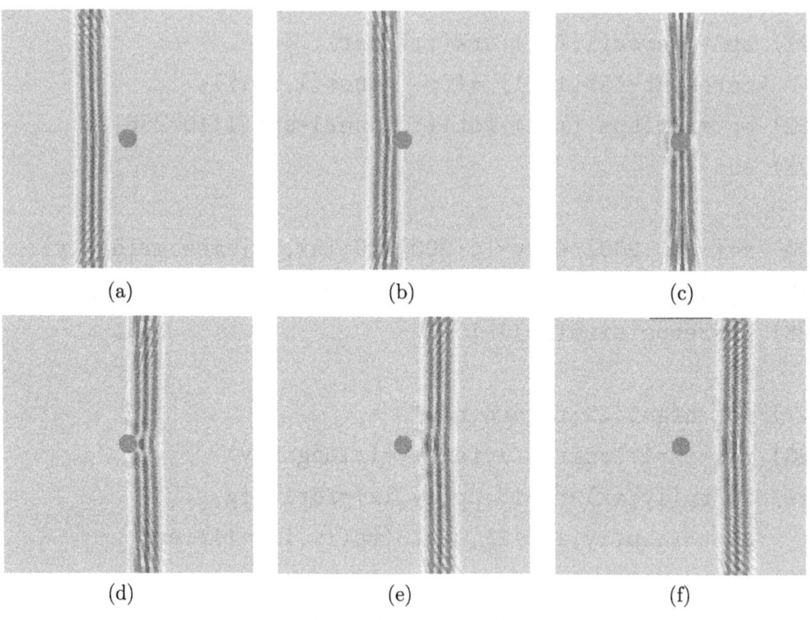

图 3.4　刚性小球的散射声场 (彩图扫封底二维码)

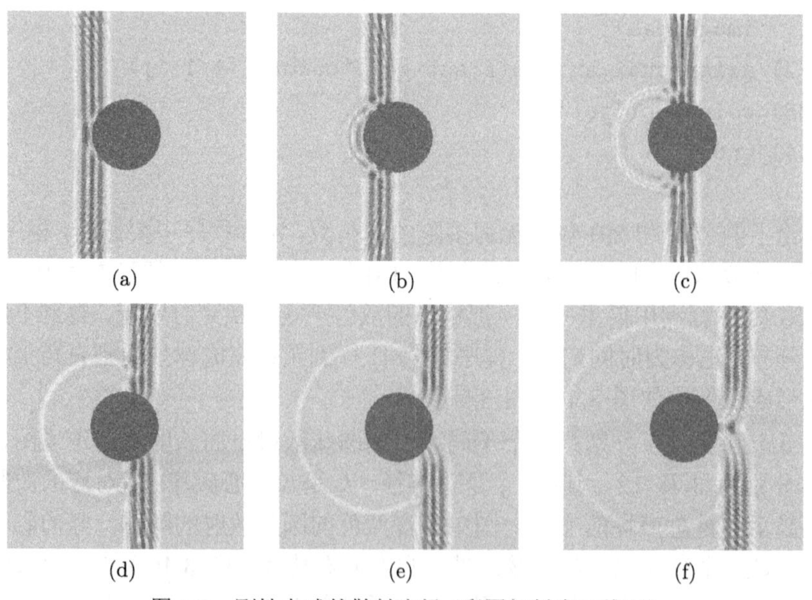

图 3.5　刚性大球的散射声场 (彩图扫封底二维码)

改动程序的第 (27) 行可以改变声场的显示幅度，增强显示幅度可以看到更后面的声场，如图 3.6 所示。图 3.6(a) 是图 3.5(f) 的增强图，图 3.6(b) 和 (c) 是时间更迟的声场。可以看到，入射波离开圆球后，散射波继续围绕圆球传播，同时向空间辐射散射波，但是其幅度迅速衰减。这种围绕散射物表面传播的波称为爬波。

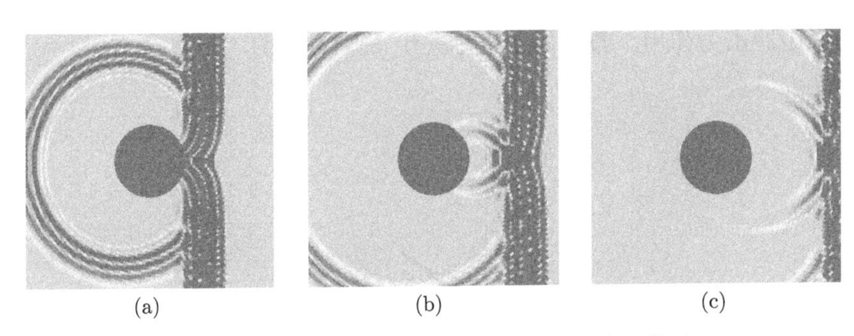

(a) (b) (c)

图 3.6 幅度增强后的散射声场 (彩图扫封底二维码)

3.2.3 不同材料的球的散射问题

如果散射圆球的材料与周围介质不同，如人体内的囊肿等，这时在周围介质中有入射波 P_{i} 和散射波 P_{r}，圆球内有声场 P_{t}。圆球表面的边界条件是声压和法向振动速度连续，即

$$P_{\mathrm{i}}\big|_{r=r_0}+P_{\mathrm{r}}\big|_{r=r_0}=P_{\mathrm{t}}\big|_{r=r_0},\quad V_{\mathrm{ir}}\big|_{r=r_0}+V_{\mathrm{rr}}\big|_{r=r_0}=V_{\mathrm{tr}}\big|_{r=r_0} \tag{3.30}$$

入射波和散射波的表达式与刚性球一样，圆球内的声场也表示为球函数的叠加，为了保证声场在原点有限，径向函数取球贝塞尔函数，得到

$$P_{\mathrm{t}}=P_0\sum_{l=0}^{\infty}B_l\mathrm{j}_l\left(k_2r\right)\mathrm{P}_l\left(\cos\theta\right) \tag{3.31}$$

其中，$k_2=\dfrac{\omega}{c_2}$ 是圆球内介质的波数，这里 c_2 是圆球内介质的声速。由声压得到法向振速的表示，一并代入边界条件，利用球函数的正交性，逐项相等，得到

$$\begin{pmatrix} -\mathrm{h}_l^{(1)}\left(kr_0\right) & \mathrm{j}_l\left(k_2r_0\right) \\ -\dfrac{\left[\mathrm{h}_l^{(1)}\left(kr_0\right)\right]'}{\rho_0} & \dfrac{\left[\mathrm{j}_l\left(k_2r_0\right)\right]'}{\rho_2} \end{pmatrix}\begin{pmatrix} A_l \\ B_l \end{pmatrix}=(2l+1)\,\mathrm{i}^l\begin{pmatrix} \mathrm{j}_l\left(kr_0\right) \\ \dfrac{\left[\mathrm{j}_l\left(kr_0\right)\right]'}{\rho_0} \end{pmatrix} \tag{3.32}$$

其中，ρ_2 是圆球内介质的密度。解方程组得到 A_l 和 B_l，代入声场的表达式可以得到散射声场和圆球内的声场。

3.3　点力在流体中固体球壳内外产生的振动

3.3.1　流体中固体球壳的振动

我们再考虑一个固体球壳的振动问题。图 3.7 中棕色部分是一圆球壳，球壳内外是流体。建立和上面例子相同的球坐标系 $r\theta\phi$。在球壳外表面 $\theta=0$ 处受 z 方向的集中冲击力作用。整个问题也是关于 z 轴对称的，与 ϕ 无关。

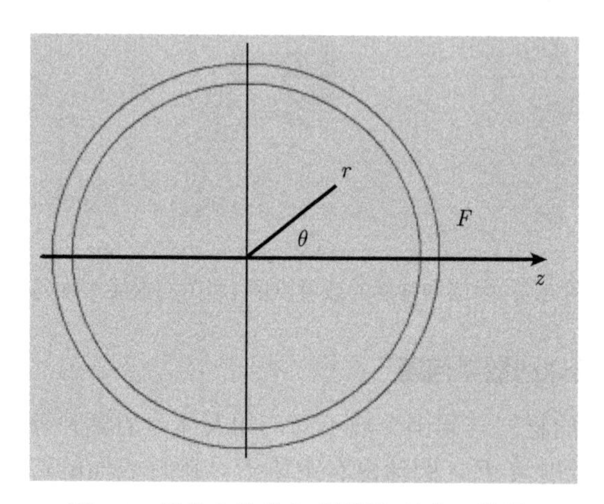

图 3.7　流体中的球壳 (彩图扫封底二维码)

球外流体中的声波满足的条件与式 (3.27) 一样，因此也有

$$P_{\mathrm{r}}=\sum_{l=0}^{\infty}A_l'h_l^{(1)}(kr)\,\mathrm{P}_l(\cos\theta) \tag{3.33}$$

球内流体中声场也有相近的表示，只是为了保证原点声场有限，改变了球贝塞尔函数，成为

$$P_{\mathrm{i}}=\sum_{l=0}^{\infty}B_l'\mathrm{j}_l(kr)\,\mathrm{P}_l(\cos\theta) \tag{3.34}$$

与圆柱坐标系的情况一样，固体中的声场位移用位移位表示为 $\boldsymbol{u}=\nabla\varphi+\nabla\times\boldsymbol{\psi}$。纵波位移位 φ 满足纵波波动方程，因此有和声压类似的表示

$$\varphi=\sum_{l=0}^{\infty}\left[C_l'\mathrm{j}_l(k_{\mathrm{p}}r)+D_l'\mathrm{h}_l^{(1)}(k_{\mathrm{p}}r)\right]\mathrm{P}_l(\cos\theta) \tag{3.35}$$

其中，$k_{\mathrm{p}}=\dfrac{\omega}{c_{\mathrm{p}}}$ 是纵波的波数。

横波位移位与直角坐标系和圆柱坐标系有一些不同，根据数学物理方法的推导，横波位移位可以表示为 $\boldsymbol{\psi}=\boldsymbol{r}\psi+\nabla\times(\boldsymbol{r}\eta)$，这里 $\boldsymbol{r}$ 是球坐标的位置矢量，式中 ψ 和 η 满足横波波动方程。对于我们考虑的轴对称问题，$\psi=0$。横波波动方程的形式和声波方程是一样的，因此在波数频率域中有

$$\eta=\sum_{l=0}^{\infty}\left[E_l'\mathrm{j}_l\left(k_{\mathrm{s}}r\right)+F_l'\mathrm{h}_l^{(1)}\left(k_{\mathrm{s}}r\right)\right]\mathrm{P}_l\left(\cos\theta\right) \tag{3.36}$$

其中，$k_{\mathrm{s}}=\dfrac{\omega}{c_{\mathrm{s}}}$ 是横波的波数。

在纵波和横波的表达式中分别取了两个球贝塞尔函数，这是因为固体球壳中既有扩散方向的波，又有会聚方向的波。

有了各个波的角谱表示，就可以得到边界条件中各个物理量的角谱表示，边界条件成为 6 阶的线性方程组。球壳外表面法向应力与声压关系的边界条件中要加上外力，这个外力成为线性方程组的非齐次源项。解这个线性方程组得到各个波的角谱，叠加得到稳态声场，经傅里叶变换得到时间域的解。

3.3.2 计算程序

和程序 3.1 一样，这里也需要球贝塞尔函数和勒让德函数的计算，把这些程序的文件 sphj.m、sphh.m 和 lend.m 放在主程序同一个子目录中。除了这几个函数外，这里还有两个计算球贝塞尔函数的导数的程序，它们的文件 dfsphj.m 和 dfsphh.m 也放在主程序同一个子目录中。

dfsphj.m

```
function tr=dfsphj(n,x)
tr=n./x.*sphj(n,x)-sphj(n+1,x);
```

dfsphh.m

```
function tr=dfsphh(n,x)
tr=n./x.*sphh(n,x)-sphh(n+1,x);
```

下面是主程序。

第 (3) 行设定计算的最大半径 r_{m}，半径步长 $\mathrm{d}r$，球壳内外半径 r_1 和 r_2。第 (4) 行计算球壳的拉梅系数。第 (6) 行设定级数截断的数目。s_1 是表面力源的级数展开。第 (7)～第 (9) 行计算力源的角谱。第 (12)～第 (20) 行计算需要的球贝塞尔函数。第 (21)～第 (43) 行计算角谱表示物理量的系数，代入边界条件后得到线性方程组。第 (44)～第 (49) 行对 $l=0$ 阶项生成矩阵并求解，第 (50)～第 (55) 行对高阶项生成矩阵并求解。$l=0$ 阶项的方程组阶数是 4，其他的方程

组是 6 阶的，要分别处理。第 (60)～第 (74) 行计算空间各部分的声场，并得到 10(nfg) 个时刻的声场。第 (75) 行以后画图，先把球坐标的数据转换到直角坐标系，最后显示每个时间的声场。

```
程序3.2
(1) clear;warning off;
(2) cp=4500; cs=2500;cf=1500;dns=7800; dnf=1000;
(3) rm=9;dr=.05;r1=1; r2=1.1;
(4) mu=cs*cs*dns;lamta=cp*cp*dns-2*mu;
(5) nnf=1024;dt=10e-6;dfq=1/(2*dt*nnf);dom=dfq*2*pi;
(6) maxl=100;l=0:maxl;sl=l.*exp(-l.*l/1000);
(7) omm=[1:nnf]*dom;om0=30000;omb=om0/4;
(8) s00=exp(-((omm-om0)/omb).^2+i*omm*dt*50);
(9) s0=-i*s00.'*sl;frequency=[1:nnf]*dfq/1000;
(10) st=fft([0,s00(1:1023),0,conj(s00(1023:-1:1))]);
(11) [ll,om]=meshgrid(l,omm);kp=om/cp*(1+i/10);
     ks=om/cs*(1+i/10);kf=om/cf*(1+i/10);

(12) sphjp1=sphj(ll,kp*r1);sphhp1=sphh(ll,kp*r1);
     sphjs1=sphj(ll,ks*r1);
(13) sphhs1=sphh(ll,ks*r1);sphjf1=sphj(ll,kf*r1);
     sphjp2=sphj(ll,kp*r2);
(14) sphhp2=sphh(ll,kp*r2);sphjs2=sphj(ll,ks*r2);
     sphhs2=sphh(ll,ks*r2);
(15) sphhf2=sphh(ll,kf*r2);
(16) dfsphjp1=dfsphj(ll,kp*r1);dfsphhp1=dfsphh(ll,kp*r1);
(17) dfsphjs1=dfsphj(ll,ks*r1);dfsphhs1=dfsphh(ll,ks*r1);
(18) dfsphjf1=dfsphj(ll,kf*r1);dfsphjp2=dfsphj(ll,kp*r2);
(19) dfsphhp2=dfsphh(ll,kp*r2);dfsphjs2=dfsphj(ll,ks*r2);
(20) dfsphhs2=dfsphh(ll,ks*r2);dfsphhf2=dfsphh(ll,kf*r2);

(21) m11=kf.*dfsphjf1;m12=-kp.*dfsphjp1;m13=-kp.*dfsphhp1;
(22) m14=-ll.*(ll+1)/r1.*sphjs1;m15=-ll.*(ll+1)/r1.*sphhs1;
(23) m21=dnf*om.^2/mu.*sphjf1;
(24) m22=(2*ll.*(ll+1)/r1/r1-ks.^2).*sphjp1-4/r1*kp.*dfsphjp1;
```

```
(25) m23=(2*ll.*(ll+1)/r1/r1-ks.^2).*sphhp1-4/r1*kp.*dfsphhp1;
(26) m24=2*ll.*(ll+1).*(ks.*dfsphjs1-sphjs1/r1)/r1;
(27) m25=2*ll.*(ll+1).*(ks.*dfsphhs1-sphhs1/r1)/r1;
(28) m32=2*(kp/r1.*dfsphjp1-sphjp1/r1/r1);
(29) m33=2*(kp/r1.*dfsphhp1-sphhp1/r1/r1);
(30) m34=-2/r1*ks.*dfsphjs1-(ks.*ks-2*(ll.*(ll+1)-1)/r1/r1).
     *...sphjs1;
(31) m35=-2/r1*ks.*dfsphhs1-(ks.*ks-2*(ll.*(ll+1)-1)/r1/r1).
     *...sphhs1;
(32) m42=-kp.*dfsphjp2;m43=-kp.*dfsphhp2;
(33) m44=-ll.*(ll+1)/r2.*sphjs2;m45=-ll.*(ll+1)/r2.*sphhs2;
(34) m46=kf.*dfsphhf2;
(35) m52=(2*ll.*(ll+1)/r2/r2-ks.^2).*sphjp2-4/r2*kp.*dfsphjp2;
(36) m53=(2*ll.*(ll+1)/r2/r2-ks.^2).*sphhp2-4/r2*kp.*dfsphhp2;
(37) m54=2*ll.*(ll+1).*(ks.*dfsphjs2-sphjs2/r2)/r2;
(38) m55=2*ll.*(ll+1).*(ks.*dfsphhs2-sphhs2/r2)/r2;
(39) m56=dnf*om.^2/mu.*sphhf2;
(40) m62=2*(kp/r2.*dfsphjp2-sphjp2/r2/r2);
(41) m63=2*(kp/r2.*dfsphhp2-sphhp2/r2/r2);
(42) m64=-2/r2*ks.*dfsphjs2-(ks.*ks-2*(ll.*(ll+1)-1)/r2/r2).
     *...sphjs2;
(43) m65=-2/r2*ks.*dfsphhs2-(ks.*ks-2*(ll.*(ll+1)-1)/r2/r2).
     *...sphhs2;

(44) lm=1;
(45) for nf=1:nnf
(46) mmm1=[m11(nf,lm),m12(nf,lm),m13(nf,lm),0;m21(nf,lm),...
     m22(nf,lm),m23(nf,lm),0;...0,m42(nf,lm),m43(nf,lm),...
     m46(nf,lm);0,m52(nf,lm),m53(nf,lm),m56(nf,lm)];
(47) bb1=[0;0;0;s0(nf,lm)]; cc1=mmm1\bb1;
(48) saa(nf,lm)=cc1(1);sbb(nf,lm)=cc1(2);scc(nf,lm)=cc1(3);
     sff(nf,lm)=cc1(4);
(49) end

(50) for lm=2:maxl+1;for nf=1:nnf
```

```
(51) mmm=[m11(nf,lm),m12(nf,lm),m13(nf,lm),m14(nf,lm),...
        m15(nf,lm),0;m21(nf,lm),m22(nf,lm),m23(nf,lm),...
        m24(nf,lm),m25(nf,lm),0;0,m32(nf,lm),m33(nf,lm),...
        m34(nf,lm),m35(nf,lm),0;0,m42(nf,lm),m43(nf,lm),...
        m44(nf,lm),m45(nf,lm),m46(nf,lm);0,m52(nf,lm),...
        m53(nf,lm),m54(nf,lm),m55(nf,lm),m56(nf,lm);...
        0,m62(nf,lm),m63(nf,lm),m64(nf,lm),m65(nf,lm),0];
(52) bb=[0;0;0;0;s0(nf,lm);0]; cc=mmm\bb;
(53) saa(nf,lm)=cc(1);sbb(nf,lm)=cc(2);scc(nf,lm)=cc(3);
(54) sdd(nf,lm)=cc(4);see(nf,lm)=cc(5);sff(nf,lm)=cc(6);
(55) end;end

(56) them=200;the=[0:them]*pi/them;
(57) [thee,lll]=meshgrid(the,l);b=zeros(size(thee));
(58) for n=0:maxl;ld=lend(n,cos(the)); b(n+1,:)=ld;end
(59) nfg=10;tt=[1:nfg]*20;ptm=zeros(rm/dr,nfg,them+1);

(60) for r=dr:dr:r1
(61) prt=saa.*sphj(ll,kf*r)*b;
(62) prts=[zeros(1,them+1);prt(2:nnf,:);zeros(1,them+1);
     conj(prt(nnf:-1:2,:))];
(63) pt=fft(prts,[],1);ptm(uint8(r/dr),:,:)=real(pt(tt,:));
(64) end
(65) for r=r1+dr:dr:r2-dr
(66) prt=(sbb.*sphj(ll,kp*r)+scc.*sphh(ll,kp*r)+sdd.
     *sphj(ll,ks*r)+see.*sphh(ll,ks*r))*b;
(67) prts=[zeros(1,them+1);prt(2:nnf,:);zeros(1,them+1);
     conj(prt(nnf:-1:2,:))];
(68) pt=fft(prts,[],1);
(69) ptm(uint8(r/dr),:,:)=real(pt(tt,:));
(70) end
(71) for r=r2:dr:rm;prt=sff.*sphh(ll,kf*r)*b;
(72) prts=[zeros(1,them+1);prt(2:nnf,:);zeros(1,them+1);
     conj(prt(nnf:-1:2,:))];
(73) pt=fft(prts,[],1);ptm(uint8(r/dr),:,:)=real(pt(tt,:));
```

```
(74) end

(75) xm=6;ym=6;x=[-xm:dr:xm];y=[ 0:dr:ym];
(76) [xx,yy]=meshgrid(x,y);rp=sqrt(xx.*xx+yy.*yy);
     thp=atan2(yy,xx)*them/pi;
(77) pr=zeros(length(y),length(x),nfg);
(78) for ix=1:length(x); for iy=1:length(y);
(79) pr(iy,ix,:)=ptm(uint8(rp(iy,ix)/dr+1),:,
     uint8(thp(iy,ix)+1));
(80) end;end
(81) for iff=1:nfg,figure(iff), mga=5*iff-4;
(82) ptt=[pr(length(y):-1:2,:,iff);pr(:,:,iff)];
     image(x,[-y(length(y):-1:2),y],32+ptt*mga); hold on
(83) plot(r2*cos([-pi:.01:pi]),r2*sin([-pi:.01:pi]),'k')
(84) plot(r1*cos([-pi:.01:pi]),r1*sin([-pi:.01:pi]),'k')
(85) axis equal,set(gcf, 'color',[1 1 1])
(86) end
```

图 3.8 是几个时间的声场。为了显示清楚，它们有不同的放大倍数。

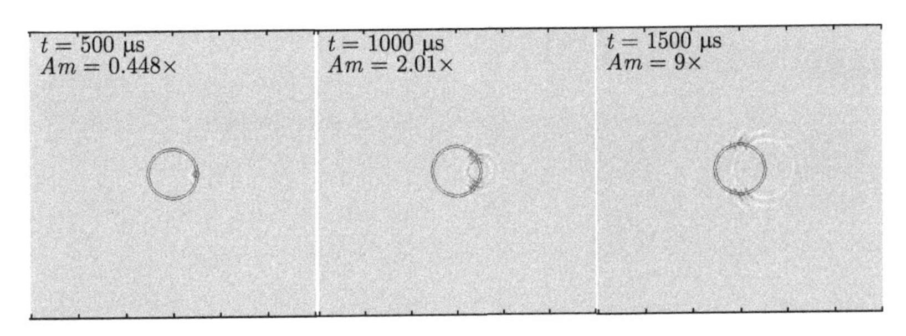

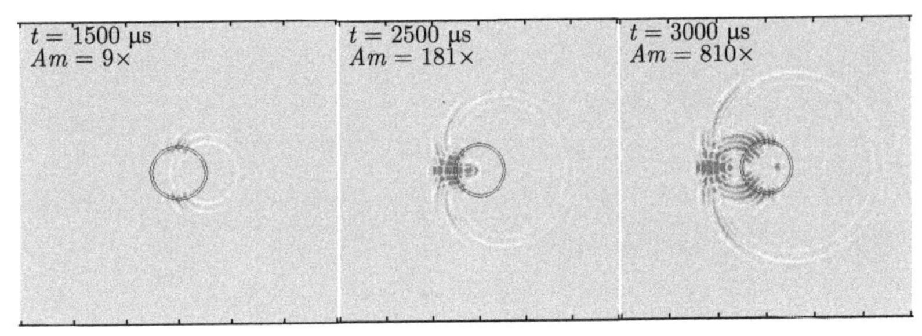

图 3.8 流体中的球壳 (彩图扫封底二维码)

复　习　题

1. 说明球坐标中的角谱方法。
2. 试推导并计算不同材料球的散射声场。

第 4 章 有限差分法

本章开始介绍所谓纯数值计算方法，如有限差分、有限元等。这类方法将研究的问题转换成适宜于计算机计算的数值格式，直接计算。这类方法通用性好，几乎可以分析各种声场。但是对这类方法的结果作深入的分析却比较困难，难以给出规律性的结论，而且对计算机资源的要求也很高。有限差分法比较直观，得到了广泛的应用。为了叙述简明，下面主要讨论二维问题，三维问题的算法可以根据二维问题推广得到。

4.1 导数的有限差分格式

许多物理问题的数学模型牵涉到导数和偏导数，如声波方程就是一个偏微分方程。用有限差分求解这类问题时，首先把连续的变量离散化，只考虑它们在一些离散的空间采样位置和离散的采样时刻值，这些值称为采样值。离散化后，导数要用采样值来表示，通常是用采样值的线性组合表示，称为差分格式。考虑单变量函数 $f(x)$，经过离散化后在采样点 $x=l\Delta x$ 的采样值是 $f(l\Delta x)$，这里 Δx 是步长，l 是离散的，一般是整数。当不会产生混淆时 $f(l\Delta x)$ 简写为 $f(l)$ 或 f_l。$f(x)$ 在采样点 $x=l\Delta x$ 的导数用采样值的线性组合来近似

$$\frac{\mathrm{d}f(x)}{\mathrm{d}x}\approx\sum_{m=-M}^{N}a_m f(x+m\Delta x) \tag{4.1}$$

式中，a_m 是系数；差分格式的长度是 $M+N+1$。不同的 M、N 和 a_m 决定不同的差分格式。例如

$$\Delta^+ f(x)=\frac{f(x+\Delta x)-f(x)}{\Delta x} \tag{4.2}$$

和

$$\Delta^- f(x)=\frac{f(x)-f(x-\Delta x)}{\Delta x} \tag{4.3}$$

分别称为前向差分和后向差分。当 $\Delta x\to 0$ 时，$\Delta^+ f(x)$ 和 $\Delta^- f(x)$ 的极限都是 $\dfrac{\mathrm{d}f(x)}{\mathrm{d}x}$，这是差分格式的收敛性，是对差分格式的一个基本要求。利用泰勒展开可以证明这两种近似的误差是与 Δx 相同阶的小量，记作 $\dfrac{\mathrm{d}f(x)}{\mathrm{d}x}=\Delta^+ f(x)+$

$O(\Delta x)$ 和 $\dfrac{\mathrm{d}f(x)}{\mathrm{d}x} = \varDelta^{-} f(x) + O(\Delta x)$，因此前向差分和后向差分也称为一阶差分近似。

又如

$$\varDelta_2 f(x) = \frac{f(x+\Delta x) - f(x-\Delta x)}{2\Delta x} \tag{4.4}$$

和

$$\varDelta_4 f(x) = \frac{2\left[f(x+\Delta x) - f(x-\Delta x)\right]}{3\Delta x} - \frac{f(x+2\Delta x) - f(x-2\Delta x)}{12\Delta x} \tag{4.5}$$

它们用到的采样值是前后反对称的，式 (4.1) 中有 $M = N$ 和 $a_{-m} = -a_m$，因此称为中心差分。同样利用泰勒展开可以证明 $\dfrac{\mathrm{d}f(x)}{\mathrm{d}x} = \varDelta_2 f(x) + O(\Delta x^2)$ 和 $\dfrac{\mathrm{d}f(x)}{\mathrm{d}x} = \varDelta_4 f(x) + O(\Delta x^4)$，当 $\Delta x \to 0$ 时这两个差分格式也趋于一阶导数，它们的误差分别是 Δx 的二阶小量和四阶小量，因此分别称为二阶差分近似和四阶差分近似，它们的精度分别是二阶和四阶。

给定了中心差分的 N，利用泰勒展开可以求得精度最高为 $2N$ 阶的差分近似的系数 a_m。N 越大，精度越高。但是，这里说的精度是 $\Delta x \to 0$ 的性质。实际上，Δx 是有限的，如果 N 太大，差分格式用到的数据比较多，有些数据的采样位置距离太远，对改进计算的效果不明显，尤其对不均匀介质的问题和带有边界的问题还会产生新的困难，因此实际计算中差分近似的阶数不能取得太高。

中心差分格式性能良好，应用广泛。但是，在式 (4.4) 和式 (4.5) 中求某一点的导数时没有用到这一点的函数值，因此在计算过程中没有充分利用已有的采样和计算结果，造成浪费。为了提高效率，可以采用交错网格的差分格式，在这种格式中导数的采样位置和函数值的采样位置是不相同的。例如，函数的采样位置是 $x = \left(l + \dfrac{1}{2}\right)\Delta x$，而导数的采样位置取为 $x = l\Delta x$ (这里 l 都是整数)。和常规的差分近似一样，利用泰勒展开可以求得交错网格的差分近似表达式，$x = l\Delta x$ 处的交错网格的二阶和四阶中心差分格式分别是

$$\delta_2 f(l\Delta x) = \frac{f\left[\left(l+\frac{1}{2}\right)\Delta x\right] - f\left[\left(l-\frac{1}{2}\right)\Delta x\right]}{\Delta x} \tag{4.6}$$

和

$$\delta_4 f(l\Delta x) = \frac{9\left[f\left[\left(l+\frac{1}{2}\right)\Delta x\right] - f\left[\left(l-\frac{1}{2}\right)\Delta x\right]\right]}{8\Delta x}$$

$$-\frac{f\left[\left(l+\frac{3}{2}\right)\Delta x\right]-f\left[\left(l-\frac{3}{2}\right)\Delta x\right]}{24\Delta x} \tag{4.7}$$

用它们表示一阶导数的精度分别是二阶和四阶。δ 表示交错网格差分格式，下角标是阶数。一般地，$2N$ 阶的交错网格差分近似是

$$\delta_{2N}f(l\Delta x)=\frac{1}{\Delta x}\sum_{m=0}^{N-1}a_m\left\{f\left[\left(l+\frac{2m+1}{2}\right)\Delta x\right]-f\left[\left(l-\frac{2m+1}{2}\right)\Delta x\right]\right\} \tag{4.8}$$

式中，a_m 是系数，可以用泰勒展开求得。表 4.1 列出了几种交错网格差分近似的系数。

表 4.1 交错网格差分近似的系数

阶数 $2N$	m	a_m
4	0	9/8
	1	−1/24
6	0	75/64
	1	−25/384
	2	3/640
8	0	1225/1024
	1	−245/3072
	2	49/5120
	3	−5/7168

初看起来，交错网格的差分近似和常规的差分近似差别不大，但是对于空间高阶的差分算法，交错网格方法的精度和效率更高，稳定性更好，因此实际计算中大多采用交错网格差分格式。近年来，一些学者提出了基于数值频散关系和最优化方法、结合优选窗函数和伪谱法等求解交错网格差分系数的方法，可以进一步提高精度。

4.2 瞬态声场的交错网格有限差分算法

4.2.1 瞬态声场的迭代算法

本节介绍用有限差分求解瞬态声场。瞬态声场是相对于稳态声场而言的，稳态声场随时间的变化是简谐函数，瞬态声场随时间的变化可以是各种不同的函数。

声学理论研究中常采用声压的二阶偏微分方程分析问题，而瞬态声场有限差分算法往往同时采用介质质点振速 v_x、v_y 和声压 p 作为描述声场的基本未知函数，建立它们的一阶差分方程组，进行计算。在直角坐标系中振速矢量和声压的

一阶偏微分方程组是

$$
\begin{aligned}
\frac{\partial v_x}{\partial t} &= -\frac{\partial p}{\rho_0 \partial x} + \frac{f_x}{\rho_0} \\
\frac{\partial v_y}{\partial t} &= -\frac{\partial p}{\rho_0 \partial y} + \frac{f_y}{\rho_0} \\
\frac{\partial p}{\partial t} &= -\rho_0 c^2 \left(\frac{\partial v_x}{\partial x} + \frac{\partial v_y}{\partial y} - w \right)
\end{aligned} \tag{4.9}
$$

式中，f_x 和 f_y 是体积外力；w 是注入介质的体积流量密度，它们代表不同性质的声源。下面考虑一个例子。

在一个两边分别与 x 轴和 y 轴平行的矩形区域中，声场满足式 (4.9)，边界上满足法向位移为零的刚性边界条件。用 4.1 节介绍的有限差分求解这个问题，需要把空间和时间离散化。用与坐标轴平行的直线把整个平面分成许多形状相同的小矩形，称为空间单元。空间单元的边长分别是 Δx 和 Δy，下面取 $\Delta y = \Delta x$。单元中心点的坐标是 $(l_x \Delta x, l_y \Delta x)$。这里 $l_x = 1, 2, \cdots, N_x$，$l_y = 1, 2, \cdots, N_y$，N_x 和 N_y 分别是 x 和 y 方向的单元数。时间也分为长度为 Δt 的区间，每个区间的中点是 $n\Delta t$，这里 $n = 1, 2, \cdots$。声压的采样位置和采样时间是 $(l_x \Delta x, l_y \Delta x)$ 和 $n\Delta t$，简记作 $p(l_x, l_y, n)$。对于非交错网格的有限差分算法，v_x、v_y 的采样位置和采样时间与声压 p 相同，记作 $v_x(l_x, l_y, n)$ 和 $v_y(l_x, l_y, n)$。

在交错网格方法中，不同物理量的采样位置和采样时间是不同的，下面讨论一个采用二阶交错网格差分格式的例子。图 4.1 是一个单元中各个物理量的采样位置的示意图。声压的采样位置是单元的中心，采样时间是 $n\Delta t$，也就是 $p(l_x, l_y, n)$。振速的采样位置在单元棱边的中心，v_x 的采样位置是 $\left[\left(l_x - \frac{1}{2}\right)\Delta x, l_y \Delta x\right]$，采样时间是 $\left(n - \frac{1}{2}\right)\Delta t$，记作 $v_x\left(l_x - \frac{1}{2}, l_y, n - \frac{1}{2}\right)$，这里，$l_x = 1, 2, \cdots, N_x + 1$，$l_y = 1, 2, \cdots, N_y$，$n = 1, 2, \cdots$。类似地，$v_y$ 是 $v_y\left(l_x, l_y - \frac{1}{2}, n - \frac{1}{2}\right)$，这里，$l_x = 1, 2, \cdots, N_x$，$l_y = 1, 2, \cdots, N_y + 1$，$n = 1, 2, \cdots$。两个振速的空间采样点比声压的多，矩形区域最外边的采样点是法向振速的采样点，计算中保持为零，满足刚性边界条件。体积外力分量的采样位置和同方向的振速分量相同，采样时间与声压的相同，即 $f_x\left(l_x - \frac{1}{2}, l_y, n\right)$ 和 $f_y\left(l_x, l_y - \frac{1}{2}, n\right)$。声源体积流量密度 w 的采样位置和声压的相同，采样时间与振速的相同，为 $w\left(l_x, l_y, n - \frac{1}{2}\right)$。

采用上述交错网格差分近似，就可以把原来的偏微分方程组 (4.9) 化成有限差分方程，得到

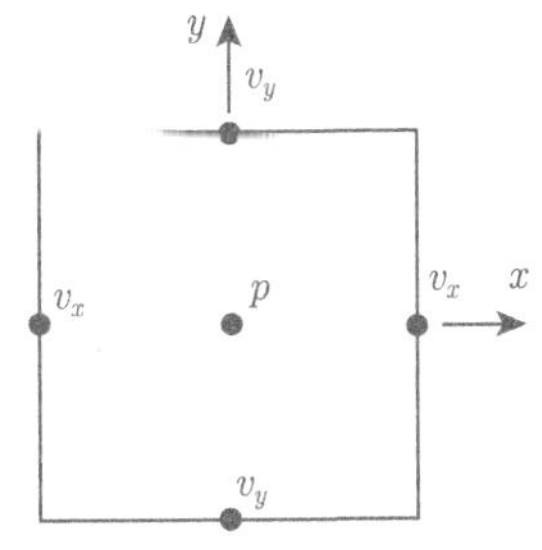

图 4.1 交错网格示意图

$$v_x\left(l_x-\frac{1}{2},l_y,n+\frac{1}{2}\right)=v_x\left(l_x-\frac{1}{2},l_y,n-\frac{1}{2}\right)-\frac{\Delta t}{\rho_0}\left[\frac{p\left(l_x,l_y,n\right)-p\left(l_x-1,l_y,n\right)}{\Delta x}-f_x\left(l_x-\frac{1}{2},l_y,n\right)\right] \tag{4.10}$$

其中，$l_x=2,3,\cdots,N_x$，$l_y=1,2,\cdots,N_y$，$n=1,2,\cdots$；

$$v_y\left(l_x,l_y-\frac{1}{2},n+\frac{1}{2}\right)=v_y\left(l_x,l_y-\frac{1}{2},n-\frac{1}{2}\right)-\frac{\Delta t}{\rho_0}\left[\frac{p\left(l_x,l_y,n\right)-p\left(l_x,l_y-1,n\right)}{\Delta x}-f_y\left(l_x,l_y-\frac{1}{2},n\right)\right] \tag{4.11}$$

其中，$l_x=1,2,\cdots,N_x$，$l_y=2,3,\cdots,N_y$，$n=1,2,\cdots$；

$$\begin{aligned}&p\left(l_x,l_y,n+1\right)\\&=p\left(l_x,l_y,n\right)-\rho_0c^2\Delta t\left[\frac{v_x\left(l_x+\frac{1}{2},l_y,n+\frac{1}{2}\right)-v_x\left(l_x-\frac{1}{2},l_y,n+\frac{1}{2}\right)}{\Delta x}\right.\\&\left.+\frac{v_y\left(l_x,l_y+\frac{1}{2},n+\frac{1}{2}\right)-v_y\left(l_x,l_y-\frac{1}{2},n+\frac{1}{2}\right)}{\Delta x}-w\left(l_x,l_y,n+\frac{1}{2}\right)\right]\end{aligned} \tag{4.12}$$

其中，$l_x=1,2,\cdots,N_x$，$l_y=1,2,\cdots,N_y$，$n=1,2,\cdots$。

在定解问题中还有初始条件，根据初始条件确定 $\dfrac{\Delta t}{2}$ 的振速和 Δt 时刻的声压。在式 (4.10)~式 (4.12) 中取 $n=1$，得到 $\dfrac{3\Delta t}{2}$ 时刻的振速和 $2\Delta t$ 时刻的声压。依次取 $n=2,3,\cdots$，反复迭代就可以求出以后各个时刻的声场。

4.2.2 计算程序和结果

引入新的变量 $v'_x = \dfrac{\rho_0}{\Delta t}v_x$, $v'_y = \dfrac{\rho_0}{\Delta t}v_y$, $p' = \dfrac{p}{\Delta x}$, $w' = \dfrac{\rho_0 \Delta x}{\Delta t}w$，式 (4.10)~式 (4.12) 成为

$$\begin{aligned}
v'_x\left(l_x-\frac{1}{2},l_y,n+\frac{1}{2}\right) &= v'_x\left(l_x-\frac{1}{2},l_y,n-\frac{1}{2}\right)\\
&\quad+\left[-p'\left(l_x,l_y,n\right)+p'\left(l_x-1,l_y,n\right)+f_x\left(l_x-\frac{1}{2},l_y,n\right)\right]\\
v'_y\left(l_x,l_y-\frac{1}{2},n+\frac{1}{2}\right) &= v'_y\left(l_x,l_y-\frac{1}{2},n-\frac{1}{2}\right)\\
&\quad+\left[-p'\left(l_x,l_y,n\right)+p'\left(l_x,l_y-1,n\right)+f_y\left(l_x,l_y-\frac{1}{2},n\right)\right]
\end{aligned}$$

$$\begin{aligned}
&p'\left(l_x,l_y,n+1\right)\\
&=p'\left(l_x,l_y,n\right)-d\left[v'_x\left(l_x+\frac{1}{2},l_y,n+\frac{1}{2}\right)-v'_x\left(l_x-\frac{1}{2},l_y,n+\frac{1}{2}\right)\right.\\
&\quad\left.+v'_y\left(l_x,l_y+\frac{1}{2},n+\frac{1}{2}\right)-v'_y\left(l_x,l_y-\frac{1}{2},n+\frac{1}{2}\right)-w'\left(l_x,l_y,n+\frac{1}{2}\right)\right]
\end{aligned}$$

式中，l_x，l_y 和 n 的取值范围与式 (4.10)~式 (4.12) 一样；$d=\left(\dfrac{c\Delta t}{\Delta x}\right)^2$，它的采样位置和采样时间与声压的相同。有限差分算法特别容易处理非均匀介质的问题。因为有限差分方法是逐点计算的，如果介质是不均匀的，例如，有不同的分层，只要把 d 看作空间的函数，在计算中采用当地的数值即可。

下面给出两个算例的程序和结果。第一个例子是柱面波在平面界面上的散射。在第 2 章曾经用角谱方法分析过球面波在平面界面上的散射，这里用有限差分计算类似的问题。因为三维计算比较费时，因此常常采用相应的二维交错网格有限差分方法计算对应的柱面波在平面界面上的散射声场，可以得到定性的结果。

图 4.2(a) 中黑直线上下是两种介质，其声速 c_1 和 c_2 与空间和时间步长的关系满足 $\left(\dfrac{c_1\Delta t}{\Delta x}\right)^2=0.25, \left(\dfrac{c_2\Delta t}{\Delta x}\right)^2=0.5$。上面介质中有一直线源，发出圆柱面的声波。各个图显示的是不同时刻的声场。这是由慢速介质进入快速介质的情况，可以看到直达波、反射波、折射波和头波。图 4.2(b) 是类似的计算，两种介质的声速满足 $\left(\dfrac{c_1\Delta t}{\Delta x}\right)^2=0.25$，$\left(\dfrac{c_2\Delta t}{\Delta x}\right)^2=0.15$，这是由快速介质进入慢速介质的情况，没有头波。图 4.2(a) 中还有一些边界产生的反射波。下面是二维计算程序。

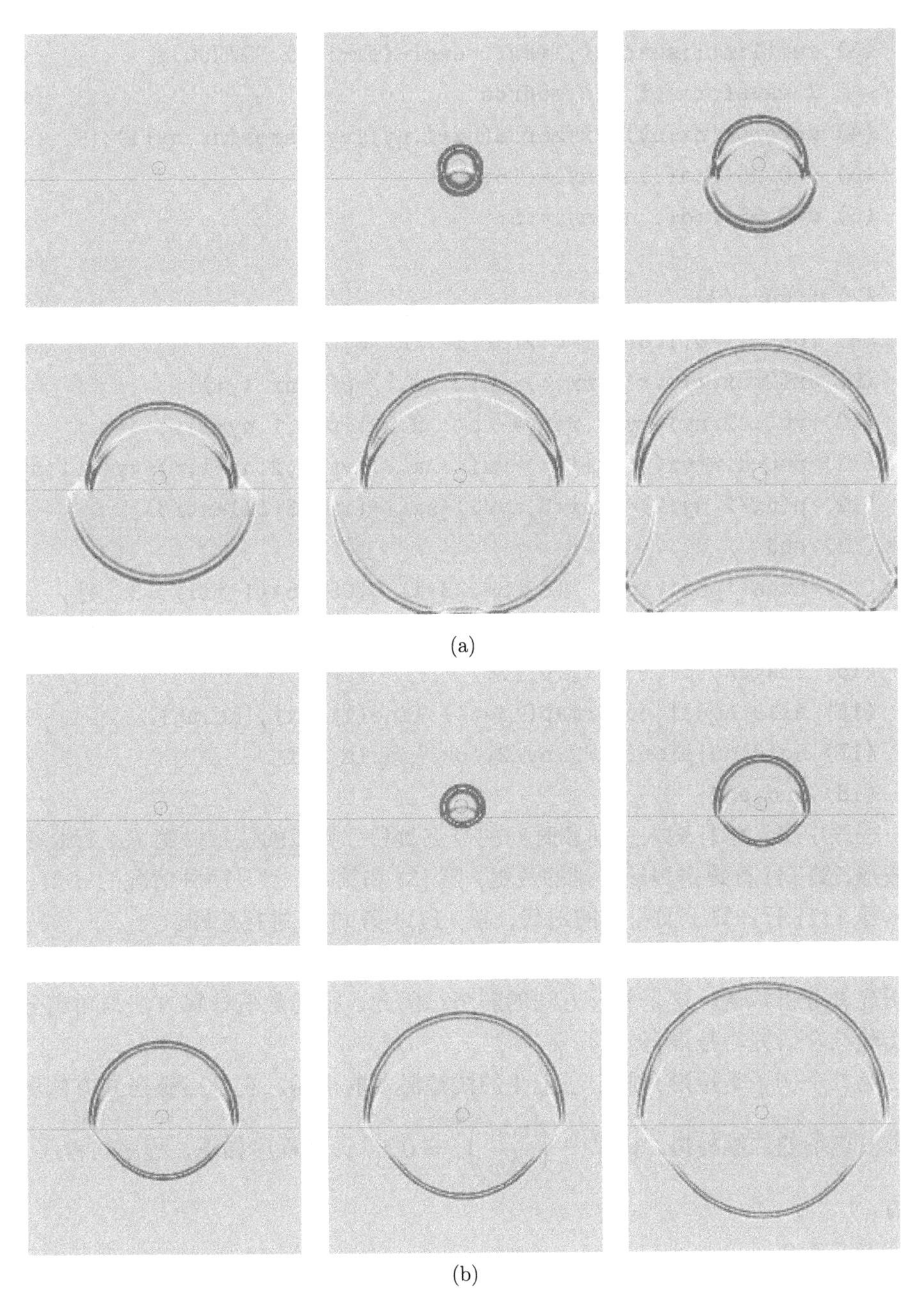

图 4.2 柱面波在平面界面上的散射 (彩图扫封底二维码)

程序4.1

```
(1) clear
(2) nx=520; ny=500;nt=600; nb=270;
```

```
(3) sw=[1:nt];sw=cos(.1*sw).*exp(-(sw-125).^2/200);
    % waveform of the source
(4) p=zeros(nx,ny);vx=zeros(nx+1,ny);vy=zeros(nx,ny+1);
(5) d=0.25+p;d(:,nb:ny)=.15;
(6) d=0.25+p;d(:,nb:ny)=.5;

(7) figure(3)
(8) for iii=0:1for ii=0:2for i=1:nt/6;
(9) vx(2:nx,:)=vx(2:nx,:)-(p(2:nx,:)-p(1:nx-1,:));
(10) vy(:,2:ny)=vy(:,2:ny)-(p(:,2:ny)-p(:,1:ny-1));
(11) p=p-d.*(vx(2:nx+1,:)-vx(1:nx,:)+vy(:,2:ny+1,:)-vy(:,1:ny));
(12) p(nx/2,ny/2)=p(nx/2,ny/2)+sw(i+(iii*3+ii)*nt/6);
(13) end
(14) axes('position', [0.03+.33*ii 0.05+.5*(1-iii) .3 .4],
     'fontsize',14);
(15) imagesc(p',[-.01,.01]);
(16) axis equal;colormap('jet');line([1,nx],[nb,nb])
(17) hold on;plot(nx/2,ny/2,'ok');axis off
(18) end;end;
```

程序中第 (2) 行输入空间和时间的节点数和分界线的位置，第 (3) 行是声源的波形，第 (4) 行设定声场变量的数组，第 (5) 和第 (6) 行是两种情况的 d 值。第 (9)～第 (11) 行计算上面得到的迭代，第 (14)～第 (18) 进行绘图。

差分计算虽然能给出整个声场，但是计算的结果并不能自动区分这些波，需要研究者分析辨认，这是差分方法的弱势。因此，把纯数值计算方法与角谱分析和实验结合研究，是很有效的。

第二个例子是矩形介质中左上角的线源激发的声场，它是点源在立方体房间中激发声场的二维模拟。计算中 $\left(\dfrac{c\Delta t}{\Delta x}\right)^2 = 0.4$。计算程序如下，程序与程序 4.1 相仿。

程序4.2

```
(1) clear;
(2) nx=520;ny=500;nt=2400;
(3) sw=[1:nt];sw=cos(.01*sw).*exp(-(sw-350).^2/200000);
(4) sw=[1:nt];sw=cos(.1*sw).*exp(-(sw-350).^2/20000);
(5) p=zeros(nx,ny);vx=zeros(nx+1,ny);vy=zeros(nx,ny+1);
```

```
(6) d=0.4;
(7) figure(5)
(8) for iii=0:1;for ii=0:2;for i=1:nt/6
(9) vx(2:nx,:)=vx(2:nx,:)-(p(2:nx,:)-p(1:nx-1,:));
(10) vy(:,2:ny)=vy(:,2:ny)-(p(:,2:ny)-p(:,1:ny-1));
(11) p=p-d.*(vx(2:nx+1,:)-vx(1:nx,:)+vy(:,2:ny+1,:)-vy(:,1:ny));
(12) p(nx/4,ny/4)=p(nx/4,ny/4)+sw(i+(iii*3+ii)*nt/6);
(13) end
(14) axes('position', [0.03+.33*ii 0.05+.5*(1-iii) .3 .4]);
     imagesc(p',[-.01,.01]);axis equal
(15) hold on;axis off;colormap('jet')
(16) end;end
```

图 4.3 是声源波形，图 4.4 中各个图显示不同时刻的声场，相邻两图的时间间隔大约是声波周期的 6 倍。计算结果显示，开始时声源附近声场很强，经过边界多次反射后在整个空间形成随机均匀的扩散声场。这个结果有助于理解扩散声场的概念。

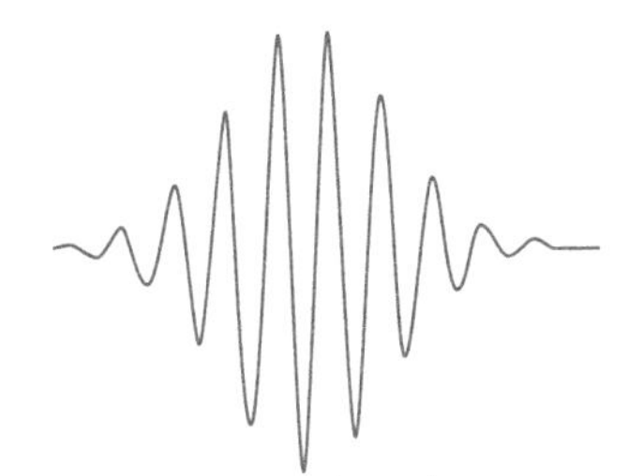

图 4.3 声源波形

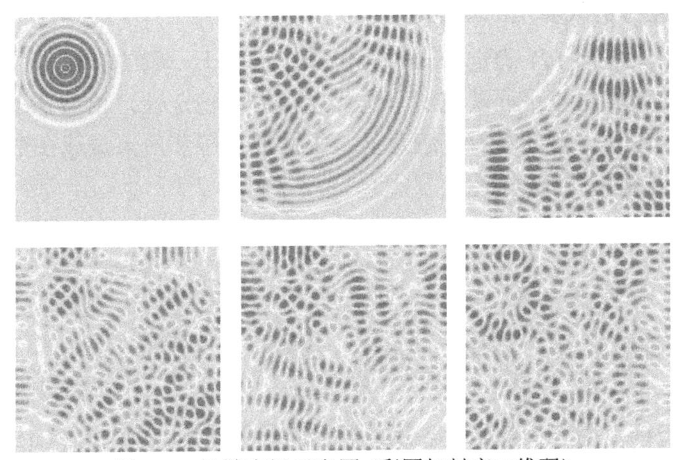

图 4.4 扩散声场示意图 (彩图扫封底二维码)

4.3　有限差分算法的性能

4.3.1　算法性能的基本概念

有限差分是偏微分方程求解的一种近似算法，计算数学中通常从收敛性、精确度和稳定性三个方面来分析一种算法的性能。

当步长趋于零时，有限差分近似算法的结果是否趋向于对应的微分方程的解，是算法的收敛性问题。收敛性反映了近似计算结果和真实解之间的整体差异，是算法的最基本性质。上面给出的各种差分格式都是收敛的，利用这些格式的算法也是收敛的。

如果算法是收敛的，步长趋于零时误差是小量，不同算法的误差是不同阶的小量，误差的阶数反映算法的精确度，与上面讨论的差分格式式 (4.6)~式 (4.8) 的阶数对应。精确度的阶数直接确定有限差分和偏微分方程之间的差别与步长的关系。

在有限差分计算中偏微分方程的连续解被离散值代替，这种离散化产生的误差可以看作一种干扰源。在计算过程中，误差不断积累，如果这种积累发展很快，后期的计算就可能失败，这样的算法是不稳定的，不可能给出可信的结果。这就是有限差分算法的稳定性问题，它研究原始数据和计算中产生的各种误差在计算过程中的变化和对计算结果的影响。在微分方程解的稳定性理论中，如果初始值的微小变化产生解的变化比较小，则问题是稳定的。有限差分算法的稳定性和它对应，分析的方法也类似。下面介绍最简单的均匀介质的有限差分算法的稳定性分析。对于比较复杂的波动问题，例如，包含界面和不均匀介质的情况、一般的各向异性介质、吸收介质等问题的有限差分算法稳定性分析，还很少有人涉及。

4.3.2　有限差分迭代算法的稳定性

式 (4.10)~式 (4.12) 确定了一个迭代算法。由于一般的声场可以看作平面波的叠加，因此我们讨论平面波在这个迭代过程中的稳定性，相当于用角谱研究问题，得到的结论对一般的波有普遍意义。平面波声压和质点振速在空间的分布是 $\exp\left[\mathrm{i}\left(k_x x+k_y y\right)\right]$，可以写成

$$p\left(x,y,n\right)=P\left(n\right)\exp\left[\mathrm{i}\left(k_x x+k_y y\right)\right]$$

$$v_x\left(x,y,n-\frac{1}{2}\right)=V_x\left(n-\frac{1}{2}\right)\exp\left[\mathrm{i}\left(k_x x+k_y y\right)\right]$$

$$v_y\left(x,y,n-\frac{1}{2}\right)=V_y\left(n-\frac{1}{2}\right)\exp\left[\mathrm{i}\left(k_x x+k_y y\right)\right]$$

这里空间的采样点用它们的坐标表示。把它们代入式 (4.10)~式 (4.12)。考虑空间的 $2N$ 阶差分格式式 (4.8) 对平面波的作用：

$$\begin{aligned}
&\delta_x\left[\exp\left(\mathrm{i}k_x x\right)\right]\\
&=\frac{1}{\Delta x}\sum_{m=0}^{N-1}a_m\left\{\exp\left[\mathrm{i}k_x\left(x+\frac{2m+1}{2}\Delta x\right)\right]-\exp\left[\mathrm{i}k_x\left(x-\frac{2m+1}{2}\Delta x\right)\right]\right\}\\
&=\frac{\mathrm{i}2}{\Delta x}\sum_{m=0}^{N-1}a_m\sin\left(k_x\frac{2m+1}{2}\Delta x\right)\exp\left(\mathrm{i}k_x x\right)=\mathrm{i}\chi_x\exp\left(\mathrm{i}k_x x\right)
\end{aligned}\tag{4.13}$$

其中

$$\chi_x=\frac{2}{\Delta x}\sum_{m=0}^{N-1}a_m\sin\left(k_x\frac{2m+1}{2}\Delta x\right)\tag{4.14}$$

与此类似，

$$\delta_y\left[\exp\left(\mathrm{i}k_y y\right)\right]=\mathrm{i}\chi_y\exp\left(\mathrm{i}k_y y\right)\tag{4.15}$$

其中

$$\chi_y=\frac{2}{\Delta y}\sum_{m=0}^{N-1}a_m\sin\left(k_y\frac{2m+1}{2}\Delta y\right)\tag{4.16}$$

对于平面波而言，差分格式相当于乘以一个系数，迭代过程不改变声场的空间分布 $\exp\left[\mathrm{i}\left(k_x x+k_y y\right)\right]$，如果外力和声源为零，由式 (4.10)~式 (4.12) 得到

$$\begin{aligned}
V_x\left(n+\frac{1}{2}\right)&=V_x\left(n-\frac{1}{2}\right)-\frac{\Delta t}{\rho_0}\mathrm{i}\chi_x P\left(n\right)\\
V_y\left(n+\frac{1}{2}\right)&=V_y\left(n-\frac{1}{2}\right)-\frac{\Delta t}{\rho_0}\mathrm{i}\chi_y P\left(n\right)\\
P\left(n+1\right)&=P\left(n\right)-\rho_0 c^2\Delta t\left[\mathrm{i}\chi_x V_x\left(n+\frac{1}{2}\right)+\mathrm{i}\chi_y V_y\left(n+\frac{1}{2}\right)\right]
\end{aligned}\tag{4.17}$$

式 (4.10)~式 (4.12) 的迭代是对空间每一个采样点进行的，而式 (4.17) 是对平面波的复振幅迭代，对于确定的 k_x 和 k_y，每个时间步长只要迭代一次，迭代的结果由初始值 $V_x\left(\frac{1}{2}\right)$、$V_y\left(\frac{1}{2}\right)$ 和 $P\left(1\right)$ 确定。

为了分析算法的稳定性，考虑在什么初始条件下迭代的结果是 n 为指数的等比级数，即

$$V_x\left(n+\frac{1}{2}\right)=V_x\left(\frac{1}{2}\right)s^n,\quad V_y\left(n+\frac{1}{2}\right)=V_y\left(\frac{1}{2}\right)s^n,\quad P\left(n+1\right)=P\left(1\right)s^n\tag{4.18}$$

其中，s 是公比。把上式代入式 (4.17)，整理后得到

$$\begin{pmatrix} \lambda & 0 & \dfrac{\mathrm{i}\Delta t}{\rho_0}\chi_x \\ 0 & \lambda & \dfrac{\mathrm{i}\Delta t}{\rho_0}\chi_y \\ \mathrm{i}\rho_0 c^2\Delta t\chi_x & \mathrm{i}\rho_0 c^2\Delta t\chi_y & \lambda \end{pmatrix}\begin{pmatrix} V_x\left(\dfrac{1}{2}\right)s^{\frac{1}{2}} \\ V_y\left(\dfrac{1}{2}\right)s^{\frac{1}{2}} \\ P(1) \end{pmatrix}=0 \tag{4.19}$$

式中

$$\lambda=\sqrt{s}-\frac{1}{\sqrt{s}} \tag{4.20}$$

式 (4.19) 实际上是特征值问题，为了得到非零的初始值，式中矩阵对应的行列式应该为零，展开后是

$$\lambda^3+\lambda(c\Delta t)^2\left(\chi_x^2+\chi_y^2\right)=0$$

得到三个特征值，为

$$\lambda^{(1,2)}=\pm\mathrm{i}c\Delta t\sqrt{\chi_x^2+\chi_y^2},\quad \lambda^{(3)}=0 \tag{4.21}$$

对应的特征矢量是三组不同的初始值。根据矩阵特征值的理论，一般给定的初始值可以表示成这三个特征矢量的线性叠加，根据式 (4.18)，迭代的结果是三个等比级数的线性叠加，为了保证迭代结果是不发散的，三个等比级数的公比的绝对值不能大于 1。根据式 (4.20)，

$$|s|=\left|\frac{\lambda}{2}\pm\sqrt{1+\left(\frac{\lambda}{2}\right)^2}\right|^2 \tag{4.22}$$

把 $\lambda^{(1,2)}$ 代入上式得到 $|s|=\left|\dfrac{\pm\mathrm{i}c\Delta t\sqrt{\chi_x^2+\chi_y^2}}{2}\pm\sqrt{1-\left(\dfrac{c\Delta t\sqrt{\chi_x^2+\chi_y^2}}{2}\right)^2}\right|^2$。当

$$c\Delta t\sqrt{\chi_x^2+\chi_y^2}\leqslant 2 \tag{4.23}$$

时，式中的根号部分是实数，因此 $|s|=1$，满足收敛的要求。可以验证，当 $c\Delta t\sqrt{\chi_x^2+\chi_y^2}>2$ 时，收敛性不满足。式 (4.21) 中的 $\lambda^{(3)}$ 对应 $|s|=1$，不影响收敛性。因此有限差分算法的收敛性条件就是式 (4.23)。

根据式 (4.14) 和式 (4.16)，假定两个方向的步长一样，$\Delta x=\Delta y$，式 (4.23) 就是

$$\left|\frac{c\Delta t}{\Delta x}\sqrt{\left[\sum_{m=0}^{N-1}a_m\sin\left(k_x\frac{2m+1}{2}\Delta x\right)\right]^2+\left[\sum_{m=0}^{N-1}a_m\sin\left(k_y\frac{2m+1}{2}\Delta x\right)\right]^2}\right|\leqslant 1 \tag{4.24}$$

如果把上式中的正弦函数换成 1，得到

$$\frac{c\Delta t}{\Delta x} \leqslant \left(\sqrt{2}\sum_{m=0}^{N-1}|a_m|\right)^{-1} \tag{4.25}$$

这个条件比式 (4.24) 更强，因此当式 (4.24) 满足时，式 (4.10) 的中心差分格式是稳定的。类似地可以证明三维问题的稳定性条件是

$$\frac{c\Delta t}{\Delta x} \leqslant \left(\sqrt{3}\sum_{m=0}^{N-1}|a_m|\right)^{-1} \tag{4.26}$$

稳定性要求空间步长和时间步长满足一定的关系，如果减小空间步长，一定要注意时间步长，否则可能产生发散的结果。

收敛性、精确度和稳定性三个问题相互联系，在计算数学中有大量深入的分析，其基本结论是，对于稳定的算法，收敛性的阶数等于精确度的阶数。本节不深入讨论计算数学的内容，下面从物理概念上直观地分析有限差分算法的一些性质。

首先，步长不能太大，否则离散的结果不能反映随时间和空间快速变化的细节。按照信号处理的奈奎斯特定理，时间步长必须小于信号中最高频率成分的周期的一半，空间步长必须小于信号中最小波长的一半，即

$$\Delta t < \frac{T_{\min}}{2} = \frac{1}{2f_{\max}}, \quad \sqrt{(\Delta x)^2 + (\Delta y)^2} < \frac{\lambda_{\min}}{2} = \frac{c}{2f_{\max}} \tag{4.27}$$

这是离散采样的要求，实际的计算步长比上式规定的还要小。

其次，以时间和空间均采用二阶差分的情况为例，从差分计算公式 (4.10) 不难发现，在一次迭代中为了求得某点的振速或压强，二阶差分格式只用到它和相邻节点上前一个时刻的值。也就是说，在某一时刻某一节点 (l_x, l_y) 的声场扰动在下一时刻只对其本身和相邻的节点 $(l_x \pm 1, l_y \pm 1)$ 有影响。以此类推，在经过 N 次迭代得到 $N\Delta t$ 时刻的声场中，(l_x, l_y) 点的扰动只影响到 $(l_x \pm N, l_y \pm N)$ 范围以内的节点。因此在这两个方向扰动的最大传播速度等于 $\dfrac{\Delta x}{\Delta t}$ 和 $\dfrac{\Delta y}{\Delta t}$。假定两个空间方向的步长一样，都是 Δx，为了使差分计算能够反映声波的影响，必须有 $\dfrac{\Delta x}{\Delta t} \geqslant c$，即

$$\frac{c\Delta t}{\Delta x} \leqslant 1 \tag{4.28}$$

当采用高阶差分格式时，类似的分析可以得到同样的结论。式 (4.28) 是非常基本的条件，只有满足这个条件，有限差分近似才可能是收敛和稳定的。式 (4.28) 与稳定性条件式 (4.25) 和式 (4.26) 有相同的形式。

4.3.3　有限差分的数值频散

我们还可以分析一下差分格式式 (4.10)~式 (4.12) 的稳态平面波解。根据角谱的概念，这样的分析有普遍意义。把声场的平面波解

$$
\begin{aligned}
p(x,y,t) &= P\exp\left[\mathrm{i}\left(k_x x + k_y y - \omega t\right)\right]\\
v_x(x,y,t) &= V_x\exp\left[\mathrm{i}\left(k_x x + k_y y - \omega t\right)\right]\\
v_y(x,y,t) &= V_y\exp\left[\mathrm{i}\left(k_x x + k_y y - \omega t\right)\right]
\end{aligned}
\tag{4.29}
$$

代入外力为零的迭代方程式 (4.10)~式 (4.12)，式 (4.13) 和式 (4.15) 已给出空间差分对平面波作用的表达式，类似的时间差分对稳态振动的作用是 $\delta_t\left[\exp\left(-\mathrm{i}\omega t\right)\right] = -\mathrm{i}\zeta\exp\left(-\mathrm{i}\omega t\right)$，对时间的差分相当于乘以因子 $-\mathrm{i}\zeta$，这里，

$$
\zeta = \frac{2}{\Delta t}\sum_{m=0}^{N-1} a_m \sin\left(\omega\frac{2m+1}{2}\Delta t\right) \tag{4.30}
$$

于是迭代方程成为

$$
\begin{pmatrix}
-\mathrm{i}\zeta & 0 & \dfrac{\mathrm{i}\chi_x}{\rho_0}\\
0 & -\mathrm{i}\zeta & \dfrac{\mathrm{i}\chi_y}{\rho_0}\\
\mathrm{i}\rho_0 c^2\chi_x & \mathrm{i}\rho_0 c^2\chi_y & -\mathrm{i}\zeta
\end{pmatrix}
\begin{pmatrix} V_x\\ V_y\\ P\end{pmatrix} = 0
$$

为了得到非零的声场，上式中矩阵对应的行列式应该为零。与式 (4.19) 比较，只要用 $-\mathrm{i}\zeta\Delta t$ 代替式 (4.19) 的 λ，得到的矩阵单元就与上式的矩阵单元成比例。对式 (4.21) 前两个根作这样的代换，得到差分方程确定的频散关系为

$$
\zeta = \pm c\sqrt{\chi_x^2 + \chi_y^2} \tag{4.31}
$$

如果时间和空间都采用二阶差分，根据式 (4.30)、式 (4.14) 和式 (4.16) 得到

$$
\sin^2\frac{\omega\Delta t}{2} = \left(\frac{c\Delta t}{\Delta x}\right)^2\left(\sin^2\frac{k_x\Delta x}{2} + \sin^2\frac{k_y\Delta y}{2}\right) \tag{4.32}
$$

上式是频率和波数的方程，是二阶差分格式平面波解的频散方程。假定上式中两个方向的空间步长相等，$\Delta x = \Delta y$，如果空间步长非常小，式 (4.32) 中的正弦函数可以用它们的宗量代替，得到的 $\omega = \pm c\sqrt{k_x^2 + k_y^2}$ 正是微分方程确定的频散关系。如果空间步长不是非常小，式 (4.32) 中的正弦函数近似为 $\sin x = x - \dfrac{x^3}{3!}$，式 (4.32) 成为 $\omega^2 - \dfrac{\omega^4\Delta t^2}{12} = c^2\left(k^2 - \dfrac{\left(k_x^4 + k_y^4\right)\Delta x^2}{12}\right)$，其中 $k^2 = k_x^2 + k_y^2$。进一

步化简，并舍去高阶小量，得到相速度是

$$c_{\mathrm{ph}} = \frac{\omega}{k} = c\left(1 + \frac{\omega^2 \Delta t^2}{24} - \frac{Dk^2 \Delta x^2}{24}\right) \tag{4.33}$$

式中，$D = \dfrac{k_x^4 + k_y^4}{k^4}$ 是传播方向决定的常数，传播方向沿坐标轴时，D 最大，为 1；传播方向和两个轴的夹角都相等时，D 最小，为 $\dfrac{1}{2}$；三维问题中 D 最小可达到 $\dfrac{1}{3}$。式 (4.33) 表明，空间和时间的离散使相速度不再是常数。时间步长使相速度随频率增大，其相对误差是 $\dfrac{\omega^2 \Delta t^2}{24} \approx 1.6\left(\dfrac{\Delta t}{T}\right)^2$，和一个周期 T 里的节点数的平方成反比。空间的步长使相速度随频率减小，其相对误差是 $\dfrac{Dk^2 \Delta x^2}{24} \approx 1.6D\left(\dfrac{\Delta x}{\lambda}\right)^2$，和一个波长 λ 里的节点数的平方成反比，而且相速度还随传播方向变化。用同样的方法可以分析高阶差分的频散，这时相速度的相对误差将和 $\dfrac{\Delta t}{T}$ 及 $\dfrac{\Delta x}{\lambda}$ 的高次幂成比例。

这种有限差分计算产生的频散现象不是介质本身的性质，而是计算方法引起的，因此有人称之为网格频散，或数值频散。

脉冲平面波可以看作是由许多频率不同的正弦波组成的，由于平面波的波速不随频率变化，所以脉冲波在传播的过程中波形并不变化。但是用有限差分模拟的结果是频散的，经过一段时间的传播，脉冲波的波形畸变。根据上面的分析，可以估计一定的步长产生的频散，再根据计算脉冲的频带和传播的距离，可以估计脉冲的畸变。在此基础上可以确定计算的精度和适当的步长。

4.4 有限差分在稳态问题中的应用

4.4.1 稳态问题的有限差分方程

有限差分应用很广泛，在不同的应用中可以采用不同的形式，本节我们以稳态声场问题为例，介绍有限差分的又一类应用。

稳态声场的各个物理量是时间的简谐函数，用复数方法表示的声压是 $p = \mathrm{Re}\left[P(x,y,z)\exp(-\mathrm{i}\omega t)\right]$，其中 P 是声压的复振幅，是空间位置的函数。声场和声源的其他物理量也有类似的表示。

4.3 节分析中我们取声压和质点振速为变量，它们满足一阶的偏微分方程组 (4.9)，并采用一阶偏导数的差分格式式 (4.8) 计算声场。这种处理方法同时计算声压和质点振速，计算中只用到一阶差分格式，分析性能时有一定的优势。一阶差分格式是差分方法的基础，它可以用于许多不同的物理问题，也可以发展为不同的差分格式。这里我们研究声压为变量的二阶偏微分方程，采用二阶偏导数的差分格式计算声场。这种方法与 4.3 节的方法本质上是等价的，但是它也有一些特点，如引入的变量比较少。

均匀介质中稳态声场的复振幅满足稳态声波方程

$$\nabla^2 P + k^2 P = \mathrm{i}\omega\rho_0 W + \nabla\cdot F \tag{4.34}$$

其中，$k = \dfrac{\omega}{c}$ 是波数；F 和 W 分别是体积力源和注入介质的体积速度的复振幅，这两项是声源的贡献；ρ_0 是介质密度。

这是一个二阶偏微分方程。用差分方法求解，先要把式 (4.34) 离散化，得到差分格式。对于二维问题，声压的采样点是 $P\left(l_x, l_y\right)$，注入介质源是 $W\left(l_x, l_y\right)$，体积力分量是 $F_x\left(l_x+\dfrac{1}{2}, l_y\right)$ 和 $F_y\left(l_x, l_y+\dfrac{1}{2}\right)$。与式 (4.34) 对应的差分格式是

$$\delta_x^2 P + \delta_y^2 P + k^2 P = \mathrm{i}\omega\rho_0 W + \delta_x F_x + \delta_y F_y \tag{4.35}$$

式中，$\delta_x^2 = \delta_x\delta_x$ 是二阶导数 $\dfrac{\partial^2}{\partial x^2}$ 的差分表示。如果 δ_x 取式 (4.6) 的中心差分，则

$$\begin{aligned}
\delta_x^2 P\left(l_x, l_y\right) = \delta_x\left(\delta_x P\right) &= \frac{1}{\Delta x}\left[\delta_x P\left(l_x+\frac{1}{2}, l_y\right) - \delta_x P\left(l_x-\frac{1}{2}, l_y\right)\right] \\
&= \frac{1}{\Delta x}\left[\frac{P\left(l_x+1, l_y\right) - P\left(l_x, l_y\right)}{\Delta x} - \frac{P\left(l_x, l_y\right) - P\left(l_x-1, l_y\right)}{\Delta x}\right] \\
&= \frac{1}{\Delta x^2}\left[P\left(l_x+1, l_y\right) + P\left(l_x-1, l_y\right) - 2P\left(l_x, l_y\right)\right]
\end{aligned}$$

同样得到 $\delta_y^2 P\left(l_x, l_y\right) = \dfrac{1}{\Delta x^2}\left[P\left(l_x, l_y+1\right) + P\left(l_x, l_y-1\right) - 2P\left(l_x, l_y\right)\right]$，代入式 (4.35) 得到

$$\begin{aligned}
&P\left(l_x+1, l_y\right) + P\left(l_x-1, l_y\right) + P\left(l_x, l_y+1\right) \\
&\quad + P\left(l_x, l_y-1\right) + \left(k^2\Delta x^2 - 4\right) P\left(l_x, l_y\right) \\
&= \mathrm{i}\omega\rho_0\Delta x^2 W\left(l_x, l_y\right) \\
&\quad + \Delta x\left[F_x\left(l_x+\frac{1}{2}, l_y\right) - F_x\left(l_x-\frac{1}{2}, l_y\right) + F_y\left(l_x, l_y+\frac{1}{2}\right) - F_y\left(l_x, l_y-\frac{1}{2}\right)\right]
\end{aligned} \tag{4.36}$$

对于空间的每个节点 $\left(l_x, l_y\right)$，可以得到上述一个方程，把这些方程联立起来，得到一个线性方程组，未知数是各个采样点上声压的复振幅，右边的源项是已知

的稳态体力源和体积速度源的贡献。边界的单元根据边界条件分析和处理。求解这个方程组可以计算稳态声源产生的稳态声场，也就是系统的受迫振动。

如果式 (4.36) 右边的源项取为零，得到

$$\begin{aligned}&4P(l_x,l_y)-P(l_x+1,l_y)-P(l_x-1,l_y)-P(l_x,l_y+1)-P(l_x,l_y-1)\\&=k^2\Delta x^2P(l_x,l_y)\end{aligned} \tag{4.37}$$

由它们组成的线性方程组是齐次的。对于某些频率，这个线性代数组的系数行列式为 0，这是共振的情况。对应的角频率 ω 是共振角频率，声场 P 是共振模式。下面通过一个例子介绍用计算特征值的方法求出系统的共振频率。

4.4.2 二维矩形结构例子

考虑图 4.5 所示矩形区域 $0<x<L_x$，$0<y<L_y$，区域内声场满足 $\nabla^2P+k^2P=0$，在边界上满足

$$P|_{x=0,L_x}=0 \quad 和 \quad P|_{y=0,L_y}=0 \tag{4.38}$$

求共振频率和模式。这是声学的经典问题，存在解析解。声场的共振模式有无穷多个，是

$$P_{r_xr_y}=\sin(k_xx)\sin(k_yy) \tag{4.39}$$

其中

$$k_x=\frac{r_x\pi}{L_x},\quad k_y=\frac{r_y\pi}{L_y} \tag{4.40}$$

这里

$$r_x,r_y=1,2,\cdots \tag{4.41}$$

共振频率对应的波数是

$$k_{r_xr_y}=\sqrt{k_x^2+k_y^2}=\sqrt{\left(\frac{r_x\pi}{L_x}\right)^2+\left(\frac{r_y\pi}{L_y}\right)^2}=\pi\sqrt{\left(\frac{r_x}{L_x}\right)^2+\left(\frac{r_y}{L_y}\right)^2} \tag{4.42}$$

用有限差分计算，首先将区域离散化，步长为 Δx，采样点为

$$x=l_x\Delta x,\quad y=l_y\Delta x \tag{4.43}$$

这里，$l_x=0,1,\cdots,M_x$，$l_y=0,1,\cdots,M_y$，M_x 和 M_y 是矩形两条边的区间数，$M_x\Delta x=L_x$，$M_y\Delta x=L_y$。

根据式 (4.38)，边界上采样值取为零。对于每一个内部的采样点 (l_x,l_y) 得到一个方程如式 (4.37) (这里 $l_x=1,\cdots,M_x-1$，$l_y=1,\cdots,M_y-1$)，共 $(M_x-1)(M_y-1)$ 个方程。把它们联立起来，得到齐次线性方程组。

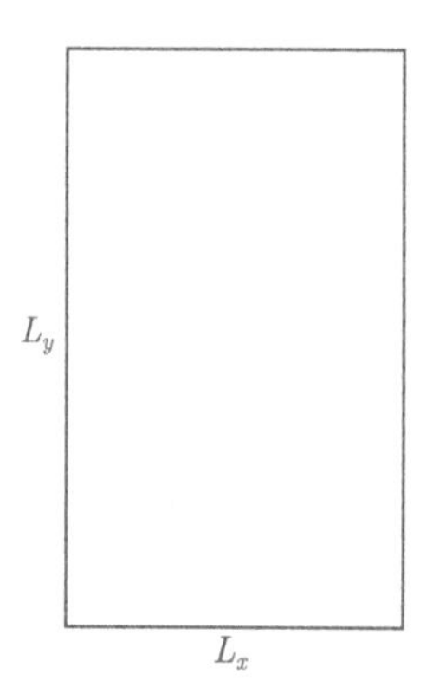

图 4.5 二维矩形结构

把采样点的位置式 (4.43) 代入解析解式 (4.39) 得到离散化的模式

$$P_{r_xr_y}(l_x,l_y)=\sin\left(\frac{r_xl_x\pi}{M_x}\right)\sin\left(\frac{r_yl_y\pi}{M_y}\right) \tag{4.44}$$

其中用到式 (4.40)。把式 (4.44) 代入式 (4.37)，其中

$$\begin{aligned}&P_{r_xr_y}(l_x+1,l_y)+P_{r_xr_y}(l_x-1,l_y)-2P_{r_xr_y}(l_x,l_y)\\&=\left[\sin\left(\frac{r_x(l_x+1)\pi}{M_x}\right)+\sin\left(\frac{r_x(l_x-1)\pi}{M_x}\right)-2\sin\left(\frac{r_xl_x\pi}{M_x}\right)\right]\sin\left(\frac{r_yl_y\pi}{M_y}\right)\\&=2\left[\cos\left(\frac{r_x\pi}{M_x}\right)-1\right]\sin\left(\frac{r_xl_x\pi}{M_x}\right)\sin\left(\frac{r_yl_y\pi}{M_y}\right)\\&=-4\sin^2\left(\frac{r_x\pi}{2M_x}\right)\sin\left(\frac{r_xl_x\pi}{M_x}\right)\sin\left(\frac{r_yl_y\pi}{M_y}\right)\end{aligned}$$

同样得到

$$\begin{aligned}&P_{r_xr_y}(l_x,l_y+1)+P_{r_xr_y}(l_x,l_y-1)-2P_{r_xr_y}(l_x,l_y)\\&=-4\sin^2\left(\frac{r_y\pi}{2M_y}\right)\sin\left(\frac{r_xl_x\pi}{M_x}\right)\sin\left(\frac{r_yl_y\pi}{M_y}\right)\end{aligned}$$

一并代入式 (4.37) 得到

$$\left[k^2\Delta x^2-4\sin^2\left(\frac{r_x\pi}{2M_x}\right)-4\sin^2\left(\frac{r_y\pi}{2M_y}\right)\right]\sin\left(\frac{r_xm_x\pi}{M_x}\right)\sin\left(\frac{r_ym_y\pi}{M_y}\right)=0$$

当声场不为零时得到

$$k_{r_xr_y}^2=\frac{4}{\Delta x^2}\left[\sin^2\left(\frac{r_x\pi}{2M_x}\right)+\sin^2\left(\frac{r_y\pi}{2M_y}\right)\right] \tag{4.45}$$

上面的分析表明，如果 k^2 取式 (4.45)，则式 (4.44) 满足式 (4.37)。也就是说，式 (4.44) 是离散后矩形平面的模式，对应的特征值是式 (4.45)。把离散后的特征值和模式与原来的连续问题比较，可以分析离散对特征值问题的影响。

第一，离散后系统的模式是连续系统模式离散化后的采样结果。

第二，如果 $r'_x = r_x + s_x M_x$，$r'_y = r_y + s_y M_y$，s_x 和 s_y 取整数，则把 r'_x 和 r'_y 及 r_x 和 r_y 代入式 (4.45) 和式 (4.44) 得到的结果是一样的。因此 r_x 和 r_y 只能取 $r_x = 0, 1, \cdots, M_x - 1$，$r_y = 0, 1, \cdots, M_y - 1$，即离散系统的模式个数是有限的。

第三，对于低阶的模式，r_x 和 r_y 比较小，式 (4.45) 成为

$$k_{r_x r_y}^2 \to \frac{4}{\Delta x^2}\left[\left(\frac{r_x \pi}{2M_x}\right)^2 + \left(\frac{r_y \pi}{2M_y}\right)^2\right] = \left(\frac{r_x \pi}{L_x}\right)^2 + \left(\frac{r_y \pi}{L_y}\right)^2$$

趋向于连续系统的式 (4.42)。r_x 和 r_y 比较大时离散系统的共振频率比连续系统小。

4.4.3 计算程序

下面介绍计算 4.4.2 节例子的共振频率的程序。

对于矩形内部每一个采样点 (l_x, l_y)，差分方程组 (4.37) 有一个未知数 $P(l_x, l_y)$，共有 $(M_x - 1)(M_y - 1)$ 个未知数。每一个内部的采样点 (l_x, l_y) 有一个方程，共 $(M_x - 1)(M_y - 1)$ 个方程，组成线性方程组。为了利用软件中求矩阵特征值和特征矢量的函数，我们先把 $(M_x - 1)(M_y - 1)$ 个未知数排成一个列矢量。(l_x, l_y) 处的未知数在这个矢量中的下标记作 $J(l_x, l_y)$，$J = 1, 2, \cdots, (M_x - 1)(M_y - 1)$。未知数的排列顺序不影响计算结果，但是会影响所得矩阵的带宽，从而影响计算的效率和精度。首先，编制由 (l_x, l_y) 计算 $J(l_x, l_y)$ 的程序，对于我们的矩形问题，可以用 Matlab 的 sub2ind 函数得到。式 (4.37) 左边的方程的系数组成一个 $(M_x - 1)(M_y - 1) \times (M_x - 1)(M_y - 1)$ 的矩阵 $\boldsymbol{M}$。与 (l_x, l_y) 处采样点对应的方程的系数在 $\boldsymbol{M}$ 的第 $J(l_x, l_y)$ 行，其中 $P(l_x, l_y)$ 的系数 4 放在 $J(l_x, l_y)$ 列，$P(l_x + 1, l_y)$ 的系数 -1 放在 $J(l_x + 1, l_y)$ 列，以此类推，组成 $\boldsymbol{M}$。这样式 (4.37) 成为 $\boldsymbol{M}$ 的特征值问题，特征值是 $k^2 \Delta x^2$。

下面的程序中第 (2) 行输入矩形内单元数，第 (3) 行是包括边界的矩形采样点坐标的矩阵，第 (4) 行是矩形内部采样点坐标的矩阵，第 (5) 行产生行和列等于采样点总数的零矩阵 m_1。第 (6)~第 (15) 行计算方程组的各个系数在 m_1 中的位置 $J(l_x, l_y)$，并把它们放入 m_1。第 (16) 行去除已经产生的系数矩阵中的边界点，得到的 m_2 就是上面说的 $\boldsymbol{M}$。第 (17) 行调用计算特征值的函数。$\boldsymbol{D}$ 的对角线上的单元是特征值，放入 DD。$\boldsymbol{V}$ 的列矢量是特征矢量，第 (18)~第 (24) 行选取第 100 个特征矢量，经过坐标变换和插值，得到共振模式的声场分布，如图 4.6 所示。第 (25)~第 (29) 行是按照解析解式 (4.42) 计算特征值，并递增排列，取出前 $(M_x - 1)(M_y - 1)$ 个。第 (30)~第 (33) 行是按照有限差分的解析解式 (4.45) 计算特征值，并递增排列。第 (34) 和第 (35) 行把不同方法计算的特征值画成曲线比较，如图 4.7 所示。图中蓝线是解析解式 (4.42) 的结果，红线是离散模型式

(4.45) 的结果，黑线是有限差分程序计算的结果。可以看出，有限差分计算的结果与离散模型的解是吻合的，它们的低阶模式与连续模型也是吻合的。

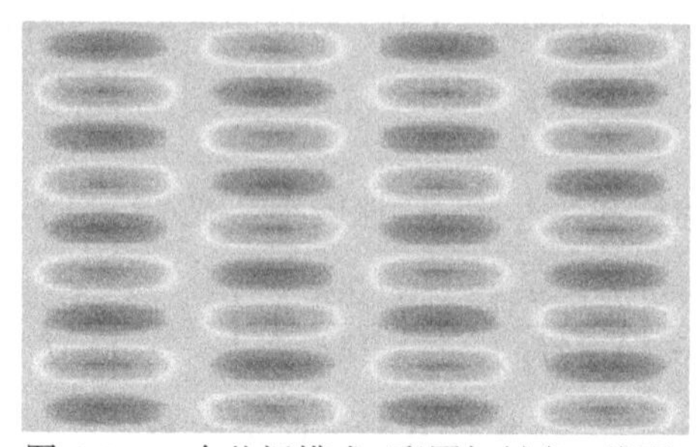

图 4.6　一个共振模式 (彩图扫封底二维码)

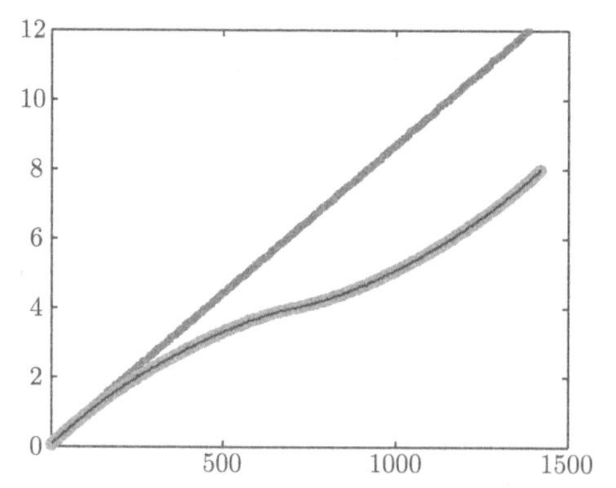

图 4.7　不同方法计算的特征值 (彩图扫封底二维码)

```
程序4.3
(1) clear
(2) mx=50;my=30;ndim=(mx-1)*(my-1);
(3) [lx,ly]=meshgrid(1:mx+1,1:my+1);
(4) [lx1,ly1]=meshgrid(2:mx,2:my);
(5) m1=zeros((mx+1)*(my+1));
(6) j0=sub2ind([my+1,mx+1],ly1,lx1);
    jj0=reshape(j0,(mx-1)*(my-1),1);
(7) j1=sub2ind([my+1,mx+1],ly1-1,lx1);
    jj1=reshape(j1,(mx-1)*(my-1),1);
(8) j2=sub2ind([my+1,mx+1],ly1+1,lx1);
    jj2=reshape(j2,(mx-1)*(my-1),1);
(9) j3=sub2ind([my+1,mx+1],ly1,lx1-1);
    jj3=reshape(j3,(mx-1)*(my-1),1);
```

```
(10) j4=sub2ind([my+1,mx+1],ly1,lx1+1);
     jj4=reshape(j4,(mx-1)*(my-1),1);

(11) for s=1:ndim
(12) ss0=jj0(s); m1(ss0,ss0)=4;
(13) ss=jj1(s); m1(ss0,ss)=-1;ss=jj2(s); m1(ss0,ss)=-1;
(14) ss=jj3(s); m1(ss0,ss)=-1;ss=jj4(s); m1(ss0,ss)=-1;
(15) end

(16) m2=m1(jj0,jj0);
(17) [V,D]=eig(m2); DD=diag(D);

(18) nv=100;p1=V(:,nv);p1=p1/max(abs(p1));
     p2=reshape(p1,my-1,mx-1);
(19) pp=zeros(my+1,mx+1);pp(2:my,2:mx)=p2;
(20) [lrx,lry]=meshgrid(1:.25:mx+1,1:.25:my+1);
(21) pp2=interp2(lx,ly,pp,lrx,lry);
(22) figure(1)
(23) image(pp2*32+32)
(24) shading interp;axis equal;axis off;
     set(gcf,'color',[1 1 1]);colormap('jet')

(25) rx=1:2*(mx+1);ry=1:2*(my+1);[rry,rrx]=meshgrid(ry,rx);
(26) kx=pi*rrx/mx;ky=pi*rry/my;
(27) da=kx.*kx+ky.*ky;
(28) daa=reshape(da,1,4*(mx+1)*(my+1));
(29) daab=sort(daa);daabb=daab(1:ndim);

(30) rxf=1:mx-1;ryf=1:my-1;[ryff,rxff]=meshgrid(ryf,rxf);
(31) kxf=pi*rxff/mx;kyf=pi*ryff/my;
(32) df=4*(sin(kxf/2).^2+sin(kyf/2).^2);
(33) dff=reshape(df,1,ndim);dfff=sort(dff);
(34) figure(3),plot([1:ndim],daabb,'bx',[1:ndim],...
     dfff,'ro',[1:ndim],DD,'k')
(35) axis([0 1500 0 12])
```

4.4.4　有限差分的物理类比

有限差分算法是解微分方程的一种近似方法，我们可以从物理模型上分析一下它们的差异。考虑稳态声场，各个物理量都随时间做简谐振动，声压 $p(l_x, l_y, n)$ 的复数表示为 $P(l_x, l_y)\exp(-\mathrm{i}\omega t)$。空间微分用差分代替，时间导数用 $-\mathrm{i}\omega$ 代替，与式 (4.10)～式 (4.12) 类似的推导得到

$$\begin{aligned} -\mathrm{i}\omega\rho_0 V_x + \delta_x P &= F_x \\ -\mathrm{i}\omega\rho_0 V_y + \delta_y P &= F_y \\ \rho_0 c^2 (\delta_x V_x + \delta_y V_y) - \mathrm{i}\omega P &= \rho_0 c^2 W \end{aligned} \tag{4.46}$$

如果空间的差分格式取式 (4.6) 的二阶格式，把声压的每个采样位置看作一个空腔，构成声顺，相邻声顺之间有小管连接。式 (4.46) 中前两个方程相当于小管中声质量的方程，而第三个是声顺的方程。因此这样的有限差分近似相当于图 4.8 表示的分立耦合振动系统。式 (4.46) 就成为集总参数声学系统的运动方程。

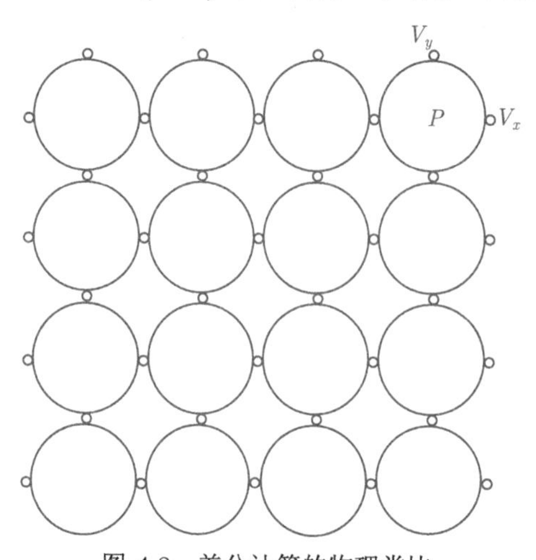

图 4.8　差分计算的物理类比

4.5　吸收边界和完全匹配层

当用有限差分计算散射、辐射等声学问题时，声场的范围是无限大的区域。但是实际计算范围总是有限的，因此必须截断空间，人为引入边界。当计算的声波到达边界时会产生反射。这种人为引入的反射伪像会干扰计算结果，减小和消除人为边界的反射是计算声学的一个重要问题。

最直接的办法是扩大计算区域，推迟反射伪像的出现。但是这种方法需要更多的计算资源，效果有限，而且不能用于稳态问题。还有一种办法是在人为边界

上采用阻抗类边界条件，即边界上的声压与边界向外方向的振速分量的比值等于介质的特性声阻抗。这种边界能完全吸收正入射到边界的声波，没有反射，因此对减小反射伪像有一定效果。但是一般声场中包含斜入射的成分，斜入射的波在这种边界还会产生反射伪像。

还有人提出在人为边界外增加一层吸收层的方法，如图 4.9 所示。图中小矩形是人为边界，$0 < x < x_1$ 在计算区域内。两个矩形之间是吸收层，$x_1 < x < x_2$ 在吸收层中。吸收层的声速和密度与人为边界内的计算区域的参数一样，但有比较大的声吸收。当声波到达人为边界进入吸收层后逐渐衰减，减少反射。但是实际计算表明，在计算区域和吸收层之间的界面上也会产生反射伪像，干扰计算结果。

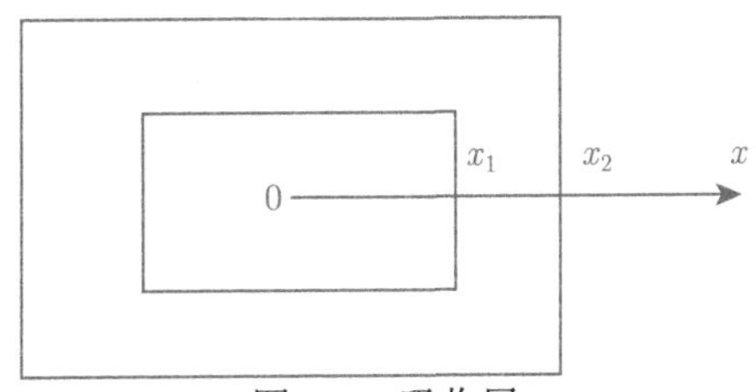

图 4.9　吸收层

20 世纪 90 年代有人提出了一种新的吸收层模型,这种吸收层理论上可以完全消除计算区域和吸收层之间的边界上的反射伪像,称为完全匹配吸收层 (perfectly matched layer，PML)。完全匹配吸收层有一些不同的推导方法，下面采用的是一种比较有特色的方法。

完全匹配吸收层的声学参数和计算区域的声学参数是完全一样的。我们把入射到边界的声场分解成平面波的叠加, 在计算区域和吸收层中每个平面波随 x 的变化都是 $\exp(\mathrm{i}k_x x)$。完全匹配吸收层的关键是把 x 看作复变量，而把 $\exp(\mathrm{i}k_x x)$ 看作 x 的解析函数。在计算区域 $x < x_1$ 中，x 仍然取实数，$\exp(\mathrm{i}k_x x)$ 不变，仍然是入射的声场，没有人为边界上产生的反射。为了使进入吸收层的声波衰减掉，在吸收层中给 x 添上虚部，这时把复的 x 记作 $\tilde{x} = x + \mathrm{i}f(x)$，其中，$x$ 是 $\tilde{x}$ 的实部。不难验证，沿着 $\tilde{x}$ 变化的声场是衰减的。如果吸收层足够厚, 声场到达吸收层的外表面时很弱, 不会产生反射伪像。这样的处理没有改变计算区域的坐标和声场。而吸收层是人为引入的, 我们并不需要吸收层的计算结果, 因此上面的处理消除了反射伪像, 但不影响计算结果。

实际使用时我们把 $f(x)$ 的导数记作 $\dfrac{\mathrm{d}f(x)}{\mathrm{d}x} = \dfrac{\sigma_x(x)}{\omega}$，这里 ω 是角频率。在 $x < x_1$ 的计算区域中 $\sigma_x(x) = 0$，吸收层中 $\sigma_x(x)$ 是正的，可以是常数。利用 $\sigma_x(x)$ 得到 $\mathrm{d}\tilde{x} = \left[1 + \mathrm{i}\dfrac{\sigma_x(x)}{\omega}\right]\mathrm{d}x$，因此我们只需把原来声波方程中对 x 的导数

作所谓“PML 替换”：

$$\frac{\partial}{\partial \tilde{x}} \to \frac{1}{\left[1+\mathrm{i}\dfrac{\sigma_x(x)}{\omega}\right]}\frac{\partial}{\partial x} \tag{4.47}$$

就得到吸收层的方程。用同样的方法处理 $-x$ 方向的边界和其他方向的边界可以得到相应的结果。

理论上完全匹配吸收层方法消除了吸收层和计算区域之间的边界反射，但是在离散化计算时仍然会产生反射，这时需要通过选择步长加以控制。

下面通过二维声场的例子介绍具体的操作。我们从式 (4.9) 出发，因为 PML 替换是频率域的变换，先把式 (4.9) 转换到频率域，不计源项，得到

$$-\rho_0 c^2\left(\frac{\partial V_x}{\partial x}+\frac{\partial V_y}{\partial y}\right) = -\mathrm{i}\omega P$$
$$-\frac{\partial P}{\rho_0 \partial x} = -\mathrm{i}\omega V_x$$
$$-\frac{\partial P}{\rho_0 \partial y} = -\mathrm{i}\omega V_y$$

在前面两个方程中作 PML 替换，并在方程两边同乘以 $1+\mathrm{i}\dfrac{\sigma_x(x)}{\omega}$，得到

$$-\rho_0 c^2\frac{\partial V_x}{\partial x} - \rho_0 c^2\frac{\partial V_y}{\partial y}\left[1+\mathrm{i}\frac{\sigma_x(x)}{\omega}\right] = -\mathrm{i}\omega P + \sigma_x(x)P$$
$$-\frac{\partial P}{\rho_0 \partial x} = -\mathrm{i}\omega V_x + \sigma_x(x)V_x$$

我们要再把它们变换回时间域,第二个方程只需把 $-\mathrm{i}\omega$ 改为时间导数。但是第一个方程有一项 $\mathrm{i}\dfrac{\sigma_x(x)}{\omega}\dfrac{\partial V_y}{\partial y}$,我们可以设一个辅助函数 G,满足 $-\mathrm{i}\omega G = -\rho_0 c^2\sigma_x(x)\times \dfrac{\partial V_y}{\partial y}$，于是第一个方程成为

$$-\rho_0 c^2\frac{\partial V_x}{\partial x} - \rho_0 c^2\frac{\partial V_y}{\partial y} + G = -\mathrm{i}\omega P + \sigma_x(x)P$$

于是所有的方程都可以变换到时间域，得到的四个方程是

$$\frac{\partial p}{\partial t} = -\rho_0 c^2\frac{\partial v_x}{\partial x} - \rho_0 c^2\frac{\partial v_y}{\partial y} - \sigma_x(x)p + g$$
$$\frac{\partial v_x}{\partial t} = -\frac{\partial p}{\rho_0 \partial x} - \sigma_x(x)v_x$$
$$\frac{\partial v_y}{\partial t} = -\frac{\partial p}{\rho_0 \partial y}$$

$$\frac{\partial g}{\partial t}=-\rho_0c^2\sigma_x\left(x\right)\frac{\partial v_y}{\partial y}$$

其中，最后一个方程的 g 是 G 的傅里叶逆变换，初始条件是 $g=0$。上面得到了 x 方向边界的完全匹配吸收层的方程，同样可以处理其他方向的边界，再用一般的有限差分方法求解。值得指出，在 x 方向的匹配层中，x 方向传播的波是衰减的，但是其他方向传播的波是不衰减的，这是各向异性的衰减。

复 习 题

1. 推导表 4.1 中的参数，试调研其他求解交错网格差分近似的系数的方法，并论述其基本原理。

2. 把图 4.5 例子的边界条件改为 $\left.\frac{\partial P}{\partial y}\right|_{x=0,L_x}=0$ 和 $\left.\frac{\partial P}{\partial x}\right|_{y=0,L_y}=0$，计算共振频率并讨论。

3. 什么是数值频散，它由哪些因素决定？

4. 如何分析有限差分迭代算法的稳定性？

第 5 章　射线跟踪法

射线跟踪法是高频声波传播的近似计算方法。高频声波是指波长比空间的特征尺度小得多的声波。不同的声学问题有不同的特征尺度，如空间的尺度、散射物或声源的尺度、不均匀介质中声学参数发生显著起伏的空间距离等。射线声学研究的声场在空间每一点附近的很小的范围里近似为平面波，平面波传播的方向就是射线的方向，在非均匀介质中射线是弯曲的。空间各点的平面波的峰值或前沿等特征点组成波阵面，也称为波前。射线声学的物理图像很清楚，有广泛的应用。射线跟踪在其他波动问题中也有很多的应用, 尤其在几何光学中更为重要。图 5.1 是用射线方法解释光学透镜成像的示意图。

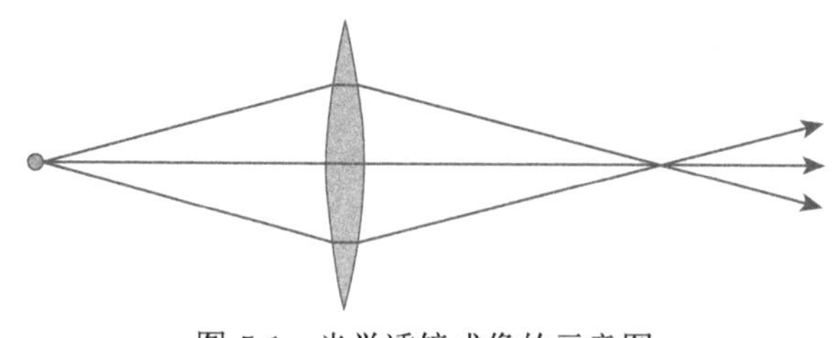

图 5.1　光学透镜成像的示意图

5.1　射线的基本概念

5.1.1　非均匀介质中的准行波

非均匀介质中的声传播是射线声学的主要应用领域之一。大气、海洋、人体组织等都是非均匀的声学介质，其密度 $\rho_0(\boldsymbol{r})$ 和声速 $c(\boldsymbol{r})$ 等声学参数随位置 $\boldsymbol{r}$ 变化。声学参数变化的空间特征尺度 L 是非均匀介质的一个重要特征，在距离小于 L 的空间范围里介质的声学参数变化不大，L 与声学参数的空间相关半径相当。射线声学主要研究波长比 L 小得多的高频声波，介质的声学参数在几个波长的范围里起伏很小，或者说声学参数的分布是缓变的。本章还假定介质的参数不随时间变化。

时不变的非均匀介质中的稳态声波方程是

$$\rho_0(\boldsymbol{r})\nabla\cdot\left(\frac{1}{\rho_0(\boldsymbol{r})}\nabla P\right)+\frac{\omega^2}{c^2(\boldsymbol{r})}P=0 \tag{5.1}$$

如果密度不随位置变化，上式为

$$\nabla^2 P+\frac{\omega^2}{c^2(\boldsymbol{r})} P=0 \tag{5.2}$$

下面主要讨论密度不变的式 (5.2)。

均匀介质中的平面行波可以表示为

$$P(\boldsymbol{r})=F \exp \left[\mathrm{i}\left(\boldsymbol{k} \cdot \boldsymbol{r}+\omega \tau_0\right)\right]=F \exp \left[\mathrm{i} \omega\left(\hat{\boldsymbol{k}} \cdot \frac{\boldsymbol{r}}{c}+\tau_0\right)\right] \tag{5.3}$$

其中，声速 c 不随位置变化；振幅 F 是实的常数；波矢 $\boldsymbol{k}=\hat{\boldsymbol{k}} \frac{\omega}{c}$ 是常矢量；$\hat{\boldsymbol{k}}$ 是波传播方向的单位矢量；τ_0 是波在原点的延迟时间。F，$\boldsymbol{k}$ 和 τ_0 都与时间和空间无关。式 (5.3) 最右边的小括号记作

$$\tau(\boldsymbol{r})=\hat{\boldsymbol{k}} \cdot \frac{\boldsymbol{r}}{c}+\tau_0 \tag{5.4}$$

它是波传播引起的不同位置声场的滞后，它的梯度 $\nabla \tau=\frac{\hat{\boldsymbol{k}}}{c}$，是不随位置变化的常矢量。在与 $\boldsymbol{k}$ 垂直的平面上各点的振动都是同相位的，这些平面是波阵面。

式 (5.3) 表示的是平面波不满足非均匀介质的波动方程 (5.1)，严格求解式 (5.1) 常常是困难的，射线声学研究的声场是平面波的一种推广，称为准行波，它能写成如下的形式：

$$P(\boldsymbol{r})=F(\boldsymbol{r}) \exp [\mathrm{i} \omega \tau(\boldsymbol{r})] \tag{5.5}$$

式中，振幅 F 和延迟时间 τ 是随位置变化的实函数。对于均匀介质中的平面波式 (5.3)，∇F 和 $\nabla^2 \tau$ 为零。对于缓变介质，F 和 $\nabla \tau$ 随位置的变化很缓慢，它们的相对变化在数量上大约等于 L^{-1}，L 很大，因此 ∇F 和 $\nabla^2 \tau$ 是 L^{-1} 级的小量。

我们先看准行波式 (5.5) 有些什么性质。在空间某一点 $\boldsymbol{r}_0$ 附近的小范围里，式 (5.5) 近似为

$$P(\boldsymbol{r}) \approx F\left(\boldsymbol{r}_0\right) \exp \left\{\mathrm{i} \omega\left[\tau\left(\boldsymbol{r}_0\right)+\nabla \tau\left(\boldsymbol{r}_0\right) \cdot\left(\boldsymbol{r}-\boldsymbol{r}_0\right)\right]\right\} \tag{5.6}$$

与式 (5.3) 对比可知，上式是平面行波，平面波的幅度是 $F\left(\boldsymbol{r}_0\right)$，$\boldsymbol{r}_0$ 的延迟时间是 $\tau\left(\boldsymbol{r}_0\right)$，波矢是 $\omega \nabla \tau\left(\boldsymbol{r}_0\right)$，记作

$$\boldsymbol{k}(\boldsymbol{r})=\omega \nabla \tau(\boldsymbol{r}) \tag{5.7}$$

在空间的各个点附近准行波可以看作平面波，整个声场是这些平面波的合成，但是不同位置的平面波的幅度和波矢是不同的，这是与平面波的不同之处。

根据傅里叶变换的性质，与式 (5.5) 对应的时间域的瞬态准行波是

$$p(\boldsymbol{r}) = f[\boldsymbol{r}, t - \tau(\boldsymbol{r})] \tag{5.8}$$

式中，f 是 $F(\boldsymbol{r})$ 的傅里叶逆变换。由于 F 随位置缓慢变化，因此 f 的波形也随位置缓慢变化，这里用中括号中第一个变量表示。

式 (5.5) 中，$\tau(\boldsymbol{r})$ 是空间位置的函数，τ 相同的点组成的曲面是 $\tau(\boldsymbol{r})$ 的等值面。一个等值面上的各点的波同时到达峰值、零点等特征点，因此这些等值面是波阵面。图 5.2 是波阵面的示意图，经过某一点 $\boldsymbol{r}_0$ 的波阵面是 π_0，延迟时间是 $\tau(\boldsymbol{r}_0)$。$\boldsymbol{r}_0$ 处的波矢 $\boldsymbol{k}(\boldsymbol{r}_0)$ 是 $\omega\tau(\boldsymbol{r}_0)$ 的梯度，因此与波阵面垂直。在 $\boldsymbol{r}_0$ 附近声场是平面波，向 $\boldsymbol{k}(\boldsymbol{r}_0)$ 方向传播。波阵面上各点都向各自波矢的方向传播，整个波阵面向前传播，形成新的波阵面，如图 5.2 的 π 所示。

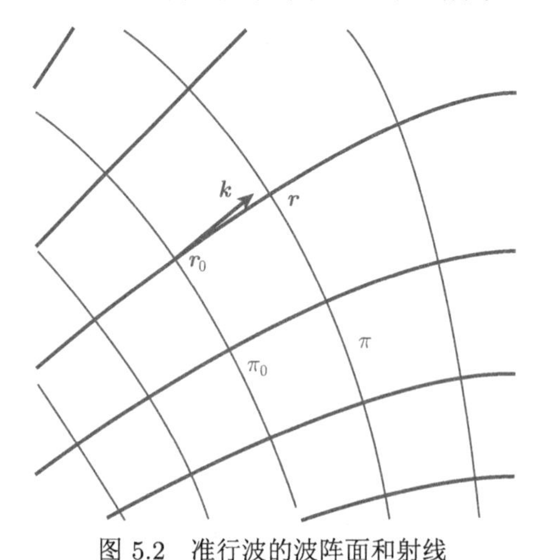

图 5.2　准行波的波阵面和射线

现在我们分析上面提出的准行波式 (5.5) 是不是非均匀声波方程 (5.2) 的解。把式 (5.5) 代入式 (5.2)，我们有

$$\nabla P = (\nabla F + \mathrm{i}\omega F \nabla\tau)\exp(\mathrm{i}\omega\tau)$$
$$\nabla^2 P = \left(\nabla^2 F + 2\mathrm{i}\omega\nabla F\cdot\nabla\tau + \mathrm{i}\omega F\nabla\cdot\nabla\tau - F\omega^2\nabla\tau\cdot\nabla\tau\right)\exp(\mathrm{i}\omega\tau)$$

代入式 (5.2) 得到

$$\nabla^2 F + 2\mathrm{i}\omega\nabla F\cdot\nabla\tau + \mathrm{i}\omega F\nabla\cdot\nabla\tau - F\omega^2\nabla\tau\cdot\nabla\tau + F\frac{\omega^2}{c^2(\boldsymbol{r})} = 0 \tag{5.9}$$

上面已经指出，∇F 和 $\nabla^2\tau$ 是 L^{-1} 级的小量，因此上式中第一项是 L^{-2} 级的小量，第二项和第三项是 L^{-1} 级的小量，最后两项是零级的小量。让各级小量

分别为 0，零级小量为 0 是 $|\nabla\tau| = \dfrac{1}{c(\boldsymbol{r})}$。把 τ 的梯度记作 $\boldsymbol{s}$，它的方向与波阵面垂直，与波矢 $\boldsymbol{k}$ 的方向一致。大小是介质速度的倒数，称为慢度矢量：

$$\boldsymbol{s} = \nabla\tau = \frac{\hat{\boldsymbol{k}}}{c} \tag{5.10}$$

式中，$\hat{\boldsymbol{k}}$ 是波矢方向的单位矢量。

根据式 (5.7) 得到

$$|\boldsymbol{k}(\boldsymbol{r})| = \frac{\omega}{c(\boldsymbol{r})} \tag{5.11}$$

上式表明，准行波在各点的波矢与该点介质声速的关系同均匀介质中的平面波的波矢与声速的关系是相似的。准行波在各点附近近似为平面波，这个平面波的波速就是该点的声速。式 (5.11) 称为程函方程。

让式 (5.9) 中 L^{-1} 级的小量为 0，得到 $2\nabla F\cdot\nabla\tau + F\nabla\cdot\nabla\tau = 0$。两边同乘 F，不难验证它就是

$$\nabla\cdot\left(F^2\nabla\tau\right) = 0 \tag{5.12}$$

5.1.2 节将说明它是能量守恒的表示。

式 (5.9) 的第一项是 L^{-2} 级小量，在射线声学中忽略不计。式 (5.11) 和式 (5.12) 是射线声学的基本方程，是忽略了 L^{-2} 级小量的近似。因此准行波是式 (5.2) 的近似解，近似精度是 L^{-1} 级小量。

5.1.2 射线

根据平面波的性质，式 (5.6) 的传播方向沿着 τ 的梯度方向，根据式 (5.7) 就是波矢的方向，这个方向的单位矢量记作 $\hat{\boldsymbol{k}}$。$\boldsymbol{r}_0$ 点附近的平面波的速度是 c，$\boldsymbol{r}_0$ 点的声能量的传播方向的单位矢量就是 $\hat{\boldsymbol{k}}$，传播的速度也是 c。$\boldsymbol{r}_0$ 点的声能量在不同时间 t 到达的位置 $\boldsymbol{r}(t)$ 的轨迹称为从 $\boldsymbol{r}_0$ 点出发的射线，如图 5.2 的粗线所示。射线的切线方向就是波的传播方向 $\hat{\boldsymbol{k}}$，$\boldsymbol{r}(t)$ 的能量在空间运动的速度是 c，因此

$$\frac{\mathrm{d}\boldsymbol{r}(t)}{\mathrm{d}t} = c\hat{\boldsymbol{k}} = c^2\boldsymbol{s} \tag{5.13}$$

式中，$\hat{\boldsymbol{k}}$ 和 c 都取 $\boldsymbol{r}(t)$ 处的值。

$\boldsymbol{r}(t)$ 是射线的参数方程，参数 t 是射线到达 $\boldsymbol{r}$ 的时间，$\boldsymbol{r}(t)$ 是射线与波阵面 $\tau(\boldsymbol{r}) = t$ 的交点。在射线上取一固定的起点 $\boldsymbol{r}_0$，从 $\boldsymbol{r}_0$ 到射线上任意一点 $\boldsymbol{r}(t)$ 之间的射线的长度记作 $l(t)$，则根据式 (5.13) 得到

$$\mathrm{d}l = |\mathrm{d}\boldsymbol{r}| = c\mathrm{d}t \tag{5.14}$$

因此 $l(t)=\int_{t_0}^{t} c(\tau)\,\mathrm{d}\tau$，这里的积分是沿射线的线积分，$t_0$ 是 $\boldsymbol{r}_0$ 的延迟时间。射线长度 l 和到达时间 t 一一对应，因此也可以作为射线的参数，得到射线的参数方程 $\boldsymbol{r}(l)$。根据式 (5.13) 和式 (5.14) 得到

$$\frac{\mathrm{d}\boldsymbol{r}(l)}{\mathrm{d}l}=\hat{\boldsymbol{k}}=c\boldsymbol{s} \tag{5.15}$$

根据解析几何，参数方程 $\boldsymbol{r}(l)$ 对长度 l 的导数是曲线切线方向的单位矢量，与式 (5.15) 符合。

为了得到射线与介质声速分布的关系，我们分析慢度矢量 $\boldsymbol{s}$ 沿着一条射线的变化 $\dfrac{\mathrm{d}\boldsymbol{s}(l)}{\mathrm{d}l}$。采用爱因斯坦简写规则，利用复合函数求导的规律，有

$$\frac{\mathrm{d}s_i}{\mathrm{d}l}=\frac{\partial s_i}{\partial r_j}\frac{\partial r_j}{\partial l}=\frac{\partial s_i}{\partial r_j}cs_j=c\frac{\partial^2\tau}{\partial r_j\partial r_i}\frac{\partial\tau}{\partial r_j}=\frac{c\partial}{2\partial r_i}\left(\frac{\partial\tau}{\partial r_j}\frac{\partial\tau}{\partial r_j}\right)=\frac{c\partial}{2\partial r_i}\left(\frac{1}{c^2}\right)=-\frac{c_{,i}}{c^2}$$

其中，用到式 (5.15) 和式 (5.10)。上式的矢量形式为

$$\frac{\mathrm{d}\boldsymbol{s}(l)}{\mathrm{d}l}=-\frac{\nabla c}{c^2}=\nabla\left(c^{-1}\right) \tag{5.16}$$

上式表明，声速不均匀的介质中射线上各点的 $\boldsymbol{s}$ 是变化的，它在一点的变化率由当地的声速梯度决定。这种变化可以分解成与射线方向平行和垂直的两部分。式 (5.16) 右边 $\nabla\left(c^{-1}\right)$ 指向声速减小的方向，在射线方向的分量为 $\dfrac{\mathrm{d}}{\mathrm{d}l}\left(c^{-1}\right)$，正是左边 $\boldsymbol{s}$ 在射线方向的分量 c^{-1} 的导数。再看与射线垂直的方向，图 5.3 中的曲线表示一条射线，A 是射线上一点，π 是通过 A 点与射线垂直的平面。A 点的 $\boldsymbol{s}$ 为图中 AD。如果 $\nabla\left(c^{-1}\right)$ 在射线垂直的方向为 π 平面中的 AB，则指向 π 上声速减小最快的方向。根据式 (5.16)，$\boldsymbol{s}$ 有一与 AB 方向相同的变化，如图 5.3 中 DC。因此，声速的不均匀分布会改变射线的方向，射线向声速较低的方向弯曲。这个现象有一简单的物理解释，当波阵面在不均匀介质中传播时，位于低声速区的波阵面走得慢些，而射线必须与波阵面垂直，因此射线向低声速区弯曲。

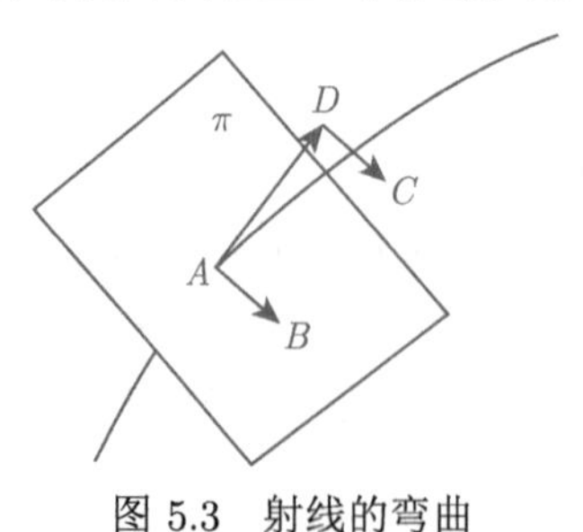

图 5.3　射线的弯曲

根据式 (5.14)，由式 (5.16) 得到

$$\frac{\mathrm{d}\boldsymbol{s}(t)}{\mathrm{d}t}=-\frac{\nabla c}{c} \tag{5.17}$$

由式 (5.15) 得到 $\boldsymbol{s}=\dfrac{1}{c}\dfrac{\mathrm{d}\boldsymbol{r}}{\mathrm{d}l}$，代入式 (5.16)，得到

$$\frac{\mathrm{d}}{\mathrm{d}l}\left(\frac{\mathrm{d}\boldsymbol{r}}{c\mathrm{d}l}\right)=\nabla\left(c^{-1}\right) \tag{5.18}$$

当已知介质中的声速分布时，上式给出射线的微分方程。这是一个二阶的矢量常微分方程，给定一条射线在某一点的位置和方向，式 (5.18) 就确定了整条射线的位置。利用式 (5.15)，展开上式左边得到 $\dfrac{1}{c}\dfrac{\mathrm{d}^2\boldsymbol{r}}{\mathrm{d}l^2}+\hat{\boldsymbol{k}}\dfrac{\mathrm{d}}{\mathrm{d}l}\left(c^{-1}\right)$，其中第二项是 $\nabla\left(c^{-1}\right)$ 在射线方向的分量。代入式 (5.18) 得到

$$\frac{\mathrm{d}^2\boldsymbol{r}}{\mathrm{d}l^2}=c\nabla_{\perp}\left(c^{-1}\right) \tag{5.19}$$

其中，$\nabla_{\perp}\left(c^{-1}\right)=\nabla\left(c^{-1}\right)-\hat{\boldsymbol{k}}\dfrac{\mathrm{d}}{\mathrm{d}l}\left(c^{-1}\right)$ 是 $\nabla\left(c^{-1}\right)$ 在射线垂直方向的分量。根据微分几何的理论，式 (5.19) 左边的绝对值是射线的主曲率，方向指向曲率中心，式 (5.19) 是射线主曲率与声速分布的关系。

现在分析式 (5.12) 的意义，利用高斯定理可知，对于任意封闭的曲面有

$$\oiint F^2(\boldsymbol{r})\,\boldsymbol{s}\cdot\boldsymbol{n}\mathrm{d}S=0 \tag{5.20}$$

式中，$\boldsymbol{n}$ 是曲面外法向单位矢量。在图 5.4 所示的一个波阵面上的一点 $\boldsymbol{r}_0$ 周围取一个小面积单元，从小单元边缘所有的点发出的射线组成的管称为射线管，其另一端是射线管与另一波阵面相交的面。把射线管的表面取作式 (5.20) 的积分面，在射线管的侧面，$\boldsymbol{n}$ 与 $\boldsymbol{s}$ 垂直，积分为 0。在两个端面上 $\boldsymbol{n}$ 与 $\boldsymbol{s}$ 同向，分别有 $\boldsymbol{s}\cdot\boldsymbol{n}=\pm\dfrac{1}{c}$。如果射线管的截面很小，利用积分的中值定理并化简，得到在射线管上任意两点 $\boldsymbol{r}_0$ 和 $\boldsymbol{r}$，有

$$\frac{F^2(\boldsymbol{r})\,S(\boldsymbol{r})}{c(\boldsymbol{r})}=\frac{F^2(\boldsymbol{r}_0)\,S(\boldsymbol{r}_0)}{c(\boldsymbol{r}_0)} \tag{5.21}$$

上式表明，声波沿着射线管传播时，幅度的平方与射线管的截面积成反比，与声速成正比。由于 $\dfrac{p^2}{\rho_0 c}$ 是能流密度，ρ_0 不变，因此式 (5.21) 相当于声波通过各个截面的功率都相同，符合能量守恒定律。

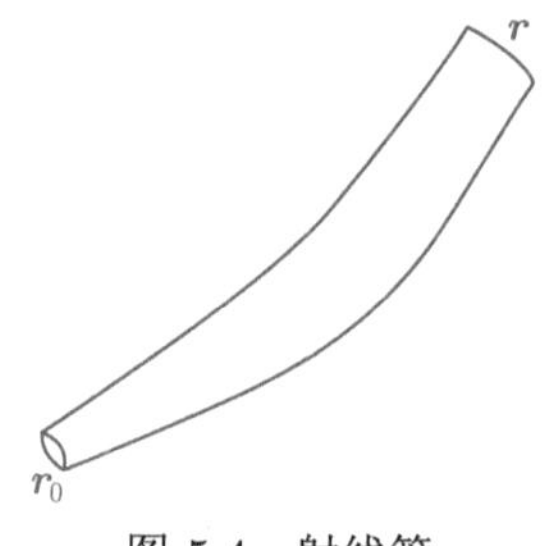

图 5.4　射线管

5.1.3　费马原理

声学和光学中的费马原理指出，声波或光波沿着费时最短的最速路径传播。在图 5.5 中，l 是连接 A 和 B 的一条曲线，如果声波沿 l 从 A 传播到 B，则需要的时间是

$$t = \int_l \frac{\mathrm{d}l}{c} \tag{5.22}$$

不同的传播路径有不同的传播时间，声波实际传播的路径使式 (5.22) 的积分取极小值。

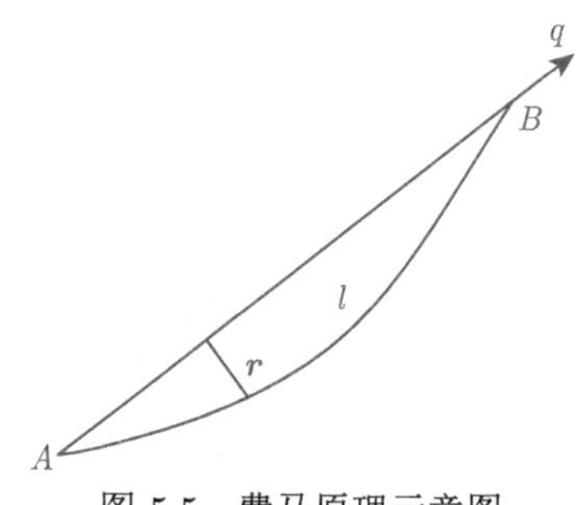

图 5.5　费马原理示意图

利用变分原理可以证明式 (5.18) 确定的射线满足费马原理。

如果介质是均匀的，图 5.5 中连接 AB 的最速路径是直线。如果声速分布是不均匀的，传播路径向声速高的一侧突出，传播时间缩短。但是这种突出不能太大，否则路径长度的增加会抵消声速增大的效果。因此实际的射线是在一个折中的位置。式 (5.19) 表明，射线的曲率半径指向声速低的一侧，也就是说射线向声速高的一侧突出，与费马原理一致。

5.2　均匀介质中的射线

5.2.1　声波沿直线匀速传播

均匀介质中的声速是常数，$\nabla c = 0$，由式 (5.16) 知，在一条射线上慢度矢量

$\boldsymbol{s}$ 是常矢量，其方向和大小不改变。根据式 (5.13)，射线是直线，声波沿直线传播，速度恒定。如果不考虑积分常数，式 (5.14) 成为 $l = ct$，因此用 l 或 t 作射线的参数没有实质的不同。如果知道一条射线上 $t = 0$ 的点 $\boldsymbol{r}(0)$ 和慢度矢量 $\boldsymbol{s}$，对式 (5.13) 积分得到射线的方程是

$$\boldsymbol{r}(t) = \boldsymbol{r}(0) + \hat{\boldsymbol{k}}ct = \boldsymbol{r}(0) + \boldsymbol{s}c^2t \tag{5.23}$$

如果已知一个射线管中 $t = 0$ 时的波阵面如图 5.6 中的 π_0 所示，它的方程是 $\tau(\boldsymbol{r}) = \tau_0$，求出 π_0 上各点的法线方向的单位矢量 $\hat{\boldsymbol{k}} = \dfrac{\nabla\tau}{|\nabla\tau|}$，由式 (5.23) 可以得到射线管中任意时间 t 的波阵面 π。图 5.6 中 π_0 上方的各个小曲面 $\pi_1, \pi_2, \cdots$ 分别是时间 $t_1, t_2, \cdots$ 的波阵面。

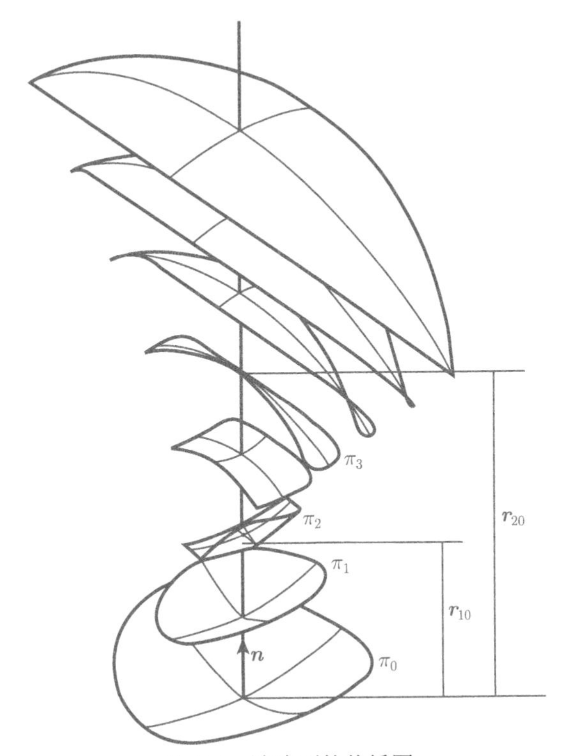

图 5.6 波阵面的传播图

不考虑介质的吸收时声波方程是时间反转不变的，因此图 5.6 表示的过程也可以反过来，即图中最上面的曲面是最早的波阵面，声波向下传播，自上而下依次通过各个波阵面。

5.2.2　射线管中的声压

均匀介质中声速是常数，根据式 (5.21)，在一根射线上有

$$F(\boldsymbol{r}) \propto \sqrt{\frac{1}{S(\boldsymbol{r})}} \tag{5.24}$$

声波在射线管内传播时，其幅度的平方与当地的射线管的截面积成反比。

图 5.7 是一个例子，图中表示的是 xz 平面。图中自下而上的粗曲线是不同时间的波阵面，它们都是等距曲面，最下面的是 π_0。图中细直线是射线，与波阵面正交，相邻两条射线组成一射线管。π_0 两边的部分向上凸起，发出的声束是扩散的。π_0 的中部是下凹的，声束会聚。中点 D 的曲率最大，它和附近 E 点发出的射线相交，当 E 无限接近 D 时交点的极限位置为 A，D 点周围的小单元边缘发出的射线管的截面积在 A 点为 0，A 是焦点，与 D 对应。类似地，从 D 附近的点发出的无限接近的射线的交点都是焦点，它们分布在 AB 和 AC 上，AB 和 AC 上的每一点是与 π_0 上某一点对应的焦点。AB 和 AC 代表的曲面称为焦面，在图 5.7 的二维情况也称为焦线。在 AB 和 AC 之间的区域，波阵面发生折叠，在这区域的每个点上一般有来自波阵面 π_0 上三个不同的点发出的射线并且它们在不同的时刻到达。

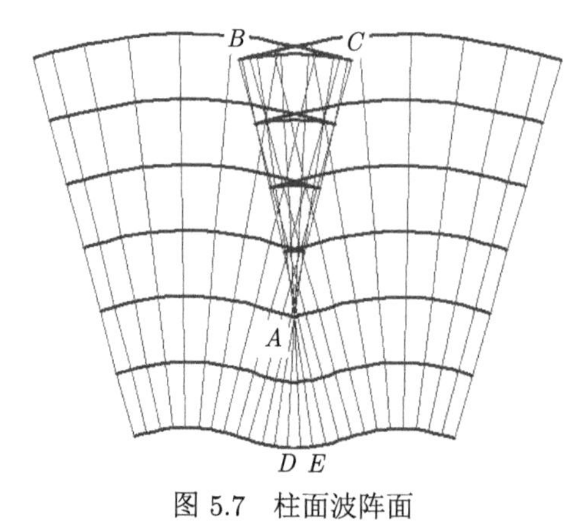

图 5.7　柱面波阵面

5.3　不均匀介质中的射线

不均匀介质的射线比较复杂，下面讨论比较简单的一维不均匀介质中的射线。

5.3.1　一维不均匀介质中的射线方程

假设声速只在一个方向 z 变化

$$c = c(z) \tag{5.25}$$

声速梯度 ∇c 的方向是 z，声速梯度在 x 和 y 方向的分量为 0，海洋和大气层基本上属于这种情况。根据式 (5.17)，在一条射线上慢度矢量的分量 s_x 和 s_y 保持不变，这实际上符合 Snell 定律。对某一射线选取坐标系使 $s_y=0$，根据式 (5.13)，这条射线的 y 坐标不变，是 y 等于常数的平面曲线。一般的射线都是在一个与 z 轴平行的平面中的平面曲线。对于 $s_y=0$，s_x 是常数的射线，由式 (5.10) 得到

$$s_z=\sqrt{c^{-2}(z)-s_x^2} \tag{5.26}$$

根据式 (5.13)，在一条射线上 $\mathrm{d}\boldsymbol{r}$ 和 $\boldsymbol{s}$ 方向相同，因此

$$\frac{\mathrm{d}z}{\mathrm{d}x}=\frac{s_z}{s_x}=\sqrt{[s_x c(z)]^{-2}-1}$$

即 $\dfrac{\mathrm{d}z}{\sqrt{[s_x c(z)]^{-2}-1}}=\mathrm{d}x$。两边积分，如果已知射线上的一点 (x_0,z_0) 和 s_x，则射线的方程是

$$x-x_0=\int_{z_0}^{z}\frac{c(z)\,\mathrm{d}z}{\sqrt{s_x^{-2}-c^2(z)}} \tag{5.27}$$

如果声速随 z 的变化是线性的，为

$$c=c_0-\beta z \tag{5.28}$$

代入式 (5.27)，积分得到

$$(x-x_\mathrm{c})^2+\left(z-\frac{c_0}{\beta}\right)^2=\frac{1}{s_x^2\beta^2} \tag{5.29}$$

其中，x_c 是积分常数，使 (x_0,z_0) 满足式 (5.29)。式 (5.29) 表明在等梯度声速分布介质中射线是圆弧，如图 5.8 所示。圆弧的圆心高度 $z_\mathrm{c}=\dfrac{c_0}{\beta}$，如果把式 (5.28) 外推，圆心处声速为零。

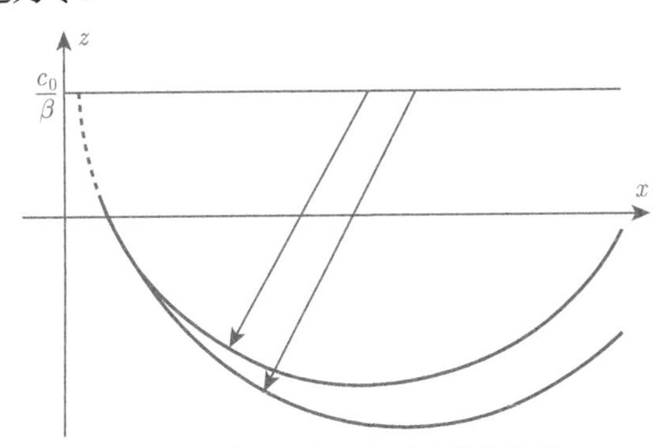

图 5.8 等梯度声速介质中的射线图

5.3.2　典型海洋中的射线

对于一般的声速分布式 (5.25) 只能用数值计算求解射线方程。海洋和大气中的声场问题有广泛的应用，这方面的数值计算发展很快，成为计算声学的主要部分。下面介绍用差分方法求解式 (5.13) 和式 (5.17) 的算法。式 (5.13) 和式 (5.17) 中的 $\boldsymbol{r}(t)$ 和 $\boldsymbol{s}(t)$ 都是时间的连续函数，首先把它们离散化。确定时间步长 Δt，只考虑 $t = n\Delta t$ 时的值，记作 $\boldsymbol{r}(n\Delta t) = \boldsymbol{r}^n$ 和 $\boldsymbol{s}(n\Delta t) = \boldsymbol{s}^n$。这里 n 是整数，上标是时间节点的序号，不是指数。用差分格式代替式 (5.13) 和式 (5.17) 中的求导得到

$$\boldsymbol{r}^{n+1} = \boldsymbol{r}^n + \Delta t\left[c\left(\boldsymbol{r}^n\right)\right]^2 \boldsymbol{s}^n$$

$$\boldsymbol{s}^{n+1} = \boldsymbol{s}^n - \frac{\Delta t \nabla\left[c\left(\boldsymbol{r}^n\right)\right]}{c\left(\boldsymbol{r}^n\right)}$$

其中，声速的分布 $c(\boldsymbol{r})$ 已知，并能得到 $\nabla[c(\boldsymbol{r})]$。这是一组差分方程，根据一个时刻的位置和慢度矢量可以计算下一时刻的位置和慢度矢量。根据射线的初始位置和方向可以得到零时刻的位置和慢度矢量，代入方程的右边得到下一时刻的位置和慢度矢量，不断重复就可以得到各个时刻的射线位置。

下面是个例子。考虑水深 10000 m 的海区，$z = 0$ 是海面，海底水平，声源是深度 300m 的点源，向各个方向发出射线，我们计算 xz 平面内的射线。已知声速随深度变化的规律是 $c = 1492\left(1 + 0.0074\left[\eta + \exp(-\eta) - 1\right]\right)$，其中 $\eta = \dfrac{2(z - z_0)}{z_0}$，如图 5.9 左边的曲线所示。海面的声速是 1540 m/s，海面以下随着水温下降，声速减小，在 $z_0 = 1300$ m 处达到最小值 1490 m/s，这个深度称为声轴。声轴以下水温变化不大，压强随着深度增加而增加使声速随着深度增大而增大。下面是计算程序。第 (2) 行给出时间步长、迭代次数、射线数目、射线出发角度。第 (3) 行给出海面、海底、声轴的位置和频率。第 (4) 行产生迭代变量的矩阵。第 (5) 行给出迭代变量的初始值。第 (6)～第 (14) 行完成迭代，其中第 (11) 行判断射线是否到达海底或海面，如果到达，射线反转。第 (15)～第 (21) 行画出射线，如图 5.9 的右图。第 (22)～第 (31) 行计算不同深度的声速，画出图 5.9 的左图。

```
程序5.1
(1) clear;
(2) dt=.02;nmax=5000;nth=20;dth=1;
    th=([0:nth]'-nth/2)*dth*pi/180;
(3) zu=00;zd=10000; z0=1300;om=100;
(4) z=zeros(nth+1,nmax);x=z;kx=z;kz=z;
```

```
(5) kx=om/1492*cos(th);kz(:,1)=om/1492*sin(th);
    x(:,1)=0;z(:,1)=300;

(6) for n=2:nmax
(7) at=(z(:,n-1)-z0)/z0*2;
(8) c=1492*(1+0.0074*(at+exp(-at)-1));
(9) dc=1492*0.0074/z0*2*(1-exp(-at));
(10) x(:,n)=x(:,n-1)+dt*c.*c.*kx/om;
     zn=z(:,n-1)+dt*c.*c.*kz(:,n-1)/om;
(11) kz(:,n-1)=kz(:,n-1).*((zn>zu&zn<zd)*2-1);
(12) z(:,n)=z(:,n-1)+dt*c.*c.*kz(:,n-1)/om;
(13) kz(:,n)=kz(:,n-1)-dt*om./c.*dc;
(14) end

(15) figure(1);
(16) axes('fontsize',14);
(17) plot(x'/1000,-z'/1000,'linewidth',1)
(18) axis([0 150 -5 0])
(19) set(gcf,'color',[1 1 1])
(20) xlabel('\it\fontsize{16} km');
(21) ylabel('\it\fontsize{16} km');
(22) figure(2)
(23) axes('fontsize',14);
(24) zc=[0:10:5000];
(25) atc=(zc-z0)/z0*2;
(26) cc=1492*(1+0.0074*(atc+exp(-atc)-1));
(27) plot(cc/1000,-zc/1000,'linewidth',2)
(28) axis([1.48 1.55 -5 0])
(29) set(gcf,'color',[1 1 1])
(30) xlabel('\it\fontsize{16} km/S');
(31) ylabel('\it\fontsize{16} km');
```

图 5.9 中画出从声源出发的 20 条射线。它们从声源出发的方向分布在水平上下 10° 的范围里，偏离水平方向比较大的射线在声源附近被海面和海底反复反射，难以传播到远处，因此没有显示在图中。在声轴以上的部分射线向下偏转，在声轴以下又向上偏转，形成图中所示的传播路径。需要注意，图中水平和竖直两

个方向的标度是不一样的。由图可知，在海面上接收的声波强度与声源的距离有关，在距声源 50 ~ 70 km 的 A 处声波比较强，而在声源和 A 之间声波很弱，形成声影区。同样在 A 和 B 之间又是一个声影区。

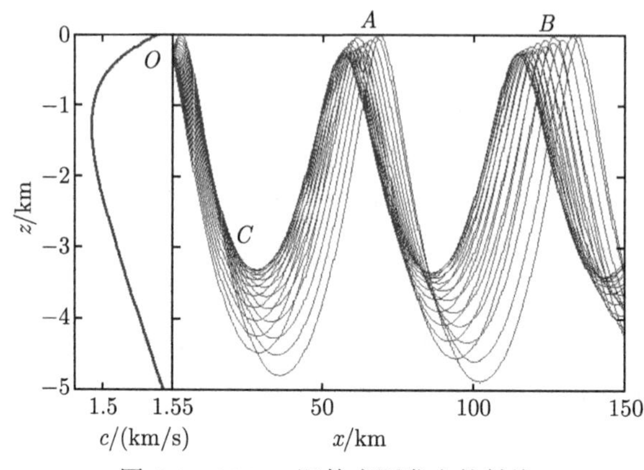

图 5.9　300 m 深的声源发出的射线

图 5.10 是位于声轴上的声源产生的射线，这些射线都限制在声轴上下比较小的范围里，传播过程中扩散比较小，因此能传播得很远。

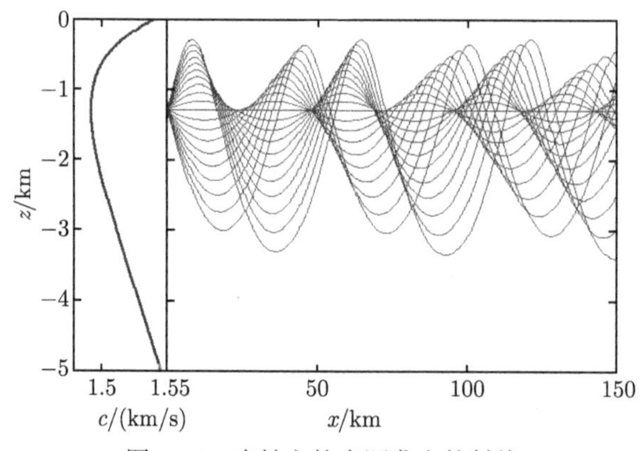

图 5.10　声轴上的声源发出的射线

上面介绍的方法是最直接的方法。了解这个方法可以知道数值计算声场的基本思路。但是在许多场合这个直接方法的性能不能满足实际的需要，因此发展了大量不同的效率更高的算法，这里不再介绍。

5.3.3　射线在界面上的反射和透射

声波遇到不同介质之间的界面会反射和透射，这也可以看作一种非均匀介质的声学问题。射线声学的方法可以研究平面界面和曲率比波长大得多的比较平缓的界面的反射和透射。

图 5.11 表示入射波的射线 I 到达界面 B 上的 A 点，I 的方向与界面法线方向 $\boldsymbol{n}$ 的夹角是入射角 θ。在 A 点附近界面近似为一平面，界面两侧的介质近似为均匀的，入射射线近似为一平面波，因此界面上的反射和透射近似为平面波在平面界面的反射和透射。在 A 点附近反射波和透射波的方向位于入射波方向和界面法线 $\boldsymbol{n}$ 张成的平面中，反射波的方向与 $\boldsymbol{n}$ 夹的反射角 θ_1 等于 θ，透射波的方向与 $\boldsymbol{n}$ 夹的透射角 θ_2 满足 Snell 定律：$\dfrac{\sin\theta_2}{c_2}=\dfrac{\sin\theta}{c_1}$，其中 c_1 和 c_2 是两种介质中的声速。

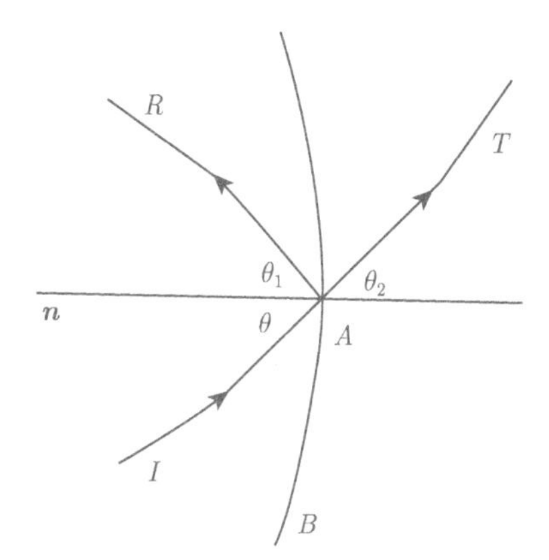

图 5.11 界面的反射和透射

知道了反射波和透射波在 A 点的方向，就可以用前面介绍的方法得到从 A 点出发的反射波射线和透射波射线，也可以得到射线管在界面上产生的反射射线管和透射射线管。反射波射线和透射波射线的幅度应根据平面波的反射系数和透射系数计算。

图 2.11 给出了均匀介质中点源发出的声波在平面界面产生的各种波的波阵面，图中可以看到不同时间的直达波、反射波和透射波的波阵面，这些波阵面就是用上面介绍的方法计算的。上面的分析适用于入射角小于临界入射角的情况。如果入射角大于临界入射角，出现全反射，这时透射波是凋落的，反射系数是复数，反射波有相差。这种情况很难用上面介绍的射线声学的方法来研究。有人为了分析这类现象，发展了射线声学，引入临界折射波射线等概念。利用临界折射波射线可以计算头波的波阵面，但是总的来说，这类推广的射线方法比较烦琐，效果不是很好，这里不再介绍。

我们再看一个例子。图 5.12 表示刚性壁圆球中点声源辐射的声场，计算程序是程序 5.2。球内介质是均匀的。球心为 O，声源位于半径 OA 上的 S 点。我们利用几何关系计算射线的位置。程序第 (2) 行输入声速、球半径 a、OS 距离 r_0、时间步长、时间步数等参数。第 (3) 行输入射线数 n 和射线初始方向 β (程序中的

beta)。第 (4) 行形成二维计算数组，第 (5)~第 (8) 行画出球。射线从 S 出发，与球壁第一次相交在 B 点，入射角 $\theta = \arcsin\dfrac{r_0 \sin\beta}{a}$ (程序中的 theta)，反射角也是 θ。在射线与球壁的第 2 个交点 C 的入射角和反射角也是 θ。射线不断地和球壁相交，在各个交点的入射角和反射角都是 θ。第一个交点的半径 OB 和半径 OA 的夹角 $\alpha = \beta - \theta$ (程序中的 alph)，S 到 B 的距离 $s_1 = \sqrt{a^2 + r_0^2 - 2ar_0\cos\alpha}$，相邻两个交点的半径夹角 $\gamma = \pi - 2\theta$ (程序中的 gamma)，交点间的距离 $s_2 = 2a\cos\theta$。程序的第 (9) 和第 (10) 行计算这些参数。第 (11) 行计算给定时间的射线传播的距离 $s = ct$。第 (12) 行计算射线在球壁反射的次数 $n_{\rm r} = {\rm Int}\dfrac{s - s_1}{s_2}$。第 (13) 行计算第 $n_{\rm r}$ 次反射后的传播距离 $s_{\rm f} = s - s_1 - (n_{\rm r} - 1)\, s_2$。第 $n_{\rm r}$ 次反射点的位置坐标是 $(a\cos[\alpha + (n_{\rm r} - 1)\gamma], a\sin[\alpha + (n_{\rm r} - 1)\gamma])$，第 $n_{\rm r}$ 次反射后射线传播方向与 x 轴夹角是 $\alpha + (n_{\rm r} - 1)\gamma + (\pi - \theta)$。根据这些关系，第 (14) 和第 (15) 行计算射线的位置。如果 $s < s_1$，射线还没有到达球壁，称为直达波，这时 $n_{\rm r} = 0$，如果把第 0 个交点定义为图 5.12 中的 D 点，则上面计算射线位置的方法可以计算直达波的射线位置。第 (16)~第 (18) 行画几个时间的波前位置和几条射线，结果见图 5.13。

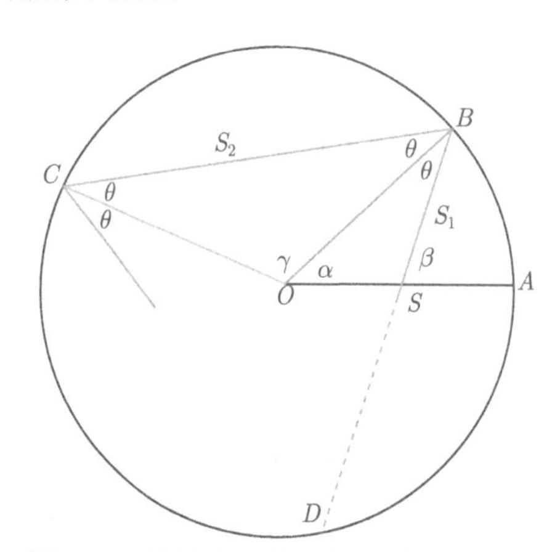

图 5.12 刚性壁圆球中点声源辐射的声场

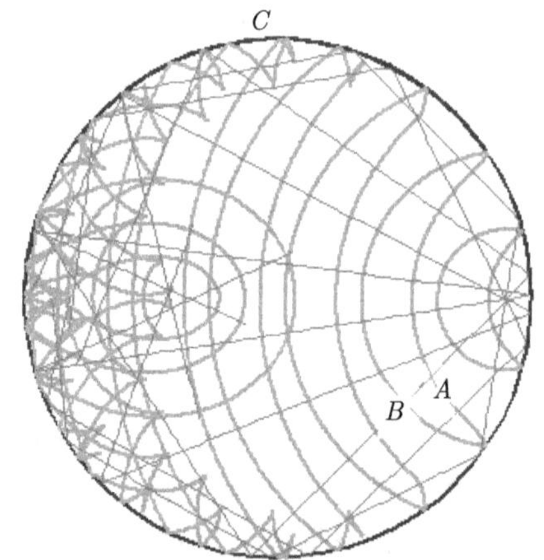

图 5.13 球状空间内的声场
(彩图扫封底二维码)

如果 $s < s_1$，射线还没有到达球壁，称为直达波。第 (12) 行计算直达波射线到达位置的坐标是 $x_{\rm d} = r_0 + s\cos\beta$，$y_{\rm d} = s\sin\beta$。如果 $s > s_1$，那么射线经过球壁反射。

```
程序5.2
(1) clear
(2) c=1.500;a=0.1;r0=0.09;dt=.002;ntm=100;t=[0:ntm]*dt;
```

```
(3) n=400;beta=((-n:n)+.5)*pi/n;
(4) [betaa,tt]=meshgrid(beta,t);
(5) figure(1)
(6) g=plot(a*cos(0:.1:3*pi),a*sin(0:.1:3*pi),'k');
(7) set(g,'linewidth',2);axis([-.12 .12 -.12 .12])
(8) axis off;axis equal;set(gcf,'color',[1 1 1]);hold on

(9) theta=asin(r0/a*sin(betaa));alph=betaa-theta;
    gamma=(pi-2*(theta));
(10) s1=sqrt(a*a+r0*r0-2*a*r0*cos(alph));s2=2*a*cos(theta);

(11) s=c*tt;
(12) nr=fix((s-s1)./s2+1);
(13) sf=s-s1-(nr-1).*s2;
(14) x=a*cos(alph+(nr-1).*gamma)-sf.*cos(alph+(nr-1).*...
     gamma-theta);
(15) y=a*sin(alph+(nr-1).*gamma)-sf.*sin(alph+(nr-1).*...
     gamma-theta);
(16) nw=(10:10:ntm);g1=plot((x(nw,:))',(y(nw,:))','r');
(17) set(g1,'linewidth',2);
(18) nr=[20:80:2*n];plot(x(:,nr),y(:,nr),'b')
```

图 5.13 是通过球心和点源的平面上的射线，球内的细蓝线是射线，粗红线是不同时刻的波前。图中由 A 和 B 两段圆弧组成的月牙形是某一时刻的波前，其中圆弧 B 是声源向左边发出的射线组成的直达波的波前，圆弧 A 是声源向右边发出的射线经过球壁一次反射后组成的反射波的波前。随着时间推移，这个月牙形波前向左传播，一定时间后在球壁上的反射波前产生交叉折叠，如图中 C 所示。在球壁附近射线比较密集，声强比较大。随着时间继续推移，射线在球壁上多次反射，形成复杂的波阵面，还会在球的内部聚焦。当时间很长时，射线在球壁上反复反射，在球内趋向均匀分布，球内声场趋向于混响声场，这时射线声学不再是有效的研究方法。图 5.13 的结果也可以帮助我们了解圆柱内部的声源产生的声场。

5.4 焦线附近的声场

图 5.7 中焦线 AB 和 AC 附近的声场不能用射线声学的方法来研究，须改用

严格的声波方程来分析，情况比较复杂。下面用一些简单的例子说明焦线附近声场的主要特征和处理这类问题的基本方法。

5.4.1　圆弧焦线声场的射线解

先考虑均匀介质的情况。图 5.14(a) 中的波阵面 π_0 是一个柱面，母线与图面垂直。波阵面与图面的交线也记作 π_0。从 π_0 的 C，A，B 各点发出的射线都是 π_0 的法线。如果 C 和 A 发出的射线交于 F 点，B 和 A 发出的射线交于 E 点，当 B 和 C 趋近 A 时，E 和 F 有相同的极限位置 D，D 是与 A 对应的焦点。π_0 上各点对应的焦点组成焦线，如图 5.14(a) 中的 f。当 B 和 C 趋近 A 时，f 和 AD 有两个趋于一点的交点 E 和 F，因此 AD 和 f 相切。切点 D 是 π_0 在 A 点的曲率中心。π_0 各点的法线都与 f 相切，在解析几何中称 π_0 是 f 的渐开线，而 f 是由所有射线组成的直线族的包络。假想有一不能伸长的细线，一端固定在 f 的 G 点，另一端 A 绕过 f 的突出部分，向下拉紧，并向左右运动，则 A 的轨迹就是 π_0，细线伸直的部分是射线。改变细线的长度，可以得到不同的波阵面。如果把细线的一端固定在 f 的 U 点，另一端 H 向上拉紧，左右运动，H 的轨迹是另一个波阵面 π。

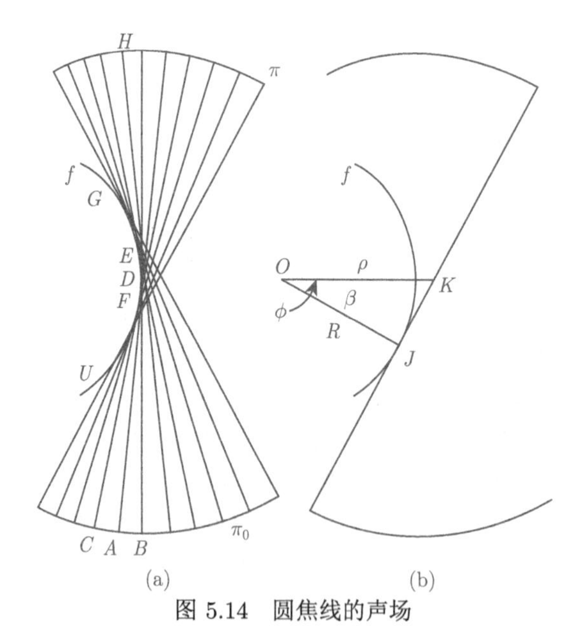

图 5.14　圆焦线的声场

在 f 上选定一点 U 为起点，从起点到 f 上一点的长度 l_f 作为这一点在曲线 f 上的坐标，起点的选取不影响下面的讨论。f 的每一点都和一条射线相切，声波沿 f 的传播速度等于沿射线的传播速度 c。取起点 U 的时间延迟 $\tau(0)=0$，焦

线上各点的延迟时间为

$$\tau(l_f) = \frac{l_f}{c} \tag{5.30}$$

图 5.14(a) 表明，在 f 内凹的一侧没有射线，声场为零。在 f 突出的一侧过任一点有两条射线，其中一条还没到达焦点，另一条已经经过焦点，因此声场可以看作两部分的叠加。先考虑射线上已通过焦点的部分对声场的贡献，如图 5.14(b) 所示，在焦线突出一侧任取一点 K，通过 K 的一条射线是 KJ，K 是经过焦点后的点。射线 JK 与焦线切于 J 点，J 是焦点，设 J 在焦线上的坐标是 l_f。在射线上选 J 为起点建立射线的坐标 l，根据式 (5.30)，射线上各点的延迟是 $\tau(l) = \dfrac{l_f + l}{c}$。式 (5.24) 给出，一根射线管中声压与截面积的平方根成反比。图 5.14 中 J 是焦点，由此出发的射线管是两条相交于 J 的无限靠近的射线的夹角，射线管的截面积与 $|l|$ 成正比，因此在这根射线上声压与 $\dfrac{\exp[\mathrm{i}k(l_f+l)]}{l^{1/2}}$ 成正比。同样，还没有到达焦点的射线的声压与 $\dfrac{\exp[\mathrm{i}k(l_f+l)]}{|l|^{1/2}}$ 成正比，这时 $l<0$。

一般形状的焦线曲率随位置而变化，当这种变化比较缓慢时焦线可以看作由许多圆弧衔接而成，下面分析圆弧焦线的简单情况。圆弧焦线 f 的圆心是 O，半径是 R，如图 5.14(b) 所示。射线是焦线的切线，根据上面的讨论，一条射线上的声压可以写成

$$P(l) = \begin{cases} \dfrac{R^{1/2}P_{\mathrm{i}}\exp[\mathrm{i}k(l_f+l)]}{8^{1/4}|l|^{1/2}}, & l<0 \\ \dfrac{R^{1/2}P_{\mathrm{r}}\exp[\mathrm{i}k(l_f+l)]}{8^{1/4}l^{1/2}}, & l>0 \end{cases} \tag{5.31}$$

式中，$k=\dfrac{\omega}{c}$。现在我们还不知道焦点前后声压的关系，因此有两个参数 P_{i} 和 P_{r}，式中的系数使其绝对值分别是焦点前后距离焦点约 $|l| = \dfrac{R}{8^{1/2}}$ 的声压振幅。

根据射线上的声场式 (5.31) 可以得到空间任意点的声场。以 O 为中心建立极坐标系 $\rho\phi$，焦线上 l_f 的起点处 U 的 $\phi=0$。空间一点 K 的坐标是 (ρ,ϕ)，$\rho>R$。经过 K 的射线的焦点 J 的坐标是 $(R,\phi-\beta)$，K 是已经经过焦点的点，β 如图 5.14(b) 所示，有 $\cos\beta = \dfrac{R}{\rho}$。焦点 J 的 $l_f = R(\phi-\beta)$，时间延迟是 $\tau(J) = \dfrac{R(\phi-\beta)}{c}$。$KJ$ 的距离是 $l=\sqrt{\rho^2-R^2}$，于是得到 K 的时间延迟满足

$$c\tau(\rho,\phi) = R\phi + \sqrt{\rho^2-R^2} - R\arccos(R/\rho) \tag{5.32}$$

式中后两项记作

$$\alpha = \sqrt{\rho^2-R^2} - R\arccos(R/\rho) \tag{5.33}$$

式 (5.32) 表明，各点的时间延迟可以分为两部分，后两项 α 只与 ρ 有关，第一项 $R\phi$ 与 ρ 无关，与 ϕ 成正比。因此整个声场绕 O 匀速转动，角速度是 $\dfrac{c}{R}$。K 点的声压与 $l^{1/2}$ 成反比，利用式 (5.32) 和式 (5.31)，K 点的声压为

$$P_{\mathrm{r}}\frac{R^{1/2}}{\left[8\left(\rho^2-R^2\right)\right]^{1/4}}\exp\left[\mathrm{i}k\left(R\phi+\alpha\right)\right] \tag{5.34}$$

与此类似得到射线上尚未到达焦点的部分对声场的贡献是

$$P_{\mathrm{i}}\frac{R^{1/2}}{\left[8\left(\rho^2-R^2\right)\right]^{1/4}}\exp\left[\mathrm{i}k\left(R\phi-\alpha\right)\right]$$

两者叠加，得到 $\rho>R$ 区域的声压是

$$P\left(\rho,\phi\right)=\frac{R^{1/2}\exp\left(\mathrm{i}kR\phi\right)}{\left[8\left(\rho^2-R^2\right)\right]^{1/4}}\left[P_{\mathrm{i}}\exp\left(-\mathrm{i}k\alpha\right)+P_{\mathrm{r}}\exp\left(\mathrm{i}k\alpha\right)\right] \tag{5.35}$$

我们考虑在所有射线上 P_{i} 都相同的简单情况，下面将证明各条射线上的 P_{r} 也相等。$l=\dfrac{R}{8^{1/2}}$ 相当于 $\rho-R\approx\dfrac{R}{16}$，$P_{\mathrm{i}}$ 和 P_{r} 的绝对值分别是离焦线 $\dfrac{R}{16}$ 处的振幅。式 (5.31) 和式 (5.35) 就是射线理论给出的各条射线上各点的声场。

在离开焦线较远处，ρ 比 R 大得多，射线理论是适用的。但是在焦线附近，ρ 和 R 比较接近，式 (5.35) 和式 (5.31) 给出发散的结果，射线理论不再适用，因此射线理论也没有给出 P_{r} 和 P_{i} 的关系。在推导射线理论时忽略了式 (5.9) 的第一项，条件是声场的空间变化比较缓慢。但是在焦线附近，式 (5.35) 的变化很剧烈，射线理论的条件不再满足，因此需要用严格的方程来分析。

5.4.2　声波方程分析的结果

对于圆弧焦线的简单情况，声场式 (5.35) 随 ϕ 的变化为 $\exp\left(\mathrm{i}kR\phi\right)$，可以得到声场的解析解。如果声场随 ϕ 的变化为 $\exp\left(\mathrm{i}m\phi\right)$，则随 ρ 的变化为 m 阶贝塞尔函数。因此圆弧焦线的声场是

$$P\left(\rho,\phi\right)=P_0\mathrm{J}_{kR}\left(k\rho\right)\exp\left(\mathrm{i}kR\phi\right) \tag{5.36}$$

式中，P_0 是待定参数。声场随 ρ 的变化是 kR 阶的贝塞尔函数，射线理论分析 R 比波长大得多的情况，因此式 (5.36) 中贝塞尔函数的阶数很大，而且不必是整数。

在离焦线比较远的地方射线理论是适用的，因此在 ρ 比 R 大得多时，式 (5.35) 和式 (5.36) 应该一致。这时式 (5.33) 的 $\alpha\to\rho-\dfrac{\pi R}{2}$，式 (5.35) 为

$$\frac{R^{1/2}\exp\left(\mathrm{i}kR\phi\right)}{8^{1/4}\rho^{1/2}}\left\{P_{\mathrm{i}}\exp\left[-\mathrm{i}k\left(\rho-\frac{\pi R}{2}\right)\right]+P_{\mathrm{r}}\exp\left[\mathrm{i}k\left(\rho-\frac{\pi R}{2}\right)\right]\right\} \tag{5.37}$$

利用贝塞尔函数的渐近公式 (2.14) 得到式 (5.36) 近似为

$$P_0\left(\frac{2}{\pi k\rho}\right)^{1/2}\cos\left(k\rho-\frac{2kR+1}{4}\pi\right)\exp\left(\mathrm{i}kR\phi\right)$$

与式 (5.37) 比较得到 $P_0=\dfrac{(2\pi kR)^{1/2}}{8^{1/4}}\exp\left(-\dfrac{\mathrm{i}\pi}{4}\right)P_{\mathrm{i}}$ 和

$$P_{\mathrm{r}}=-\mathrm{i}P_{\mathrm{i}} \tag{5.38}$$

因此不同射线上的 P_{r} 也都相等。上面两式代入式 (5.36) 得到

$$P\left(r,\phi\right)=\frac{(\pi kR)^{1/2}}{2^{1/4}}P_{\mathrm{i}}\mathrm{J}_{kR}\left(k\rho\right)\exp\left[\mathrm{i}\left(kR\phi-\frac{\pi}{4}\right)\right] \tag{5.39}$$

这就是用波动方程得到的严格的解。图 5.15 是式 (5.39) 和式 (5.35) 的比较。图中显示的是 $kR=10$ 的情况，虚线是式 (5.35) 的射线解，实线是式 (5.39) 的严格解。射线理论的解在 ρ 接近 R 时发散，严格解表明，这时的声场并不发散，而是一个比较大的值。射线理论的解在 $\rho<R$ 时为零，严格解表明，声场随 ρ 减小而凋落，但并不为零。当 ρ 大于 $1.2R$ 时，射线理论的解与严格解吻合。图中的横坐标也可以用 $\rho k=10\dfrac{\rho}{R}$ 表示。

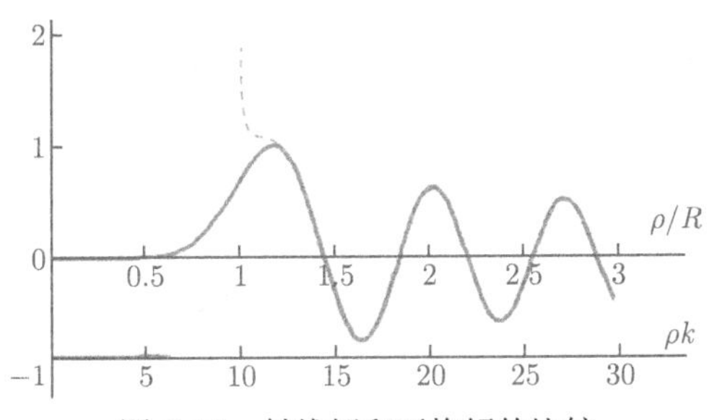

图 5.15 射线解和严格解的比较

根据式 (5.38) 和式 (5.31)，在一条射线上焦点两侧 l 趋于零时声场的幅度是相等的，但是相角相差 $\dfrac{\pi}{2}$，射线经过焦点会损失 90° 相位。如果射线多次经过焦点，则每次会损失 90° 相位。如图 5.6 所示的射线管经过两次焦点，因此会损失相位 180°，称为半波损失。如果射线管内波阵面的两个主曲率半径同时为 0，就会形成点聚焦，相当于两个焦点无限接近的极限情况，因此损失 180° 相位，产生半波损失。在精确的声场测量中用到相位的信息，这时必须考虑在焦点的相位损失。对于脉冲波，当各种频率成分都有 90° 相移时，整个波形会发生变化，成为原波形的希尔伯特变换。当采用时间相关等信号处理方法分析声场时需要考虑相位损失引起的波形变化。

射线在焦点相位的损失和声压随距离变化的关系是一致的。如果把式 (5.31) 两部分合写成

$$P(l)=\frac{-\mathrm{i}R^{1/2}P_{\mathrm{i}}\exp(\mathrm{i}kl)}{8^{1/4}l^{1/2}}$$

式中，已把 $\exp(\mathrm{i}kl_f)$ 并入 P_{i}。焦点前 $l<0$，取 $l^{1/2}=-\mathrm{i}|l|^{1/2}$。而焦点后 $l>0$，$l^{1/2}=|l|^{1/2}$，焦点前后相位差了 $90°$。因此只要正确选择 i 前的符号，焦点的相位损失就已经包含在上式中。同样，如果把射线管的面积看作是有符号的，而焦点前后面积的符号相反，或者利用焦点前后波阵面的总曲率符号相反，则都可以把焦点的相位损失包括在振幅 $F(\boldsymbol{r})$ 中。

根据严格解得到圆弧焦线的声场的一些性质，例如，在焦线附近，声场是有限的，在没有射线的一侧，声场是凋落的，射线通过焦点时有相位损失等，对于一般形状的焦线也是正确的。

严格解式 (5.39) 用贝塞尔函数表示焦线附近的声场，通常阶数 kR 是比较高的，焦线的位置是 $\rho=R$，在焦线附近式 (5.39) 中贝塞尔函数的自变量和阶数很接近。阶数比较高的贝塞尔函数 $\mathrm{J}_m(x)$ 在 $x<m$ 的范围里随 x 减小而衰减，而在 $x>m$ 范围里是一振荡，表现了不同的性质，正好反映了焦线两侧声场的波动和凋落两种不同的趋势。

当自变量比较小时，贝塞尔函数可以用级数来近似，当自变量比较大时可以用渐近展开近似。当自变量与阶数比较接近而阶数又比较大时，两种近似都不太有效，这时可以用 Airy 函数来近似。

5.4.3　球腔内的焦点声场

本节再以半径为 R 的球腔内的聚焦声场为例讨论聚焦射线的问题。采用球坐标系，第 3 章已经给出球坐标系里声场的波动方程解，对于最简单的球对称的情况，声场为

$$P=A\mathrm{j}_0(kr)=\frac{A\sin kr}{kr} \tag{5.40}$$

式中，A 是由球壁的边界条件确定的系数；$\mathrm{j}_0(kr)$ 是零阶球贝塞尔函数，它是初等函数。这里我们取零阶球贝塞尔函数，能保证声场在原点不发散。式 (5.40) 可以写成

$$P=-A\frac{\exp(-\mathrm{i}kr)}{2\mathrm{i}kr}+A\frac{\exp(\mathrm{i}kr)}{2\mathrm{i}kr} \tag{5.41}$$

上式把式 (5.40) 写成两部分的叠加，每一部分都是式 (5.5) 的准行波形式，τ 分别是 $-\dfrac{r}{c}$ 和 $\dfrac{r}{c}$，波阵面是 r 为常数的球面，射线是过原点的半径。在远离原点的位置 r 比较大，这两部分射线形式的解分别是向原点会聚和由原点扩散的波。

原点是这两个波的焦点，在焦点附近射线解发散、失效。虽然会聚波和扩散波在原点都发散，但是叠加后的式 (5.40) 在原点是有限的。式 (5.40) 在原点比较大，这就是聚焦现象。假设球表面的会聚波幅度是 P_0，根据式 (5.41) 的第一项得到 $|A| = 2kRP_0$，代入式 (5.40) 得到原点的声压幅度为 $|P| = |A| = 2kRP_0$。球面聚焦声压增大了 $2kR$ 倍。

式 (5.41) 表明，当右边第一项表示的波向原点会聚时，它在原点会产生一个第二项代表的扩散的波。当 $r \to 0$ 时，会聚波和扩散波符号相反，两者相位差 $180°$，这就是前面提到的半波损失。

5.4.4 非均匀介质中的焦线声场

均匀介质中的射线是直线，焦线在局部区域是圆弧，5.4.1 节已分析了这种情况。这一节考虑非均匀介质，主要讨论二维的声场。和均匀介质的情况类似，在非均匀介质中相邻的射线相交形成焦点和焦面，如图 5.9 中 C 的附近就是焦线。非均匀介质中射线是曲线，在局部区域，射线和焦线都可以近似为圆弧，两者相切。射线和焦线的曲率不同，当曲率为零时退化为直线。非均匀介质中的焦线有几种不同的类型，可以用空间变换的方法从均匀介质的焦线声场推导非均匀介质的焦线声场。

图 5.16 是对均匀介质的圆焦线的声场作变换得到的非均匀介质中的射线和焦线的声场示意图。图 5.16(a) 是均匀介质中圆焦线的声场，图中粗线圆是焦线，细直线是射线，它们是焦线圆的切线。图 5.16(b)~(d) 是非均匀介质的情况，焦线和射线是不同半径的相切的圆弧。图 5.16(b) 中射线都向左边弯曲。不同位置的焦线有不同的性质。图中 A 点的焦线和射线向同一方向弯曲，射线的曲率比焦线的曲率小，两者内切。B 点的情况和 A 点相似，但这时声速的梯度有与焦线平行的分量。在 C 点声场的梯度与焦线的切向相同，因此射线是与焦线相切的直线。在 D 点，射线和焦线向相反的方向弯曲，两者外切。图 5.16(c) 中射线和焦线向相同的方向弯曲，两者内切。图 5.16(d) 的焦线是直线，射线是与之相切的圆弧。

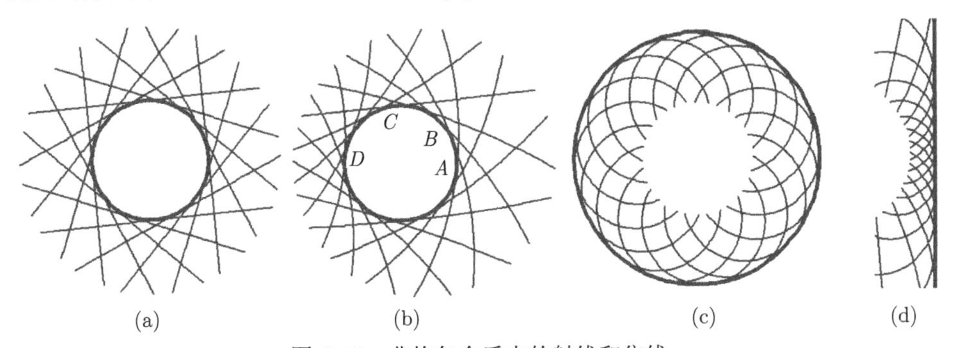

图 5.16 非均匀介质中的射线和焦线

复　习　题

1. 什么是准行波？什么是射线？
2. 论述程函方程及其物理意义。
3. 非均匀介质中射线有哪些性质？
4. 什么是焦线？焦线附近的声场有哪些性质？

第 6 章　有限元方法

有限差分方法直观简单，但不太适于形状复杂，有弯曲的表面和界面的问题。对于这样的问题，有限元方法有广泛的应用。有限元方法有许多商用软件，这些软件由专业人员开发，性能优良，因此一般科研人员不需要自编有限元程序。但是，了解有限元的基本原理对用好商用软件是很重要的。因此这里侧重介绍有限元的基本原理，包括单元剖分和弱形式等内容。

6.1　有限元方法的基本原理

6.1.1　线性剖分和插值

有限元的基本思想是把连续的介质分割成许多小的单元，把连续分布的物理量表示为一些分立节点上的值的组合，从而把问题转化为离散量的问题。这一点和有限差分有共同点。但是有限元在单元剖分和插值上有更多的选择性，由此产生不同种类的有限元算法，具有很大的灵活性。有限元和有限差分算法的基础是很不相同的，有限差分的基本思路是用泰勒展开把微分近似为差分，有限元的基础是把微分方程表示成弱形式。6.1.2 节将详细讨论弱形式，这一节先讨论有限元的单元剖分和插值。

在各种单元的剖分和插值的方法中，最简单的是线性剖分和插值。先考虑二维问题，图 6.1(a) 把求解的二维区域剖分为许多三角形的单元，三角形的顶点称为节点。图中以 j，l，m 为顶点的三角形是一个单元，顶点的坐标记作 (x_j, y_j)，(x_l, y_l) 和 (x_m, y_m)。节点上的声压为待求的量 p_j，p_l，p_m，单元内部任意点的声压是它们的叠加：

$$p(x,y) = N_j^{(\mathrm{e})}(x,y)\,p_j + N_l^{(\mathrm{e})}(x,y)\,p_l + N_m^{(\mathrm{e})}(x,y)\,p_m \tag{6.1}$$

式中，$N_j^{(\mathrm{e})}(x,y)$ 是 p_j 对 (x,y) 点的声压的贡献，称为单元基函数。不难验证，如果取

$$N_j^{(\mathrm{e})}(x,y) = \frac{\begin{vmatrix} x & y & 1 \\ x_l & y_l & 1 \\ x_m & y_m & 1 \end{vmatrix}}{\begin{vmatrix} x_j & y_j & 1 \\ x_l & y_l & 1 \\ x_m & y_m & 1 \end{vmatrix}} \tag{6.2}$$

则 $N_j^{(e)}(x,y)$ 在 j 点的值为 1，在 l 和 m 点的值为 0，$N_j^{(e)}(x,y)$ 是 x 和 y 的线性函数。在式 (6.2) 中轮换 j，l，m 的位置，可以得到 l 和 m 点的单元基函数 $N_l^{(e)}(x,y)$ 和 $N_m^{(e)}(x,y)$。$N_l^{(e)}(x,y)$ 在 l 点为 1，在 j 和 m 为 0。$N_m^{(e)}(x,y)$ 在 m 点为 1，在 j 和 l 为 0。因此式 (6.1) 是 x 和 y 的线性函数，在三个节点上的值分别是 p_j，p_l 和 p_m，如图 6.1(b) 中的小平面所示。

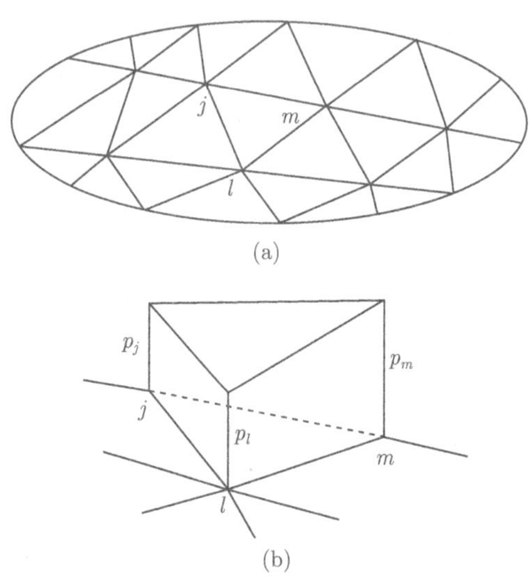

图 6.1　线性剖分和插值

上面介绍的三角形单元剖分有两个基本性质。一个是所有的单元的并集覆盖整个计算区域。另一个是除了相邻单元有共同的边和顶点，不同的单元没有共同点。也就是说各个单元的内点都属于且只属于一个单元。原则上满足这两个条件的剖分都可以用，但是实际计算表明，不同的剖分可能有不同的性能，通常我们希望单元的三条边的长度比较接近，不要有一条边比其他两边长得多或短得多的所谓“病态”单元。在实际应用中通常采用商用的有限元软件根据输入的计算区域的形状自动完成单元剖分，优秀的商用软件会尽量避免病态的剖分。

如果整个区域中有 N 个节点，在每个三角形单元中按照式 (6.1) 插值，则空间任一点 (x,y) 的声压可以表示为

$$p(x,y)=\sum_{n=1}^{N}N_n(x,y)\,p_n \tag{6.3}$$

右边的求和中，(x,y) 所在的三角形的顶点对应的 N_n 是式 (6.2) 的单元基函数 $N_n^{(e)}$，其他节点的 N_n 为 0。这样对每一个节点定义了整个区域的全局基函数 $N_n(x,y)$，如图 6.2 所示。

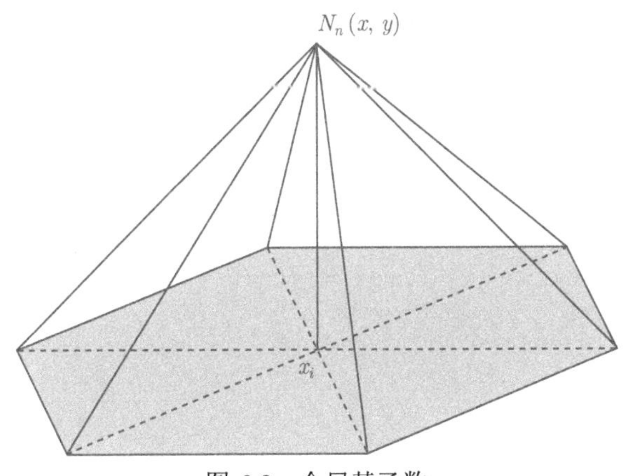

图 6.2 全局基函数

把所有的基函数排列成列矢量 $\boldsymbol{N}(x,y)=\begin{pmatrix} N_1(x,y) \\ N_2(x,y) \\ \vdots \\ N_N(x,y) \end{pmatrix}$，称为基函数矢量，则式 (6.3) 可以写成

$$p(x,y)=\boldsymbol{N}^{\mathrm{T}}(x,y)\cdot\boldsymbol{p} \tag{6.4}$$

式中，$\boldsymbol{p}$ 是各个节点上的声压 p_n 排成的列矢量 $\boldsymbol{p}=\begin{pmatrix} p_1 \\ p_2 \\ \vdots \\ p_N \end{pmatrix}$。式 (6.4) 给出了用节点上的声压表示的整个区域的声压分布，在各个单元内声压是位置的线性函数，在单元的边界上声压是连续的。

上面建立的剖分和插值是二维的线性剖分和插值，对一维和三维区域可以得到类似的线性剖分和插值。如果一维问题的坐标为 x，一个单元是一个区间，区间的两个端点 j 和 l 为节点，坐标记作 x_j 和 x_l，则单元基函数分别是

$$N_j^{(\mathrm{e})}(x)=\frac{\begin{vmatrix} x & 1 \\ x_l & 1 \end{vmatrix}}{\begin{vmatrix} x_j & 1 \\ x_l & 1 \end{vmatrix}}=\frac{x-x_l}{x_j-x_l},\quad N_l^{(\mathrm{e})}(x)=\frac{\begin{vmatrix} x & 1 \\ x_j & 1 \end{vmatrix}}{\begin{vmatrix} x_l & 1 \\ x_j & 1 \end{vmatrix}}=\frac{x-x_j}{x_l-x_j} \tag{6.5}$$

图 6.3 是一维问题的示意图。图 6.3(a) 表示单元 (x_i, x_{i+1}) 中两个节点的基函数，图 6.3(b) 是三个节点 x_{i-1}，x_i 和 x_{i+1} 的全局基函数。图 6.3(c) 是用基函数的线

性组合 (虚线) 近似表示函数 (实线) 的示意图。

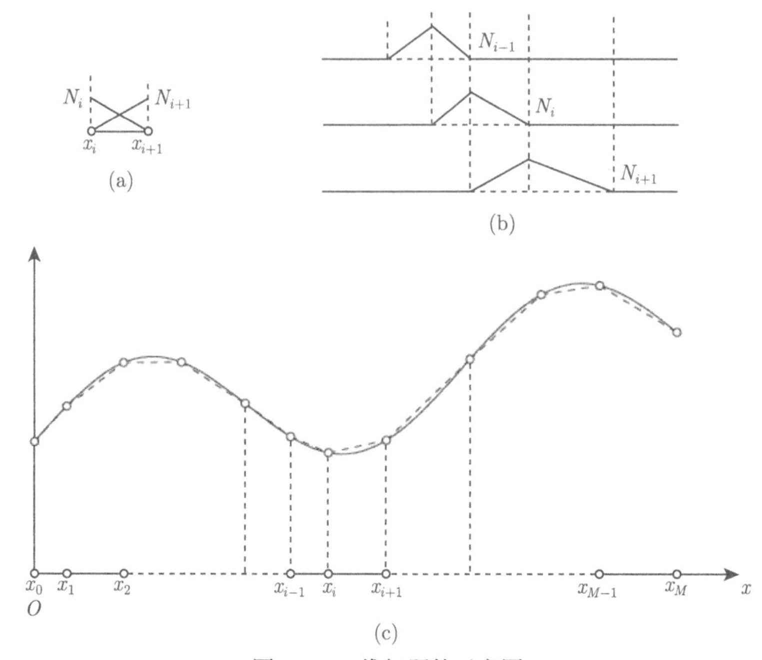

图 6.3　一维问题的示意图

(a) 是单元基函数；(b) 是全局基函数；(c) 是式 (6.4) 插值的结果 (虚线) 和原函数 (实线) 的比较

三维问题的线性插值方法把空间剖分为许多小四面体单元，单元的顶点 j，k，l 和 m 的坐标分别为 (x_j, y_j, z_j)，(x_k, y_k, z_k)，(x_l, y_l, z_l) 和 (x_m, y_m, z_m)，把它们取为节点，j 的单元基函数是

$$N_j^{(\mathrm{e})}(x,y,z) = \frac{\begin{vmatrix} x & y & z & 1 \\ x_k & y_k & z_k & 1 \\ x_l & y_l & z_l & 1 \\ x_m & y_m & z_m & 1 \end{vmatrix}}{\begin{vmatrix} x_j & y_j & z_j & 1 \\ x_k & y_k & z_k & 1 \\ x_l & y_l & z_l & 1 \\ x_m & y_m & z_m & 1 \end{vmatrix}}$$

轮换 j，k，l 和 m 得到其他顶点的单元基函数。不难验证，这样剖分的单元和选取的基函数满足上面提到的要求。

在剖分单元，选取好节点和基函数矢量 $\boldsymbol{N}(\boldsymbol{r})$ 后，不同维数空间的问题可以统一处理。空间的函数都可以表示为式 (6.4) 的形式。这里可以得到基函数的两个基本性质。考虑一个声场，它在一个节点 $\boldsymbol{r}_n$ 上有 $p_n = 1$，在其他节点上 $p_m = 0$，这里 $m \neq n$。我们希望叠加的结果在各个节点上和给定的值一样，于是得到 $N_n(\boldsymbol{r}_n) = 1$，$N_m(\boldsymbol{r}_n) = 0$。如果各个节点上都有 $p_n = 1$，空间各点也应有 $p(\boldsymbol{r}) = 1$，代入式 (6.4) 得到 $\sum\limits_{n=1}^{N} N_n(\boldsymbol{r}) = 1$，也就是说所有基函数在空间任一点 $\boldsymbol{r}$ 的和是 1。采用不同的单元剖分方法和基函数都应该满足这些条件。

随时间变化的空间的声压 $p(\boldsymbol{r}, t)$ 可以用各个节点的随时间变化的声压 $p_n(t)$ 表示为

$$p(\boldsymbol{r}, t) = \boldsymbol{N}^{\mathrm{T}}(\boldsymbol{r}) \cdot \boldsymbol{p}(t) \tag{6.6}$$

式中，$\boldsymbol{p}(t)$ 是 $p_n(t)$ 排成的列矢量。稳态声场的声压和节点声压都是频率的函数，式 (6.4) 成为

$$P(\boldsymbol{r}, \omega) = \boldsymbol{N}^{\mathrm{T}}(\boldsymbol{r}) \cdot \boldsymbol{P}(\omega) \tag{6.7}$$

除了上面介绍的单元剖分还有许多不同的剖分方法，如二维问题中也可以选取四边形或其他形状，也可以在空间不同的位置选取不同形状和大小的单元，以适应不同问题的需要，这是有限元与有限差分的重要区别。节点和基函数的选取也有不少变化。这些不同的单元剖分可以得到不同形式的有限元算法，在 6.2 节将进一步介绍。不同方法的共同特点是把声压或其他待计算的物理量表示成式 (6.4) 的叠加形式。

6.1.2 弱形式的声波方程

有限元方法的主要基础有两个，一个是 6.1.1 节介绍的单元剖分和插值，另一个是弱形式的方程。我们先介绍三维空间的稳态声波方程的弱形式。稳态声波方程是

$$\nabla \cdot \left(\frac{1}{\rho_0} \nabla P\right) + \frac{\omega^2}{\rho_0 c^2} P - \nabla \cdot \frac{\boldsymbol{F}}{\rho_0} - \mathrm{i}\omega W = 0 \tag{6.8}$$

对于有限空间的问题，声场在体积 V 中满足上式，式中，F 和 W 分别是体积力源和体积速度源。在 V 的边界 S 上满足边界条件。假设边界分为 S_p、S_v 和 S_z 三部分，S_p 上声压给定为 $\bar{P}$, 当 $\bar{P} = 0$ 时 S_p 是自由边界。S_v 上法向速度等于给定的值 $\bar{v}_n$，当 $\bar{v}_n = 0$ 时 S_v 是刚性边界。S_z 上声压和法向速度成正比。

$$\begin{aligned}
&P = \bar{P}, && S_p\ 上 \\
&\frac{\partial P}{\rho_0 \partial \boldsymbol{n}} - \mathrm{i}\omega \bar{v}_n = 0, && S_v\ 上 \\
&\frac{\partial P}{\mathrm{i}\omega \rho_0 \partial \boldsymbol{n}} - AP = 0, && S_z\ 上
\end{aligned} \tag{6.9}$$

式中，$\dfrac{\partial P}{\partial \boldsymbol{n}}$ 是边界上声压的法向导数；A 是法向声导纳。

为了得到弱形式的声波方程，选取一个检验函数 $q(\boldsymbol{r})$，与声波方程相乘，再对 V 积分，得到

$$\iiint_V q\left[\nabla\cdot\left(\frac{1}{\rho_0}\nabla P\right)+\frac{\omega^2}{\rho_0 c^2}P-\nabla\cdot\frac{\boldsymbol{F}}{\rho_0}-\mathrm{i}\omega W\right]\mathrm{d}V=0 \tag{6.10}$$

利用高斯定理，式 (6.10) 中体积积分的第一项是

$$\iiint_V q\nabla\cdot\left(\frac{1}{\rho_0}\nabla P\right)\mathrm{d}V=\iint_S \frac{q}{\rho_0}\frac{\partial P}{\partial \boldsymbol{n}}\mathrm{d}S-\iiint_V \frac{1}{\rho_0}\nabla q\cdot\nabla P\mathrm{d}V$$

代入式 (6.10)，得到

$$\iiint_V \left[-\frac{1}{\rho_0}\nabla q\cdot\nabla P+\frac{\omega^2}{\rho_0 c^2}qP-q\nabla\cdot\frac{\boldsymbol{F}}{\rho_0}-\mathrm{i}\omega qW\right]\mathrm{d}V+\iint_S \frac{q}{\rho_0}\frac{\partial P}{\partial \boldsymbol{n}}\mathrm{d}S=0 \tag{6.11}$$

如果 $P(\boldsymbol{r})$ 是声波方程的解，满足声波方程，则对于符合要求的检验函数，式 (6.10) 和式 (6.11) 成立。反之，如果 $P(\boldsymbol{r})$ 在某一位置 $\boldsymbol{r}'$ 不满足声波方程，以及式 (6.10) 的方括号在 $\boldsymbol{r}'$ 附近的一个小范围里为正，选取一检验函数 $q(\boldsymbol{r})$，它在这个小范围的内部为正，在其余部分为零，则式 (6.10) 左边为正，式 (6.10) 和式 (6.11) 不成立。所以，微分方程与式 (6.11) 的积分形式的方程是等价的。这两种形式的方程对 $P(\boldsymbol{r})$ 有不同的要求。声波方程包含 $P(\boldsymbol{r})$ 对空间的二阶偏导数，因此 $P(\boldsymbol{r})$ 必须二阶可导。而式 (6.11) 只包括 $P(\boldsymbol{r})$ 的一阶偏导数，$P(\boldsymbol{r})$ 只须一阶可导。式 (6.11) 称为声波方程的弱形式。

6.1.3　有限元方程

用有限元方法求解式 (6.11) 的弱形式的声波方程，首先按照前面介绍的剖分和插值用节点的声压表示空间的声场：$P(\boldsymbol{r})=\sum\limits_{n=1}^{N}N_n(\boldsymbol{r})\,p_n$，代入式 (6.11)。由于这个表达式只有有限个自由度，式 (6.11) 不可能对任意的检验函数 q 都成立。选取一组有限的检验函数 q_n，使式 (6.11) 只对这些检验函数成立，就得到式 (6.11) 的近似解。把 $P(\boldsymbol{r})=\boldsymbol{N}^{\mathrm{T}}(\boldsymbol{r})\cdot\boldsymbol{p}$ 代入式 (6.10)，体积分部分是声波方程的误差，或称为余量，而式 (6.10) 是以检验函数加权的余量的积分，因此这种近似方法也称为加权余量法。

每个检验函数产生一个方程，选取不同的检验函数得到不同的近似方法。如果选取各个节点的基函数作为检验函数，方程的数目和未知数的数目就会相等，而

且得到的近似方法中出现的矩阵常常是对称的，给理论分析和实际计算带来许多方便。这样的方法称为伽辽金方法。

考虑边界条件，S_p 上的声压为零，因此 S_p 上节点的声压不是未知数，我们把它们从 $\boldsymbol{p}$ 中剔除。下面把 $P(\boldsymbol{r})=\sum\limits_{n=1}^{N}N_n(\boldsymbol{r})\,p_n$ 理解为剔除后的结果。另外，我们也不需要检验这些节点上的误差，因此选取的检验函数在 S_p 上为零。相应的伽辽金方法也不包括 S_p 上节点的基函数, 这样检验函数的数目仍然等于未知数的数目。记选取的检验函数为 $q_m=N_m(\boldsymbol{r})$，m 取 1 到 N 的整数。再把 S_v 和 S_z 的边界条件代入上式，得到

$$\begin{aligned}&\iiint\limits_V\left[-\frac{1}{\rho_0}\nabla q\cdot\nabla P+\frac{\omega^2}{\rho_0c^2}qP-q\nabla\cdot\frac{\boldsymbol{F}}{\rho_0}-\mathrm{i}\omega qW\right]\mathrm{d}V\\&+\mathrm{i}\omega\iint\limits_{S_v}q\bar{v}_n\mathrm{d}S+\mathrm{i}\omega\iint\limits_{S_z}qAP\mathrm{d}S=0\end{aligned}$$

把 $P(\boldsymbol{r})=\sum\limits_{n=1}^{N}N_n(\boldsymbol{r})\,p_n$ 和 $q_m=N_m(\boldsymbol{r})$ 代入上式得到

$$\begin{aligned}&\iiint\limits_V\left[\frac{\omega^2N_mN_n}{\rho_0c^2}p_n-\frac{\nabla N_m\cdot\nabla N_n}{\rho_0}p_n-N_m\left(\nabla\cdot\frac{\boldsymbol{F}}{\rho_0}+\mathrm{i}\omega W\right)\right]\mathrm{d}V\\&+\mathrm{i}\omega\iint\limits_{S_v}N_m\bar{v}_n\mathrm{d}S+\mathrm{i}\omega\iint\limits_{S_z}N_mN_nAp_n\mathrm{d}S=0\end{aligned}$$

上式可以写成

$$\omega^2M_{mn}p_n-K_{mn}p_n+G_m=0 \tag{6.12}$$

式中

$$\begin{aligned}M_{mn}&=\iiint\limits_V\frac{N_mN_n}{\rho_0c^2}\mathrm{d}V\\K_{mn}&=\iiint\limits_V\frac{\nabla N_m\cdot\nabla N_n}{\rho_0}\mathrm{d}V-\mathrm{i}\omega\iint\limits_{S_z}N_mN_nA\mathrm{d}S\\G_m&=-\iiint\limits_V N_m\left(\nabla\cdot\frac{\boldsymbol{F}}{\rho_0}+\mathrm{i}\omega W\right)\mathrm{d}V+\mathrm{i}\omega\iint\limits_{S_v}N_m\bar{v}_n\mathrm{d}S\end{aligned} \tag{6.13}$$

式 (6.12) 有 N 个方程，可以写成矩阵的形式

$$-\omega^2\boldsymbol{Mp}+\boldsymbol{Kp}=\boldsymbol{G} \tag{6.14}$$

式中，$\boldsymbol{M}$ 和 $\boldsymbol{K}$ 是单元为 M_{mn} 和 K_{mn} 的矩阵，分别称为质量矩阵和刚度矩阵；$\boldsymbol{G}$ 是 G_m 组成的矢量，是体积内和边界上的声源的贡献。式 (6.14) 把声波方程近似为线性方程组，与多自由度的分立振动系统相似，称为有限元方程。这是一个线性代数方程组，可以利用各种矩阵求逆的数值方法解出 $\boldsymbol{p}=\left(-\omega^2\boldsymbol{M}+\boldsymbol{K}\right)^{-1}\boldsymbol{G}$。

对于共振频率和模式问题，上式中取 $\boldsymbol{G}=0$，得到矩阵的广义特征值和特征矢量问题：

$$\left(\boldsymbol{K}-\omega^2\boldsymbol{M}\right)\boldsymbol{p}=0 \tag{6.15}$$

可以用线性代数的许多方法处理。

对于瞬态问题，先把式 (6.14) 转换到时间域：$\boldsymbol{M}\dfrac{\mathrm{d}^2}{\mathrm{d}t^2}\boldsymbol{p}(t)+\boldsymbol{K}\boldsymbol{p}(t)=\boldsymbol{G}(t)$，每个节点的声压 $\boldsymbol{p}(t)$ 和源项 $\boldsymbol{G}(t)$ 都是时间的函数，声压在时间上可以离散化：$\boldsymbol{p}(l)=\boldsymbol{p}(l\Delta t)$，这里 Δt 是时间步长，l 是时间节点编号，$\boldsymbol{G}(t)$ 也同样离散化。时间导数部分可以用差分格式表示，如 $\ddot{\boldsymbol{p}}(l)\approx\dfrac{\boldsymbol{p}(l+1)-2\boldsymbol{p}(l)+\boldsymbol{p}(l-1)}{(\Delta t)^2}$，式 (6.14) 成为

$$\boldsymbol{p}(l+1)=2\boldsymbol{p}(l)-\boldsymbol{p}(l-1)-(\Delta t)^2\boldsymbol{M}^{-1}\left[\boldsymbol{K}\boldsymbol{p}(l)-\boldsymbol{G}(l)\right] \tag{6.16}$$

这是一个迭代格式，确定了开始时两个时刻的声压分布，由上式可以得到以后各个时刻的声场。

声压是一个标量，上面介绍的有限元方法是以声压为变量的，因此比较简单。也可以用位移或质点振速为变量处理声波问题，这样可以统一处理流体和固体介质，因此在流体和固体耦合的声学问题中用得很多。以位移为变量的有限元方法形式上比以声压为变量的有限元方法复杂一些，但是基本步骤和原则上没有不同，这里不再详细介绍。

一维问题和二维问题的弱形式的分析与上面的三维问题类似，也可以得到形如式 (6.12) 和式 (6.14) 的有限元方程，只需对式 (6.13) 中的积分作相应的改动。二维问题中式 (6.13) 的体积分改为二维的面积分，而边界面上的面积分改为边界线上的线积分。一维问题中式 (6.13) 的体积分改为一维积分，而边界上的面积分改为边界点上的数值。

6.2 其他几种计算方法

6.2.1 高阶有限元算法

有限元的剖分和插值是非常灵活的，除了上面介绍的线性剖分和插值方法外，还有许多不同种类的方法。二维问题的单元也可以用四边形、各种曲线多边形，或

者在不同的部分用不同形状和大小的单元。节点可以是单元的顶点，也可以是其他位置的点。插值函数可以是式 (6.12) 的线性函数，也可以是更复杂的函数。对于三维问题，单元可以是四面体或其他形状的小立体。单元剖分的基本要求是所有的单元覆盖整个区域，同时互相不重叠。此外，插值给出整个区域上的声压及其导数在单元边界上还要满足一定的连续性。只要满足这些基本要求，就可以针对不同的问题选取不同的剖分和插值的方法，建立不同的算法。目前许多有限元分析软件可以辅助生成单元和基函数，大大提高了工作效率。这一节简单介绍两种常见的方法。

考虑一维问题，单元是区间，如果在单元端点或内部取多个节点 x_j，其中 $j=1,2,\cdots,J$，J 是节点数。对节点 x_j 可以构成单元基函数：

$$N_j^{(\mathrm{e})}(x)=\frac{\prod\limits_{m=1,m\neq j}^{J}(x-x_m)}{\prod\limits_{m=1,m\neq j}^{J}(x_j-x_m)} \tag{6.17}$$

图 6.4 给出了式 (6.17) 的算例，这里的单元是区间 $0\leqslant x\leqslant 6$，$J=6$，节点是 x 轴上的整数点，计算了前三个基函数，它们在各自的节点上为 1，在其他节点为 0，这个性质和线性插值的单元基函数相同。式 (6.17) 是 x 的 $J-1$ 次多项式，它们比较光滑。当 $J=2$ 时，式 (6.17) 成为线性插值式 (6.5)。用式 (6.17) 代替式 (6.5) 建立基函数，建立的有限元方程在形式上和式 (6.12)、式 (6.13) 完全一样，称为高阶有限元。

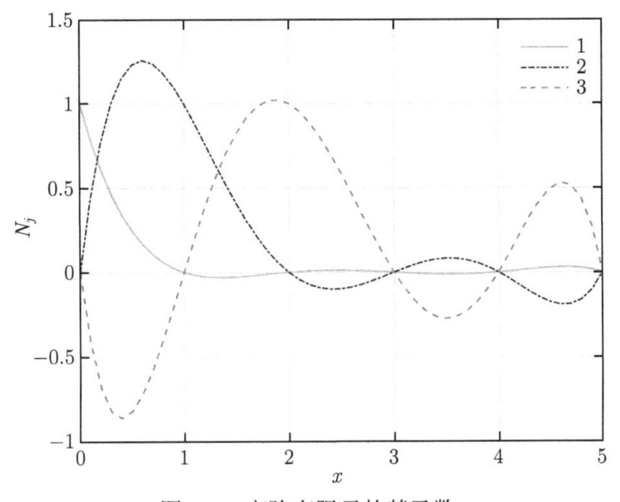

图 6.4 高阶有限元的基函数

二维和三维问题的高阶有限元可以用一维方法的直积得到。考虑二维问题，把区域划分为许多矩形，矩形的边与 x 轴或 y 轴平行。在单元的边界和内部取节点 (x_j, y_l)，其中 $j = 1, 2, \cdots, J$，$l = 1, 2, \cdots, L$，共 $J \times L$ 个节点。不难验证，如果节点 (x_j, y_l) 的单元基函数取为

$$N_{jl}^{(\mathrm{e})}(x, y) = \frac{\prod\limits_{m=1, m\neq j}^{J}(x - x_m)\prod\limits_{k=1, k\neq l}^{L}(y - y_k)}{\prod\limits_{m=1, m\neq j}^{J}(x_j - x_m)\prod\limits_{k=1, k\neq l}^{L}(y_l - y_k)} \tag{6.18}$$

则在节点 (x_j, y_l) 上单元基函数 $N_{jl}^{(\mathrm{e})}(x_j, y_l) = 1$，在其他节点上单元基函数为 0，通过和一维情况相同的步骤可以得到二维的高阶有限元方程。三维问题的推广与此相仿。

上面建立的高阶有限元的单元是四边与坐标轴平行的矩形，运用坐标变换的方法可以把这些矩形变为一般方向的四边形和曲线四边形。如果变换 $\begin{cases} x = x(x', y') \\ y = y(x', y') \end{cases}$ 和逆变换 $\begin{cases} x' = x'(x, y) \\ y' = y'(x, y) \end{cases}$ 把 $x'y'$ 平面中的一般四边形变换为 xy 中的四边与坐标轴平行的矩形，在一般四边形中，与 (x_j, y_l) 对应的节点是 $\left(x'_{jl}(x_j, y_l), y'_{jl}(x_j, y_l)\right)$，则单元基函数为

$$N_{jl}^{(\mathrm{e})}(x', y') = \frac{\prod\limits_{m=1, m\neq j}^{J}[x(x', y') - x_m]\prod\limits_{k=1, k\neq l}^{L}[y(x', y') - y_k]}{\prod\limits_{m=1, m\neq j}^{J}(x_j - x_m)\prod\limits_{k=1, k\neq l}^{L}(y_l - y_k)}$$

上面的分析表明，确定了一维单元中 J 个节点的位置 x_j，就可以建立高阶有限元剖分和插值及单元基函数，再利用直积可以推广到二维和三维的情况。由不同的单元基函数出发，利用式 (6.14) 和式 (6.15) 的推导方法可以建立各种形状不同的有限元方法。

6.2.2　谱元法

谱元法是一种比较新的计算方法，它具有一些优良的性能，近年来受到研究者的关注。

谱元法是按照所谓谱方法选取节点和基函数的高阶有限元方法，其基函数以

正交多项式的级数表示。采用不同的正交多项式可以得到不同形式的谱元法，如勒让德谱元法和切比雪夫谱元法。下面以切比雪夫谱元法为例说明。

用坐标变换把一维的单元变换为区间 $[-1,1]$，选取 $J+1$ 个节点 $x_j=\cos\dfrac{j\pi}{J}$，$j=0,1,\cdots,J$，x_0 和 x_J 是单元的端点。图 6.5 是 $J=8$ 时的情况，坐标轴上的圆点是九个节点，在单元的中间比较稀疏，两端比较稠密。单元的基函数取为

$$N_j^{(\mathrm{e})}(x)=\frac{2}{J}\sum_{p=0}^{J}\frac{1}{c_jc_p}T_p(x_j)\,T_p(x) \tag{6.19}$$

其中，$c_j=\begin{cases}1, & j\neq 0,J\\ 2, & j=0,J\end{cases}$

$$T_p(x)=\cos(p\arccos x) \tag{6.20}$$

是 p 次的切比雪夫多项式，$T_0(x)=1$，$T_1(x)=x,\cdots$。图 6.6 是几个切比雪夫多项式的图形。根据式 (6.20) 不难验证 $N_j^{(\mathrm{e})}(x_j)=1(j\neq l)$ 时 $N_j^{(\mathrm{e})}(x_l)=0$。图 6.5 给出了两个单元基函数的图像。

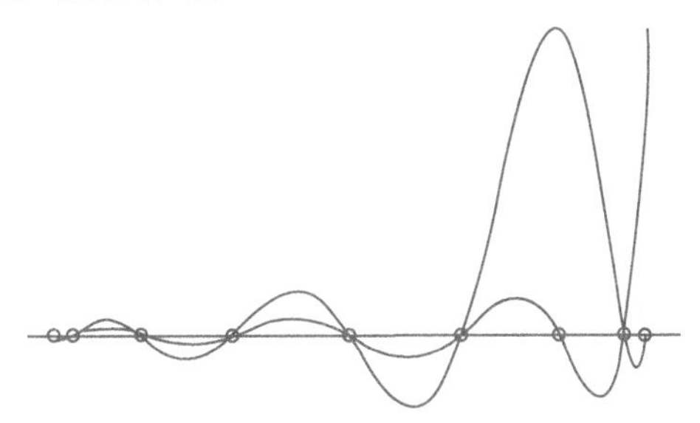

图 6.5 谱元法的基函数

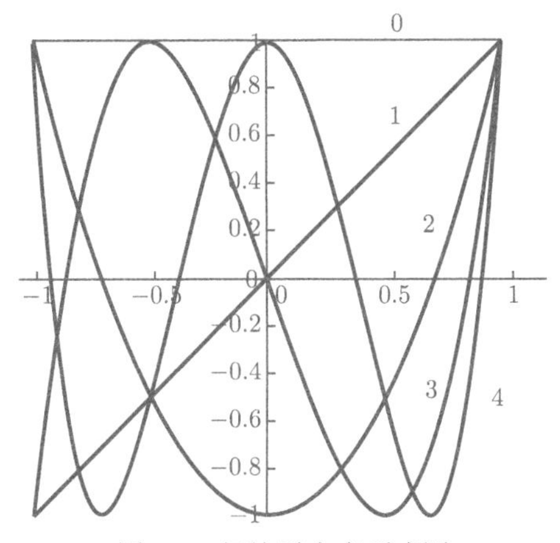

图 6.6 切比雪夫多项式图

确定了节点和基函数，再按照上面的方法建立高阶有限元法，并推广到二维及三维情况，就得到切比雪夫谱元法。图 6.7 是二维切比雪夫谱元法的单元中节点的位置。

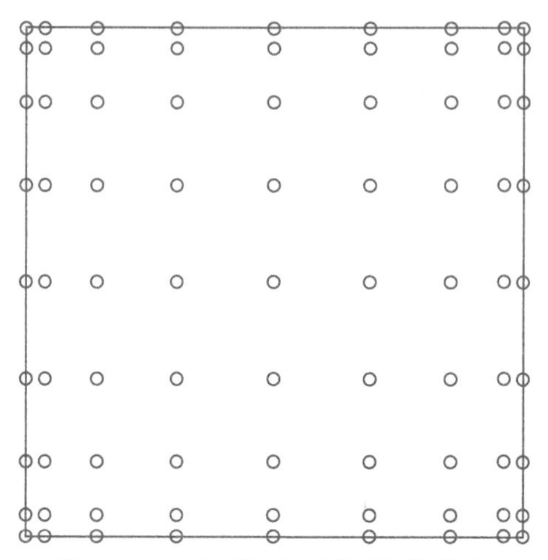

图 6.7 二维切比雪夫谱元法的节点

谱元法把有限元法和谱方法结合，兼具了有限元的处理边界和结构的灵活性，以及谱方法的快速收敛特性，同时极大地减少了计算时间和内存需求。谱元法具有最佳的收敛性质，即在一定精度要求下一个波长内需要的节点数最小。

6.2.3 辐射和散射问题的边界元方法

有限元方法对体积有限的声学问题比较有效，但难于处理无限空间中的辐射和散射问题。对于均匀介质无限空间的问题，一般的有限元方法没有利用均匀介质中声波的特性，因此效率比较低。边界元法能很好地计算无限大均匀介质中的辐射和散射问题，有广泛的应用。考虑图 6.8 中的声源 S，已知声源的表面上的法向速度 V_n，求在无限大均匀介质中的辐射声场。经典的声学理论中讨论了理想的球形和平面声源的辐射，对于一般形状的声源，可以采用边界元方法计算辐射声场。声学理论还指出，刚性体对声波的散射可以转化为辐射问题，因此边界元方法也可以分析散射问题。

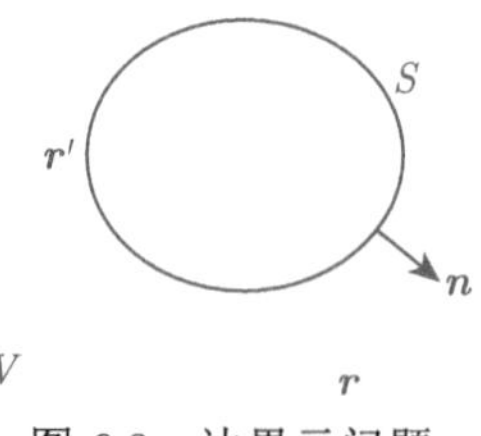

图 6.8 边界元问题

边界元方法的理论基础是亥姆霍兹–惠更斯积分公式。如果声源外部的空间为 V，V 中没有其他的声源，亥姆霍兹–惠更斯积分公式是

$$P(\boldsymbol{r}) = \oiint_S \left[P(\boldsymbol{r}') \frac{\partial}{\partial n_{\boldsymbol{r}'}} \frac{\exp(\mathrm{i}kR)}{4\pi R} - \mathrm{i}\omega\rho_0 V_n(\boldsymbol{r}') \frac{\exp(\mathrm{i}kR)}{4\pi R}\right] \mathrm{d}\boldsymbol{r}' \tag{6.21}$$

式中，$\boldsymbol{r}$ 是 V 中的一点；积分变量 $\boldsymbol{r}'$ 是 S 上的点；$R = |\boldsymbol{r} - \boldsymbol{r}'|$。式 (6.21) 把 V 中的声压表示为 S 面上声压和法向速度的积分，但是 S 面上声压是未知的，因此不能直接由式 (6.21) 计算声场。为此，把式 (6.21) 的 $\boldsymbol{r}$ 取为 S 面上的点。在推导中式 (6.21) 左边的项是由形如 $\iiint\limits_V P\delta(\boldsymbol{r}' - \boldsymbol{r})\,\mathrm{d}\boldsymbol{r}'$ 的积分得到的。由于 δ 函数的性质，这个体积积分只需对 $\boldsymbol{r}$ 为中心的小球积分。对于界面 S 上的点 $\boldsymbol{r}$，如果界面在 $\boldsymbol{r}$ 附近是光滑的，近似为一小平面，则对应的积分区域只包括小球的一半，因此式 (6.21) 成为

$$P(\boldsymbol{r}) = \frac{1}{2\pi} \oiint_S \left[P(\boldsymbol{r}') \frac{\partial}{\partial n_{\boldsymbol{r}'}} \frac{\exp(\mathrm{i}kR)}{R} - \mathrm{i}\omega\rho_0 V_n(\boldsymbol{r}') \frac{\exp(\mathrm{i}kR)}{R}\right] \mathrm{d}\boldsymbol{r}' \tag{6.22}$$

式中，S 上的法向速度是已知的，因此上式是 S 上声压的积分方程。

为了求式 (6.22) 的近似解，先求式中的面积分。把 S 面分成 n 个小单元 S_n，在每个小单元 S_n 内取一个参考点 $\boldsymbol{r}' = \boldsymbol{r}_n$，每个单元内声压和质点速度可以看作常数 P_n 和 V_n。式 (6.22) 右边的积分是各个小单元的积分的和，$\boldsymbol{r}$ 取 m 个参考点 $\boldsymbol{r}_m$，得到 m 个方程：

$$A_{mn} P_n = B_{ml} V_l \tag{6.23}$$

式中

$$A_{mn} = \delta_{mn} - \frac{1}{2\pi} \iint\limits_{S_n} \left[\frac{\partial}{\partial n_{\boldsymbol{r}'}} \frac{\exp(\mathrm{i}kR)}{R}\right] \mathrm{d}\boldsymbol{r}'$$

$$B_{ml} = -\frac{\mathrm{i}\omega\rho_0}{2\pi} \iint\limits_{S_l} \frac{\exp(\mathrm{i}kR)}{R} \mathrm{d}\boldsymbol{r}'$$

其中，$R = |\boldsymbol{r}_m - \boldsymbol{r}'|$。式 (6.23) 是线性代数方程组，可以用计算数学的方法求解，得到各单元的声压 P_n。把求得的 P_n 和已知的 V_n 代入式 (6.21)，用数值积分得到声场中各点的声压。

有限元把声场的体积分为小单元，而边界元方法把边界面 S 分为小单元，大大减少了单元数，提高了计算效率，还避免了处理无限空间的困难。

在某些条件下式 (6.23) 中 A_{mn} 组成的行列式为 0，这时由式 (6.23) 得不到确定的唯一解，上述边界元方法失效。Schenck* 的分析表明，积分方程 (6.21) 对应的齐次方程 $P(\boldsymbol{r}) = \oiint\limits_S \left(P(\boldsymbol{r}') \frac{\partial}{\partial n_{\boldsymbol{r}'}} \frac{\exp(\mathrm{i}kR)}{4\pi R}\right) \mathrm{d}\boldsymbol{r}'$ 有非零解，是一种共振现象，共振频率等于以 S 为表面的空间的介质在自由边界条件下的共振频率。为了计算这种共振频率的辐射问题，Schenck 提出了复合边界元的方法。在 S 内部取若干点 $\boldsymbol{r}_i$，可以建立方程

$$\frac{1}{2\pi} \oiint\limits_S \left(P(\boldsymbol{r}') \frac{\partial}{\partial n_{\boldsymbol{r}'}} \frac{\exp(\mathrm{i}kR)}{R} - \mathrm{i}\omega\rho_0 V_n(\boldsymbol{r}') \frac{\exp(\mathrm{i}kR)}{R}\right) \mathrm{d}\boldsymbol{r}' = 0$$

其中，$R = |\boldsymbol{r}_i - \boldsymbol{r}'|$。与推导式 (6.23) 的方法相仿得到若干代数方程，把它们与式 (6.23) 联立，得到方程比未知数多的超定方程组。利用计算数学中的最小二乘方法求解超定方程组，在一般情况下可以求得声压在 S 上的分布，进而得到声场。

把边界元方法和分析散射物振动的有限元方法结合，还可以分析弹性体的散射问题，这里不再介绍。

互联网上有免费的用边界元计算声场的软件，如 Juhl 和 Henriquez 开发的 OpenBEM 软件,要了解详细情况和下载软件可登录网站 http://www.openbem.dk/。

6.3 有限元商用软件

6.3.1 有限元建模

前已指出，有限元有许多成熟的软件，如 ANSYS、ABAQUS、COMSOL 等。这些软件性能优良，使用方便。不同的有限元软件有共同的部分，也有不同的特点, 它们都能自动完成有限元算法的许多步骤，包括单元剖分、建立形函数、形成并求解有限元方程、整理结果、用各种图形和数值表格的方式显示结果等。这些过程的程序一般不需要使用者编写，使用者要做的是把研究的问题按照有限元软件的格式输入软件，这个过程称为有限元建模 (modeling)。

建模的第一步是输入待求问题的基本信息。从数学形式上看，有限元求解的是物理领域中常见的二阶偏微分方程或二阶偏微分方程组。假定要求解物理场 $u = u(\boldsymbol{x}, t)$，如声压，它是空间位置 $\boldsymbol{x}$ 和时间 t 的函数。$\boldsymbol{x}$ 的范围记作区域 Ω，空间区域 Ω 可以由多个部分 Ω_i 组成，每个部分是一个子区域。子区域可以是二维的或三维的，维数记作 n_i。对于二维子区域，$n_i = 2$，$\boldsymbol{x} = \begin{pmatrix} x_1 \\ x_2 \end{pmatrix}$，$\Omega_i$ 是平面区域，

* Schenck H A. Improved integral formulation for acoustic radiation problems. J. Acoust. Soc. Am., 1968, 44(1): 41-58.

边界 $\partial\Omega_i$ 是平面曲线。对于二维子区域，$n_i=3$，$\boldsymbol{x}=\begin{pmatrix} x_1 \\ x_2 \\ x_3 \end{pmatrix}$，$\Omega_i$ 和 $\partial\Omega_i$ 分别是立体区域和曲面。n_i 也可以是 0，1 或大于 3 的整数，这里不加讨论。有限元还可以求解含有多个未知函数的多个偏微分方程组成的偏微分方程组的问题，比如，以位移为变量的三维空间的弹性波问题有三个未知函数，又如，压电材料的振动、热电耦合问题等都是偏微分方程组问题。同一个问题中不同的子区域可以有不同的维数，也可以有不同的待求函数。上述空间坐标和函数也可以用其他的符号，只须用户明确设定。建模的过程首先要把待求函数个数、每个函数的名称和区域的空间维数输入系统，通常可以通过软件提供的图形交互窗口输入。

建模的第二步是输入问题的几何信息，就是每个子区域和边界的形状和位置。近年来，随着计算机图形学的发展，把图形输入计算机的软件很多, 使用也很方便，一般有限元软件都整合一些这方面的软件，用户稍加学习就能掌握。

完成了几何信息的输入，软件就可以剖分单元，形成网格和形函数，这是有限元软件的一项重要工作，优秀的有限元软件能够高效生成性能优良的网格和形函数，用户可以干预单元剖分，但一般不用自己编写相应的程序。

建模的第三步是输入每个子区域的偏微分方程和边界条件。有些软件提供偏微分方程和边界条件组成的标准形式，其中包括许多由用户确定的系数。用户将需要解决的问题的偏微分方程和边界条件与标准形式对比，确定系数，输入软件，软件就能生成有限元方程，解得结果。

我们以 COMSOL 软件为例，在子区域 Ω 内 (这里省略下标 i)，未知函数 u 满足的偏微分方程的标准形式是

$$e_a\frac{\partial^2 u}{\partial t^2}+d_a\frac{\partial u}{\partial t}+\nabla\cdot(-c\nabla u-\boldsymbol{\alpha}u+\boldsymbol{\gamma})+\boldsymbol{\beta}\cdot\nabla u+au=f \tag{6.24}$$

式中，∇ 是 n 维的梯度算子，$\nabla=\begin{pmatrix} \dfrac{\partial}{\partial x_1} \\ \dfrac{\partial}{\partial x_2} \\ \vdots \\ \dfrac{\partial}{\partial x_n} \end{pmatrix}$；$e_a$、$d_a$ 和 a 是系数；f 是源项；$\boldsymbol{\alpha}$、$\boldsymbol{\gamma}$ 和 $\boldsymbol{\beta}$ 是 n 个分量的一维数组 (矢量) 系数，如 $\boldsymbol{\beta}=\begin{pmatrix} \beta_1 \\ \beta_2 \\ \vdots \\ \beta_n \end{pmatrix}$；$c$ 也是系数，但在

各向异性问题中可以是 $n \times n$ 的二维数组。这些系数和源项是 Ω 内坐标的函数。它们还可能是 u 及其导数的函数，这时问题是非线性的。式 (6.24) 中括号部分

$$\boldsymbol{\Gamma} = -c\nabla u - \boldsymbol{\alpha} u + \boldsymbol{\gamma} \tag{6.25}$$

称为通量矢量，在不同的物理问题中有不同的物理意义。

在边界 $\partial\Omega$ 上的边界条件是

$$\boldsymbol{n} \cdot (c\nabla u + \boldsymbol{\alpha} u - \boldsymbol{\gamma}) + qu = g - h\mu \tag{6.26}$$

$$hu = r \tag{6.27}$$

这里，$\boldsymbol{n}$ 是边界上外法线方向的单位矢量；q 和 h 是 $\partial\Omega$ 上位置的函数；g 和 r 是边界条件中的源项；μ 是边界上的待定函数。这些参数的不同设置可以实现不同的边界条件。如果设 $h = 1$，式 (6.27) 是 $u = r$，这是狄利克雷边界条件。待定函数 μ 使式 (6.26) 总能成立，不起作用。如果取 $h = r = 0$，式 (6.27) 是恒等式，不起作用。而式 (6.26) 是广义诺依曼边界条件，阻抗边界条件就属于这一类。如果再取 $q = 0$，就得到诺依曼边界条件。

式 (6.24) 包含时间的导数，这是瞬态问题。有限元还能求解稳态问题和特征值问题。稳态问题方程的标准形式不包含时间的导数，为

$$\nabla \cdot (-c\nabla u - \boldsymbol{\alpha} u + \boldsymbol{\gamma}) + \boldsymbol{\beta} \cdot \nabla u + au = f \tag{6.28}$$

边界条件和式 (6.26)、式 (6.27) 一样。稳态方程中的 u 是物理场的复振幅。如果把瞬态问题中对时间的导数换成特征值 $-\lambda$，方程和边界条件中的源项取为零，得到特征值问题的方程和边界条件的标准形式为

$$\nabla \cdot (-c\nabla u - \alpha u) + \beta \cdot \nabla u + au = \lambda d_a u - \lambda^2 e_a u \tag{6.29}$$

$$\boldsymbol{n} \cdot (c\nabla u + \boldsymbol{\alpha} u - \boldsymbol{\gamma}) + qu = -h\mu \tag{6.30}$$

$$hu = 0 \tag{6.31}$$

如果子区域 Ω 内的方程是多个未知函数 u_j 联立的偏微分方程组，其中 $j = 1$，2，$\cdots$，m，m 是未知函数的数目，把未知函数排成 m 个单元的一维数组 $\boldsymbol{u}$，则标准形式式 (6.29)~式 (6.31) 成为

$$\boldsymbol{e}_a \frac{\partial^2 \boldsymbol{u}}{\partial t^2} + \boldsymbol{d}_a \frac{\partial \boldsymbol{u}}{\partial t} + \nabla \cdot (-\boldsymbol{c} : \nabla \boldsymbol{u} - \boldsymbol{\alpha} \boldsymbol{u} + \boldsymbol{\gamma}) + \boldsymbol{\beta} \cdot \nabla \boldsymbol{u} + \boldsymbol{a}\boldsymbol{u} = \boldsymbol{f} \tag{6.32}$$

$$\boldsymbol{n} \cdot (\boldsymbol{c} : \nabla \boldsymbol{u} + \boldsymbol{\alpha} \boldsymbol{u} - \boldsymbol{\gamma}) + \boldsymbol{q}\boldsymbol{u} = \boldsymbol{g} - \boldsymbol{h}^{\mathrm{T}} \boldsymbol{\mu} \tag{6.33}$$

$$\boldsymbol{h}\boldsymbol{u} = \boldsymbol{r} \tag{6.34}$$

上面三个式子中，黑体字母都是由若干单元组成的数组；$\boldsymbol{e}_a$，$\boldsymbol{d}_a$，$\boldsymbol{a}$，$\boldsymbol{q}$ 是 $m\times m$ 单元的二维数组；$\boldsymbol{\gamma}$ 是 $m\times n$ 单元的二维数组；$\boldsymbol{c}$ 是 $m\times m\times n\times n$ 单元的四维数组；$\boldsymbol{\alpha}$ 和 $\boldsymbol{\beta}$ 是 $m\times m\times n$ 单元的三维数组；$\boldsymbol{f}$，$\boldsymbol{g}$ 是 m 单元的一维数组；$\boldsymbol{r}$ 和 $\boldsymbol{\mu}$ 是 m' 单元的一维数组；$\boldsymbol{h}$ 是 $m'\times m$ 单元的二维数组；$\boldsymbol{h}$ 字母右上角的 T 表示矢量转置；冒号 “:” 表示双重内积，下面给出这些方程的分量形式，其意义更明确。

$$\sum_{s=1}^{m}\left(e_{ais}\frac{\partial^2 u_s}{\partial t^2}+d_{ais}\frac{\partial u_s}{\partial t}\right)+\sum_{k=1}^{n}\frac{\partial}{\partial x_k}\left(-\sum_{j=1}^{m}\sum_{l=1}^{n}\frac{c_{ijkl}\partial u_j}{\partial x_l}-\sum_{p=1}^{m}\alpha_{ipk}u_p+\gamma_{ik}\right)$$
$$+\sum_{q=1}^{m}\sum_{r=1}^{n}\beta_{iqr}\frac{\partial u_q}{\partial x_r}+\sum_{s=1}^{m}a_{is}u_s=f_i \tag{6.35}$$

$$\sum_{k=1}^{n}n_k\left(\sum_{j=1}^{m}\sum_{l=1}^{n}c_{ijkl}\frac{\partial u_j}{\partial x_l}+\sum_{j=1}^{m}\alpha_{ijk}u_j-\gamma_{ik}\right)+\sum_{j=1}^{m}q_{ij}u_j=g_i-\sum_{s=1}^{m'}h_{si}\mu_s \tag{6.36}$$

$$\sum_{s=1}^{m}h_{is}u_s=r_i \tag{6.37}$$

上面三个式子中 i 是独立下标，式 (6.35) 中 i 取 $1\sim m$, 得到 m 个方程，式 (6.36) 和式 (6.37) 中 i 分别取 $1\sim m$ 和 $1\sim m'$，得到边界条件，这里 $m'\leqslant m$。其余下标都是求和的哑下标。

稳态问题方程的标准形式不包含时间的导数，为

$$\nabla\cdot(-\boldsymbol{c}:\nabla\boldsymbol{u}-\boldsymbol{\alpha}\boldsymbol{u}+\boldsymbol{\gamma})+\boldsymbol{\beta}\cdot\nabla\boldsymbol{u}+\boldsymbol{a}\boldsymbol{u}=\boldsymbol{f}$$

或

$$\sum_{k=1}^{n}\frac{\partial}{\partial x_k}\left(-\sum_{j=1}^{m}\sum_{l=1}^{n}\frac{c_{ijkl}\partial u_j}{\partial x_l}-\sum_{p=1}^{m}\alpha_{ipk}u_p+\gamma_{ik}\right)+\sum_{q=1}^{m}\sum_{r=1}^{n}\beta_{iqr}\frac{\partial u_q}{\partial x_r}+\sum_{s=1}^{m}a_{is}u_s=f_i \tag{6.38}$$

式 (6.32) 和式 (6.38) 的括号中的部分 $\varGamma=-\boldsymbol{c}:\nabla\boldsymbol{u}-\boldsymbol{\alpha}\boldsymbol{u}+\boldsymbol{\gamma}$ 是个二阶数组，它的分量是

$$\varGamma_{ik}=-\sum_{j=1}^{m}\sum_{l=1}^{n}\frac{c_{ijkl}\partial u_j}{\partial x_l}-\sum_{p=1}^{m}\alpha_{ipk}u_p+\gamma_{ik} \tag{6.39}$$

也称为通量。利用通量，式 (6.38) 和式 (6.36) 可分别写成

$$\sum_{k=1}^{n}\frac{\partial}{\partial x_k}\varGamma_{ik}+\sum_{q=1}^{m}\sum_{r=1}^{n}\beta_{iqr}\frac{\partial u_q}{\partial x_r}+\sum_{s=1}^{m}a_{is}u_s=f_i \tag{6.40}$$

和

$$-\sum_{k=1}^{n}n_k\varGamma_{ik}+\sum_{j=1}^{m}q_{ij}u_j=g_i-\sum_{s=1}^{m'}h_{si}\mu_s \tag{6.41}$$

这是一种有用的表示。

上面介绍的偏微分方程输入方式称为系数形式，这种形式最接近物理工作者的思路。此外还有一般形式和弱形式，这里只介绍系数形式。

有限元方法可以用于许多不同的问题，如声学、力学、电磁学、热学、化学等，还可以用于不同领域耦合而成的问题，如压电材料的振动、热电耦合问题等。除了上面介绍的方程输入方式外，有限元软件针对不同的应用领域推出许多专用模块，用户根据自己的问题选用对应的模块。选用了专用模块后，用户不再考虑具体的方程和边界条件，只需选用专用模块中提供的选项，比如，在声学模块中选用声波选项，系统会自动选用声波方程，边界条件有许多可用选项，如自由边界条件、刚性边界条件、阻抗边界条件、对称和反对称边界条件、吸收边界条件和完全匹配边界条件等。用户还可以选用物理介质，系统内部保存了水、空气等常用介质的密度、声速等参数，需要时自动提取，非常方便。上面介绍的偏微分方程输入方式也是一个专门的模块。

完成了有限元建模后，系统就可以建立有限元方程，并求解。有限元求解基本上是矩阵运算，这方面的研究非常深入，通常有限元软件会采用最有效的算法，需要时使用者也可以选取不同的算法。运算完成后软件会完成后续处理，根据用户要求输出结果。下面给出一些例子。

6.3.2 特征值算例

考虑边界固定的半径为 1 的圆膜的共振频率和模式，这是声学的经典问题。采用式 (6.29)~式 (6.31) 的特征值标准形式，式中 Ω 是平面上半径为 1 的圆。在 Ω 里位移满足的偏微分方程是

$$-\left(\frac{\partial^2 u}{\partial x_1^2}+\frac{\partial^2 u}{\partial x_2^2}\right)=\lambda u, \quad \Omega \text{ 中} \tag{6.42}$$

其中，$\lambda=\dfrac{4\pi^2 f^2}{c^2}$，这里，$f$ 是频率，$c=\sqrt{\dfrac{T}{\sigma}}$ 是膜上波传播的速度 (σ 和 T 分别是膜的面密度和单位长度的绷紧力)。在固定边界为

$$u=0, \quad \partial\Omega \text{ 上} \tag{6.43}$$

对于任意的频率，也就是对于任意的 λ，式 (6.42) 和式 (6.43) 只有零解 $u=0$。但是在一些特定的频率，式 (6.42) 和式 (6.43) 还有非零解。这些特定的频率就是膜的共振频率，依次记作 f_1，f_2，f_3，$\cdots$，称为共振频率，对应的 λ_n 称为特征值，与 λ_n 对应的非零解记作 u_n，是共振模式。下面用 COMSOL 求出共振频率和共振模式。首先打开 COMSOL 软件的图形界面，在 file 子菜单中选中 new，进入 model navigator。在偏微分方程模块中的系数形式子菜单 (PDE, coefficient form)，中有特征值分析 (eigenvalue analysis) 的选项。选中该选项以后，在空间维数选项中勾选 2D。然后在 draw 子菜单中建立我们要的单位圆。

对照式 (6.29)~式 (6.31) 和我们的问题式 (6.42)、式 (6.43)，在式 (6.29) 中应取 $c = d_a = 1$，其余系数为 0。边界条件选式 (6.31) 的狄利克雷条件，$h = 1$。在 physics 菜单中可以选取这些参数。我们的参数正是 COMSOL 规定的缺省值，因此不用键入。

完成这些步骤后，如果单击工具栏中代表求解的图标，软件就会自动完成网格剖分和求解，得到各个特征值和特征矢量，利用后处理的功能可以得到结果和图形。

将计算得到的特征值 λ_n 开方，可以得到对应的共振波数 $k_n = \sqrt{\lambda_n}$ 和共振频率 $f_n = \dfrac{c_0}{2\pi}k_n$，得到的前 16 个共振波数如表 6.1 所示，对应的特征函数如图 6.9 所示。

表 6.1　前 16 个共振波数

序号	1	2	3	4	5	6
λ_n	2.4048	3.8318	3.8318	5.1359	5.1359	5.5205
序号	7	8	9	10	11	12
λ_n	6.3809	6.3809	7.0170	7.0170	7.5902	7.5902
序号	13	14	15	16		
λ_n	8.4207	8.4207	8.6579	8.7752		

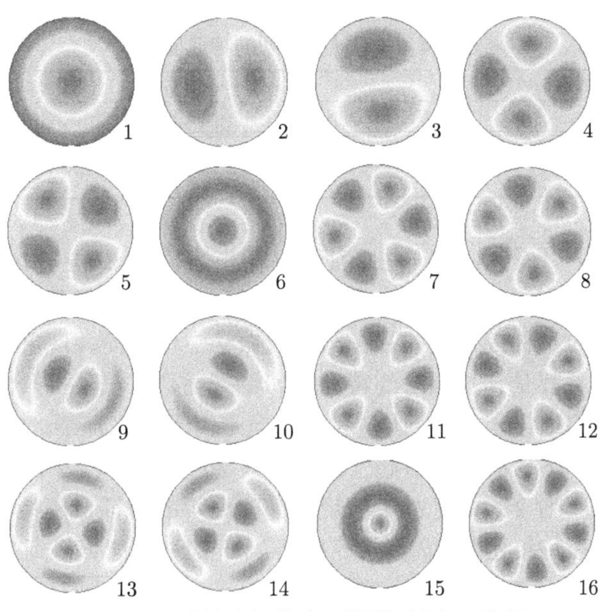

图 6.9　圆膜的共振模式 (彩图扫封底二维码)

对于半径为 a 的圆，共振频率 f_n 和上面得到的 λ_n 的关系为 $f_n = \dfrac{c}{2\pi a}\sqrt{\lambda_n}$，共振模式与图 6.9 相似。这个问题比较简单，形状规则，有解析解。与解析解对比表明，上面的计算是正确的。对于比较复杂的形状的膜，只能用数值计算得到结果。

再看一个三维的特征值问题。考虑一个谐振腔，即一个密闭的空间，例如，是一个房间。内部是流体，通常是空气，周围是刚性的壁，我们要求它的共振频率。房间中声压 u 满足的方程和刚性边界条件为

$$-\left(\frac{\partial^2 u}{\partial x_1^2}+\frac{\partial^2 u}{\partial x_2^2}+\frac{\partial^2 u}{\partial x_3^2}\right)=\lambda u,\quad \Omega \text{ 中} \tag{6.44}$$

$$\frac{\partial u}{\partial n}=0,\quad \partial\Omega \text{ 上} \tag{6.45}$$

其中，$\lambda = \dfrac{4\pi^2 f^2}{c^2}$，这里 c 是声速。Ω 是谐振腔的体积，我们取一个棱长为 1 的单位立方体。边界上法向位移为 0，因此声压的法向导数为 0，即纽曼边界条件。仿照上面圆膜振动的例子，在 model navigator 选中偏微分方程模块的系数形式子菜单 (PDE, coefficient form)，再选中特征值分析 (eigenvalue analysis)，并键入 3D。在 draw 子菜单中建立立方体，边界条件选式 (6.30) 和 $q = h = 0$。准备完成后，COMSOL 能自动剖分网格和完成计算。计算得到的特征值和特征函数分别见表 6.2 和图 6.10，图中显示立方体内几个切面的声压分布。

表 6.2　计算得到的特征值

序号	1	2	3	4	5	6
$\sqrt{\lambda_n}$	0	3.1416	3.1416	3.1416	4.4429	4.4429
序号	7	8	9	10	11	12
$\sqrt{\lambda_n}$	4.4429	5.4415	6.2833	6.2833	6.2833	7.0251

从表 6.1 中可以看到，有一些特征值互相相等，从图 6.10 中可以看出，它们对应的特征函数是不同取向的同一个函数，这是特征值问题的简并现象，是由三条棱边长度相等的对称性引起的。在圆膜的振动中也有简并现象。

上面两个例子都是计算低阶的特征值和特征函数，虽然高阶的特征值和特征函数对分析厅堂的声学现象等问题有意义，但是由于计算复杂，过去涉及不多。近年来，这方面有一些新的发现引起了研究的兴趣。下面举一个二维的例子。

考虑计算长度为 2、高度为 1 的矩形膜的高阶的特征值和特征函数。为了计算高阶的特征值和特征函数，需要加密网格。图 6.11 是计算得到的一个特征函数，对应的特征值 $\sqrt{\lambda_n} = 54.72$ (解析解是 $\sqrt{\lambda_n} = \pi\sqrt{[(27/2)^2 + 11^2]} = 54.71$)。这个特征函数显得很有规则，这是因为膜的形状是一个规则的矩形。

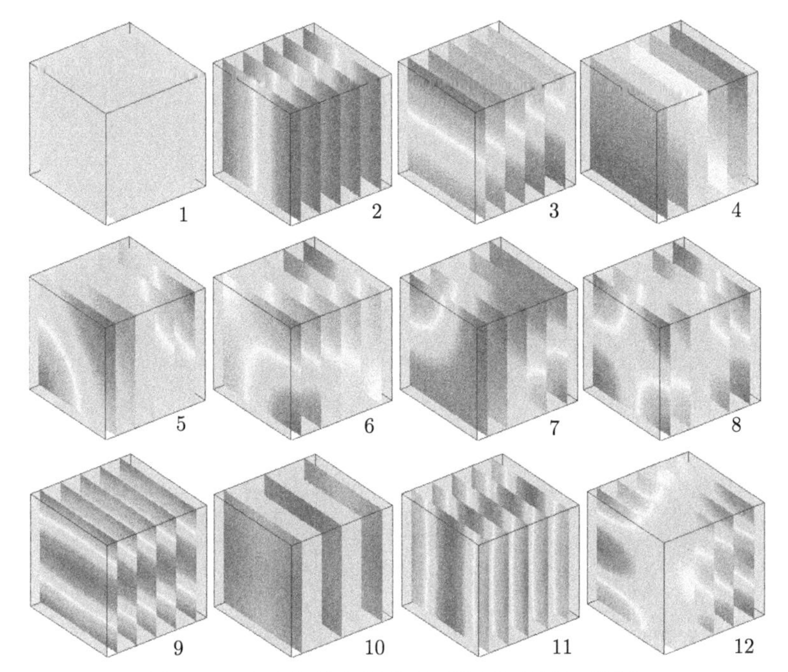

图 6.10 立方体的共振模式 (彩图扫封底二维码)

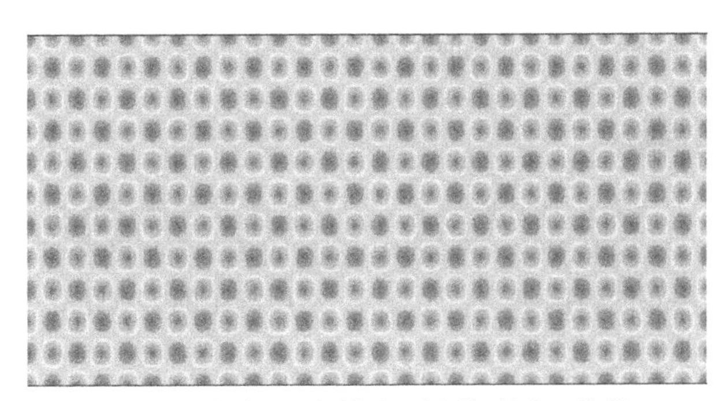
图 6.11 高阶的共振模式 (彩图扫封底二维码)

我们再计算一个形状稍微不同的情况，膜的形状如图 6.12 所示的腰鼓型，图中显示连续的三阶特征函数，对应的 $\sqrt{\lambda_n}$ 分别为 49.86、49.93 和 50.06。我们看到，除了基本的对称性，这些特征函数没有什么规则，具有混沌的特征。相邻阶的特征函数之间似乎也没有什么关系。但是理论研究和大量计算、处理表明，这些表面随机的函数遵守一些统计规律。一般认为混沌现象是非线性复杂过程作用的结果，但是这里计算的完全是线性问题，而且问题并不复杂，形状也还规则，与矩形膜比较只是两边形状稍有变化，但是特征函数的性质却大大改变了。

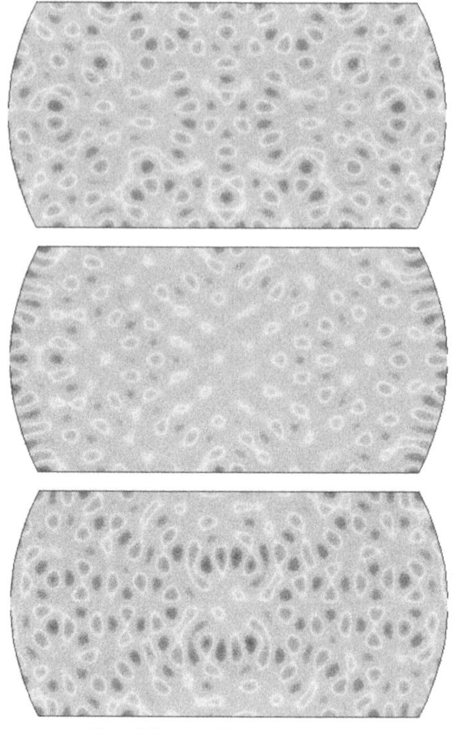

图 6.12　不规则的共振模式 (彩图扫封底二维码)

6.3.3　流固耦合问题

我们再举一个用系数形式的偏微分方程模块处理流体和固体耦合振动的例子。考虑子区域 Ω_{f} 中是流体，区域 Ω_{s} 中是固体，它们的分界面是 Ω_{c}。在 Ω_{f} 中待求的函数是稳态的声压 $P(x_1, x_2, x_3)$。声压满足的方程是式 (6.8)，不考虑声源时有

$$\frac{\partial}{\partial x_1}\left(\frac{\partial P}{\rho_{\mathrm{f}}\partial x_1}\right)+\frac{\partial}{\partial x_2}\left(\frac{\partial P}{\rho_{\mathrm{f}}\partial x_2}\right)+\frac{\partial}{\partial x_3}\left(\frac{\partial P}{\rho_{\mathrm{f}}\partial x_3}\right)+\frac{\omega^2 P}{\rho_{\mathrm{f}}c_{\mathrm{f}}^2}=0 \tag{6.46}$$

式中，ρ_{f} 和 c_{f} 分别为密度和声速，它们可以是位置的函数。与标准形式式 (6.28) 比较得到系数为 $c=-\dfrac{1}{\rho_{\mathrm{f}}}$，$a=\dfrac{\omega^2}{\rho_{\mathrm{f}}c_{\mathrm{f}}^2}$，其余系数 $\boldsymbol{\alpha}$，$\boldsymbol{\gamma}$，$\boldsymbol{\beta}$ 和 f 都是 0。式 (6.25) 的通量矢量为 $\boldsymbol{\Gamma}_{\mathrm{f}}=\dfrac{\nabla P}{\rho_{\mathrm{f}}}$，是介质质点的加速度的相反数，因此，

$$\boldsymbol{\Gamma}_{\mathrm{f}}=\omega^2\boldsymbol{U}_{\mathrm{f}} \tag{6.47}$$

式中，$\boldsymbol{U}_{\mathrm{f}}$ 是介质质点的位移。

在 Ω_s 中介质是各向同性的固体,待求的函数是位移的三个分量 $U_1(x_1,x_2,x_3)$, $U_2(x_1,x_2,x_3)$ 和 $U_3(x_1,x_2,x_3)$,按照弹性力学的理论,应力和位移的关系是

$$\begin{gathered}
\sigma_{11}=(\lambda+2\mu)\frac{\partial U_1}{\partial x_1}+\lambda\left(\frac{\partial U_2}{\partial x_2}+\frac{\partial U_3}{\partial x_3}\right),\quad \sigma_{22}=(\lambda+2\mu)\frac{\partial U_2}{\partial x_2}+\lambda\left(\frac{\partial U_1}{\partial x_1}+\frac{\partial U_3}{\partial x_3}\right)\\
\sigma_{33}=(\lambda+2\mu)\frac{\partial U_3}{\partial x_3}+\lambda\left(\frac{\partial U_1}{\partial x_1}+\frac{\partial U_2}{\partial x_2}\right),\quad \sigma_{23}=\sigma_{32}=\mu\left(\frac{\partial U_2}{\partial x_3}+\frac{\partial U_3}{\partial x_2}\right)\\
\sigma_{13}=\sigma_{31}=\mu\left(\frac{\partial U_1}{\partial x_3}+\frac{\partial U_3}{\partial x_1}\right),\quad \sigma_{12}=\sigma_{21}=\mu\left(\frac{\partial U_1}{\partial x_2}+\frac{\partial U_2}{\partial x_1}\right)
\end{gathered}\tag{6.48}$$

位移满足的偏微分方程组是

$$\begin{aligned}
&\frac{\partial\sigma_{11}}{\partial x_1}+\frac{\partial\sigma_{12}}{\partial x_2}+\frac{\partial\sigma_{13}}{\partial x_3}+\rho_s\omega^2U_1=0\\
&\frac{\partial\sigma_{21}}{\partial x_1}+\frac{\partial\sigma_{22}}{\partial x_2}+\frac{\partial\sigma_{23}}{\partial x_3}+\rho_s\omega^2U_2=0\\
&\frac{\partial\sigma_{31}}{\partial x_1}+\frac{\partial\sigma_{32}}{\partial x_2}+\frac{\partial\sigma_{33}}{\partial x_3}+\rho_s\omega^2U_3=0
\end{aligned}\tag{6.49}$$

其中,λ,μ 是固体的拉梅弹性系数;ρ_s 是密度。比较上式和标准形式式 (6.40) 知道,如果取

$$\Gamma_{ik}=\sigma_{ik},\quad i,k=1,2,3\tag{6.50}$$

方程 (6.49) 各式的前三项和不考虑声源的标准形式的第一项相仿。根据式 (6.48) 和式 (6.39) 由式 (6.50) 得到标准形式的系数为

$$\begin{aligned}
&c_{1111}=c_{2222}=c_{3333}=-(\lambda+2\mu)\\
&c_{1212}=c_{2121}=c_{1313}=c_{3131}=c_{2323}=c_{3232}=-\lambda\\
&c_{1122}=c_{2211}=c_{1221}=c_{2112}=c_{1133}=c_{3311}=c_{1331}\\
&\quad=c_{3113}=c_{3322}=c_{2233}=c_{2332}=c_{3223}=-\mu
\end{aligned}\tag{6.51}$$

再把式 (6.49) 中其他的项与标准形式比较,得到 $a_{11}=a_{22}=a_{33}=\rho_s\omega^2$,其余系数皆为 0。

除了上面讨论过的几类边界条件,流固耦合问题在流固界面 $\partial\Omega_c$ 上需满足连续边界条件,流体和固体的位移在界面法向的分量要相等,固体在界面上的正应力等于声压的相反数,切应力为 0,即 $\boldsymbol{n}\cdot\boldsymbol{U}_f=\sum\limits_{i=1}^{3}n_iU_i$ 和 $n_iP=-\sum\limits_{k=1}^{n}n_k\sigma_{ik}$,

利用式 (6.47) 和式 (6.50) 可以把它们写成

$$\boldsymbol{n}\cdot\boldsymbol{\Gamma}_{\mathrm{f}}=\frac{1}{\omega^2}\sum_{i=1}^{3}n_iU_i,\quad \sum_{k=1}^{3}n_k\Gamma_{ik}=-n_iP \tag{6.52}$$

这两个式子已经是式 (6.36) 的广义诺依曼边界条件的形式，因此在 $\partial\Omega_{\mathrm{c}}$ 上流体和固体的边界条件中都取 $h_{is}=0$ 和 $r_i=0$，选用广义诺依曼边界条件，把式 (6.52) 两式的右边代入 g_i，取 $q_{ij}=0$，就可以实现连续边界条件。

6.3.4　波导的 2.5 维算法

波导是常见的声学结构，第 2 章介绍的方法可以用于圆截面等形状规则的波导问题，这一节介绍一种所谓的“2.5 维方法”，并用有限元实现计算。

2.5 维方法可用于沿一个方向无限延伸的波导，把这个方向记作 x_3，波导的几何形状和介质不随 x_3 变化。如果波导由流体和固体部分组合而成，在 x_3 为任意常数的平面上流体和固体的子区域分别是 x_1x_2 平面的二维区域 Ω_{f} 和 Ω_{s}，Ω_{f} 和 Ω_{s} 相交的部分是曲线 $\partial\Omega_{\mathrm{c}}$，流体和固体界面的法线方向 $\boldsymbol{n}$ 与 x_3 方向垂直，$n_3=0$。密度、声速和弹性系数等材料参数都不随 x_3 变化，如 $\rho_{\mathrm{f}}(x_1,x_2)$ 等。

将流体部分的声压 $P(x_1,x_2,x_3)$ 对 x_3 作傅里叶变换，得到波数域的声压为

$$\bar{P}(x_1,x_2,k,\omega)=\frac{1}{2\pi}\int_{-\infty}^{\infty}P(x_1,x_2,x_3,\omega)\exp(-\mathrm{i}kx_3)\,\mathrm{d}x_3 \tag{6.53}$$

其逆变换为

$$P(x_1,x_2,x_3,\omega)=\int_{-\infty}^{\infty}\bar{P}(x_1,x_2,k,\omega)\exp(\mathrm{i}kx_3)\,\mathrm{d}k \tag{6.54}$$

类似地，变换其他的物理量，如固体中得到波数域的位移 $\bar{U}_i(x_1,x_2,k,\omega)$ 等。

把式 (6.54) 代入声压满足的方程 (6.46)，再作傅里叶变换式 (6.53)。由于方程的区域和系数都与 x_3 无关，因此只要把方程中对 x_3 的求导换成因子 $\mathrm{i}k$，就得到 $\bar{P}$ 满足的方程：

$$\frac{\partial}{\partial x_1}\left(\frac{\partial\bar{P}}{\rho_{\mathrm{f}}\partial x_1}\right)+\frac{\partial}{\partial x_2}\left(\frac{\partial\bar{P}}{\rho_{\mathrm{f}}\partial x_2}\right)+\frac{1}{\rho_{\mathrm{f}}}\left(\frac{\omega^2}{c_{\mathrm{f}}^2}-k^2\right)\bar{P}=0 \tag{6.55}$$

对于确定的 ω 和 k，$\bar{P}(x_1,x_2)$ 是一个二元函数，上式是二维的偏微分方程，$n=2$。与标准形式式 (6.28) 比较得到系数为 $c=-\dfrac{1}{\rho_{\mathrm{f}}}$，$a=\dfrac{1}{\rho_{\mathrm{f}}}\left(\dfrac{\omega^2}{c_{\mathrm{f}}^2}-k^2\right)$，其余系数 $\boldsymbol{\alpha}$，

γ，$\boldsymbol{\beta}$ 和 f 都是 0。式 (6.25) 的通量矢量为 $\bar{\boldsymbol{\Gamma}}_{\mathrm{t}} = \dfrac{1}{\rho_{\mathrm{f}}}\begin{pmatrix} \dfrac{\partial \bar{P}}{\partial x_1} \\ \dfrac{\partial \bar{P}}{\partial x_2} \end{pmatrix}$ 是加速度在 x_1x_2 平面内分量的相反数：

$$\bar{\boldsymbol{\Gamma}}_{\mathrm{f}} = \omega^2 \bar{\boldsymbol{U}}_{\mathrm{f}} \cdot \begin{pmatrix} n_1 \\ n_2 \end{pmatrix} \tag{6.56}$$

类似地，由式 (6.48) 和式 (6.49) 得到波数域应力和位移的方程

$$\begin{gathered}
\bar{\sigma}_{11} = (\lambda+2\mu)\frac{\partial \bar{U}_1}{\partial x_1} + \lambda\left(\frac{\partial \bar{U}_2}{\partial x_2} + \mathrm{i}k\bar{U}_3\right), \quad \bar{\sigma}_{22} = (\lambda+2\mu)\frac{\partial \bar{U}_2}{\partial x_2} + \lambda\left(\frac{\partial \bar{U}_1}{\partial x_1} + \mathrm{i}k\bar{U}_3\right) \\
\bar{\sigma}_{33} = (\lambda+2\mu)\,\mathrm{i}k\bar{U}_3 + \lambda\left(\frac{\partial U_1}{\partial x_1} + \frac{\partial U_2}{\partial x_2}\right), \quad \bar{\sigma}_{23} = \bar{\sigma}_{32} = \mu\left(\mathrm{i}k\bar{U}_2 + \frac{\partial \bar{U}_3}{\partial x_2}\right) \\
\bar{\sigma}_{13} = \bar{\sigma}_{31} = \mu\left(\mathrm{i}k\bar{U}_1 + \frac{\partial \bar{U}_3}{\partial x_1}\right), \quad \bar{\sigma}_{12} = \bar{\sigma}_{21} = \mu\left(\frac{\partial \bar{U}_1}{\partial x_2} + \frac{\partial \bar{U}_2}{\partial x_1}\right)
\end{gathered} \tag{6.57}$$

位移满足的偏微分方程组是

$$\begin{gathered}
\frac{\partial \bar{\sigma}_{11}}{\partial x_1} + \frac{\partial \bar{\sigma}_{12}}{\partial x_2} + \mathrm{i}k\bar{\sigma}_{13} + \rho_{\mathrm{s}}\omega^2\bar{U}_1 = 0 \\
\frac{\partial \bar{\sigma}_{21}}{\partial x_1} + \frac{\partial \bar{\sigma}_{22}}{\partial x_2} + \mathrm{i}k\bar{\sigma}_{23} + \rho_{\mathrm{s}}\omega^2\bar{U}_2 = 0 \\
\frac{\partial \bar{\sigma}_{31}}{\partial x_1} + \frac{\partial \bar{\sigma}_{32}}{\partial x_2} + \mathrm{i}k\lambda\left(\frac{\partial \bar{U}_1}{\partial x_1} + \frac{\partial \bar{U}_2}{\partial x_2}\right) + \left[\rho_{\mathrm{s}}\omega^2 - (\lambda+2\mu)\,k^2\right]\bar{U}_3 = 0
\end{gathered} \tag{6.58}$$

比较上式和标准形式式 (6.40) 知道，如果取

$$\bar{\Gamma}_{ik} = \bar{\sigma}_{ik}, \quad i = 1,2,3, \quad k = 1,2 \tag{6.59}$$

方程 (6.58) 各式的前两项和不考虑声源的标准形式式 (6.40) 的第一项相仿。根据式 (6.57) 和式 (6.39)，由式 (6.59) 得到标准形式的系数为

$$\begin{gathered}
c_{1111} = c_{2222} = -(\lambda+2\mu), \quad c_{1212} = c_{2121} = -\lambda, \quad \alpha_{131} = \alpha_{232} = -\mathrm{i}k\lambda \\
c_{1122} = c_{2211} = c_{1221} = c_{2112} = c_{3311} = c_{3322} = -\mu, \quad \alpha_{311} = \alpha_{322} = -\mathrm{i}k\mu
\end{gathered} \tag{6.60}$$

再把式 (6.58) 中其他的项与标准形式比较，得到

$$\begin{gathered}
\beta_{131} = \beta_{232} = -\mathrm{i}k\mu, \quad \beta_{311} = \beta_{322} = -\mathrm{i}k\lambda \\
a_{11} = a_{22} = \rho_{\mathrm{s}}\omega^2, \quad a_{33} = \rho_{\mathrm{s}}\omega^2 - (\lambda+2\mu)\,k^2
\end{gathered}$$

其余系数皆为 0。

各个区域的形状与 x_3 无关，因此所有边界和界面的法线方向都与 x_3 垂直，即 $\bar{\boldsymbol{n}} = \begin{pmatrix} \bar{n}_1 \\ \bar{n}_2 \end{pmatrix}$，$n_3 = 0$。边界和界面上的条件要做相应的变动。比如，流固界面上的式 (6.52) 变为

$$\bar{\boldsymbol{n}} \cdot \bar{\boldsymbol{\Gamma}}_{\mathrm{f}} = \frac{1}{\omega^2} \sum_{i=1}^{2} \bar{n}_i \bar{U}_i, \quad \sum_{k=1}^{2} \bar{n}_k \bar{\Gamma}_{ik} = -\bar{n}_i \bar{P}$$

图 6.13 是用 2.5 维方法计算椭圆钢管声场的一个例子。图 6.13(a) 是 x_1x_2 截面，图中红色部分是椭圆钢管，内壁的两个半轴分别是 120mm 和 80mm，管壁厚 10mm。绿色部分是流体，计算中用水的参数。中间蓝色部分是安装声源的圆柱，其半径为 $r_0 = 50\text{mm}$。声源中心位于 $x_3 = 0$，高度 h。声源沿着长半轴或短半轴振动，如图中粉色和灰色箭头所示。声源振动使圆柱表面产生法向位移：

$$U = \begin{cases} U_0 n_0, & |x_3| < h/2 \\ 0, & \text{其余} \end{cases} \tag{6.61}$$

式中，$n_0 = n_1, n_2$，分别代表沿着长半轴或短半轴振动的声源。对式 (6.61) 作式 (6.53) 的变换得到 $\bar{U}_0$，于是流体在圆柱表面的边界条件是 $\bar{\boldsymbol{n}} \cdot \bar{\boldsymbol{\Gamma}}_{\mathrm{f}} = \dfrac{1}{\omega^2} \sum\limits_{i=1}^{2} \bar{n}_i \bar{U}_i$。

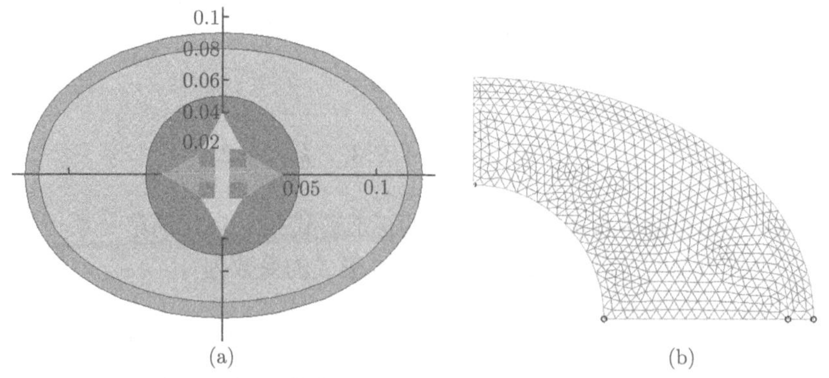

图 6.13　椭圆管波导的声场问题 (彩图扫封底二维码)

按照上面的介绍可以完成有限元建模，进行计算。由于对称性，只需要计算四分之一部分，图 6.13(b) 是剖分的结果。

图 6.14 是沿长半轴 (a) 和短半轴 (b) 方向振动的声源在空间某一点产生的声场 $\left|\bar{P}(k,\omega)\right|$，图中横轴和纵轴分别是波数和频率。图中的亮线是声场的模式。

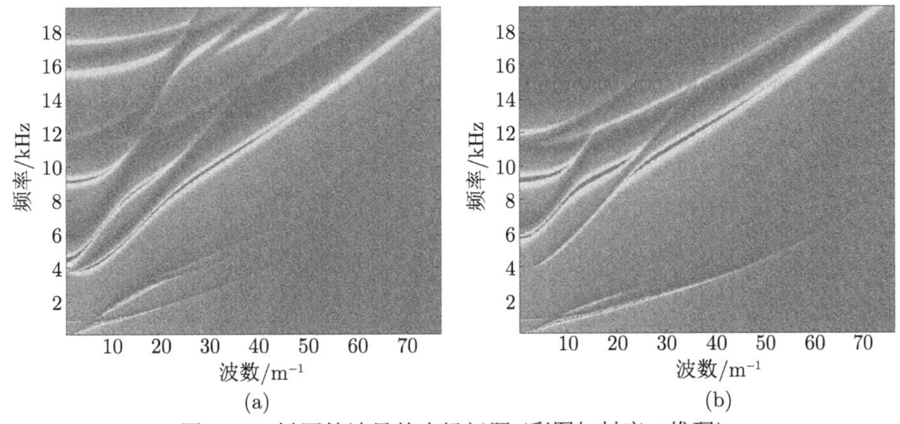

图 6.14 椭圆管波导的声场问题 (彩图扫封底二维码)

对 $\bar{P}(k,\omega)$ 作关于波数和频率的变换，就可以得到不同位置的波形和不同时刻的声场分布。由于这些变换是傅里叶变换，效率很高。图 6.15 是不同频率的声源沿长半轴 (左) 和短半轴 (右) 方向振动时同方向的偶极子接收波形，自上而下中心频率分别是 14 kHz，12 kHz，$\cdots$，2 kHz。每个图中有 11 道波形，对应不同的源距，为 1 m，1.1 m，$\cdots$，2 m。

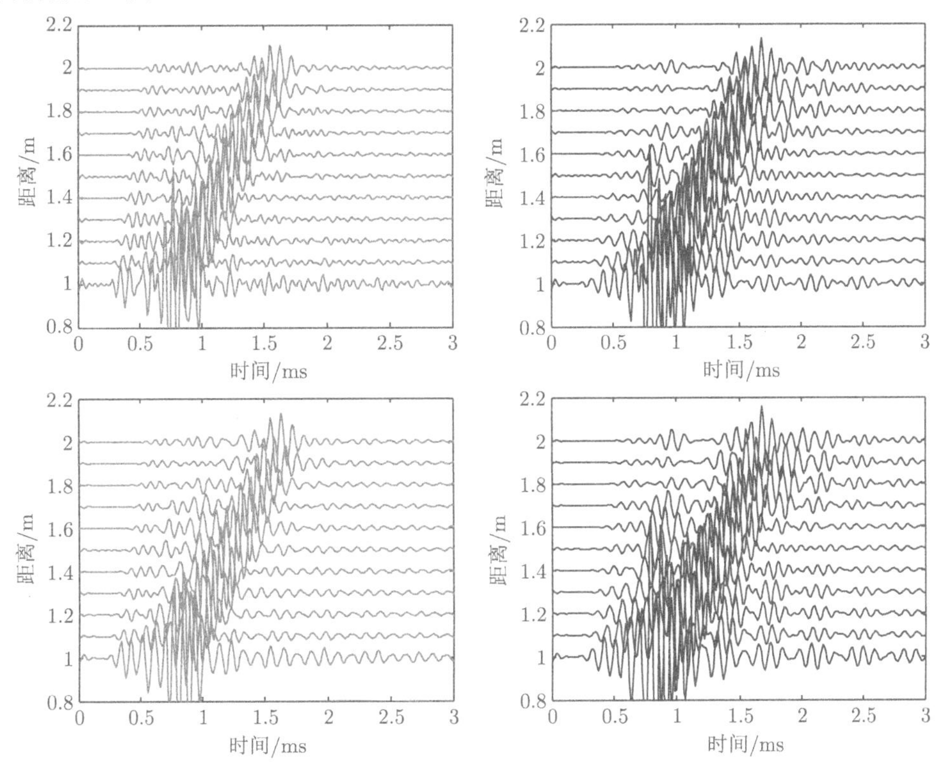

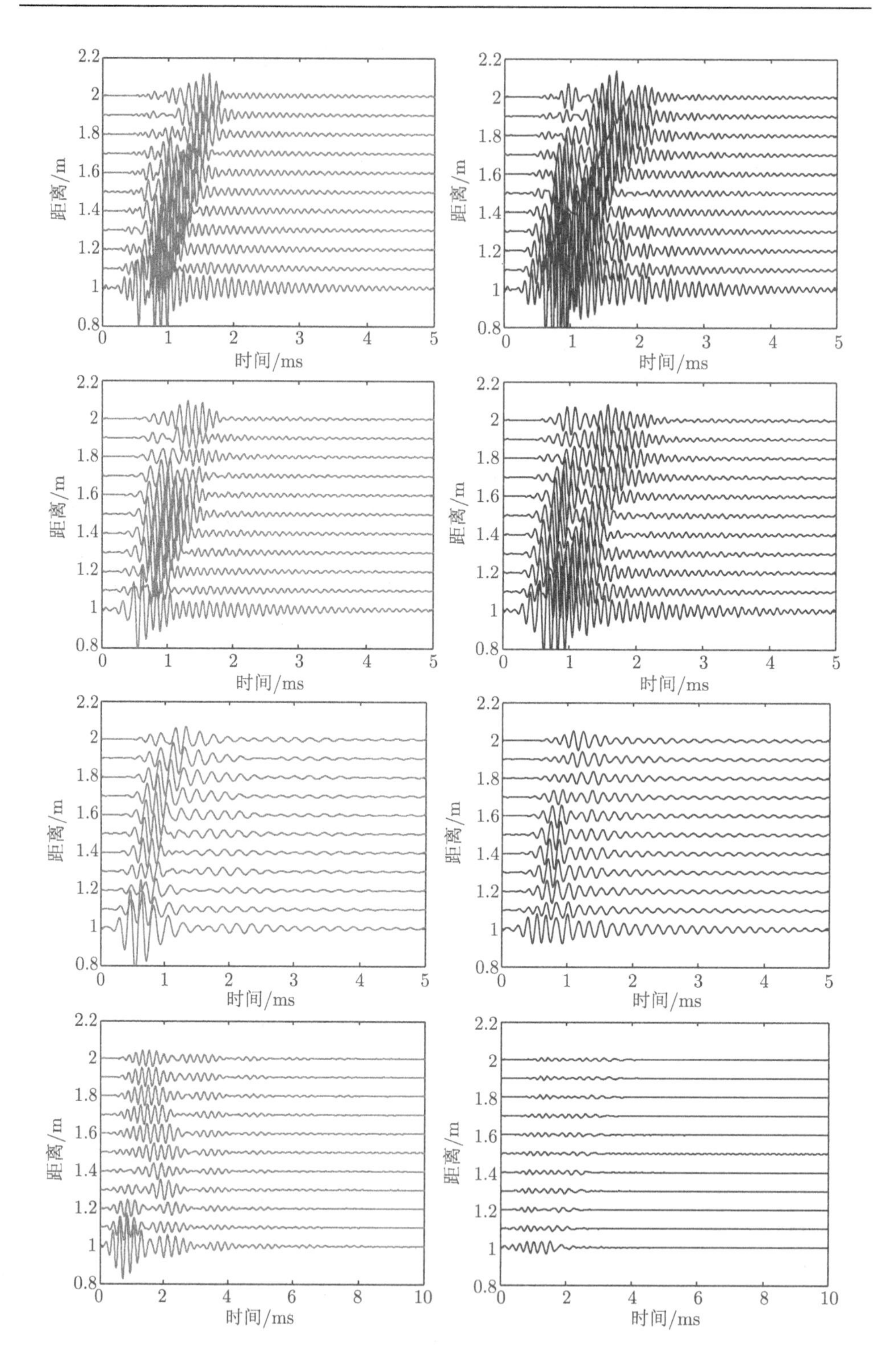
距离/m
时间/ms
2.2
2
1.8
1.6
1.4
1.2
1
0.8
0
1
2
3
4
5
6
8
10

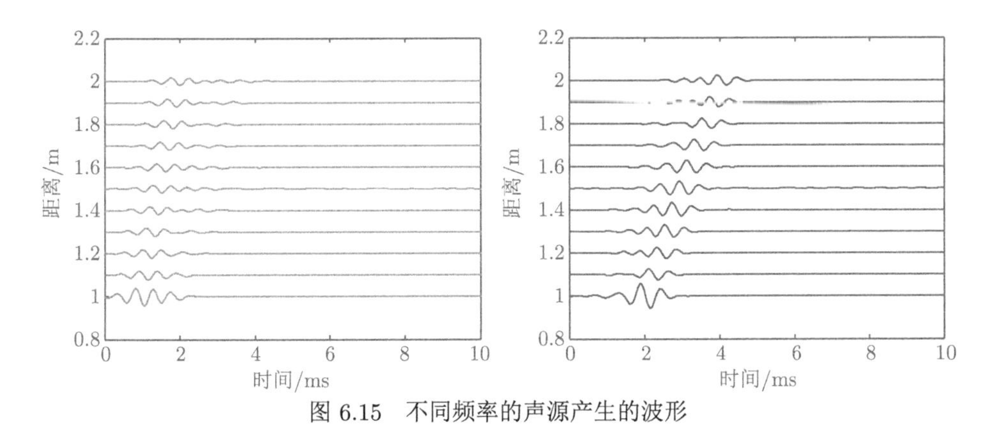

图 6.15　不同频率的声源产生的波形

图 6.16 是另一种形状的波导的结果，钢管的内壁是圆的，半径为 100mm，外表面是椭圆的，长、短半轴分别为 140mm 和 110mm，各图的安排与图 6.13、图 6.14 对应。

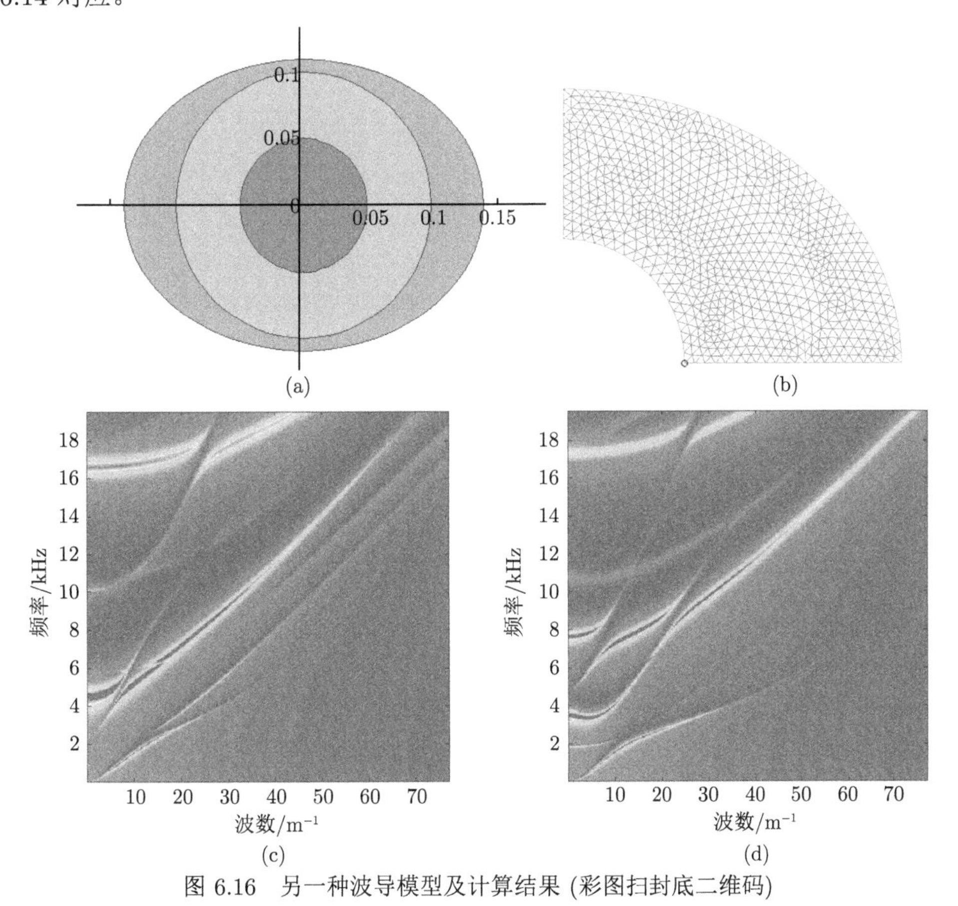

图 6.16　另一种波导模型及计算结果 (彩图扫封底二维码)

上面两个例子说明，2.5 维方法可以计算不同的波导。整个计算拆分为许多对不同频率和波数的 $\bar{P}(k,\omega)$ 计算，分解的计算相互是独立的，因此整个计算可以在多个计算机上并行计算，也可以在不同的时间计算。$\bar{P}(k,\omega)$ 的计算是二维的，比较方便。计算得到的中间结果 $\bar{P}(k,\omega)$ 在许多物理问题分析中很有用。2.5 维方法的另一个优点是不用考虑在 x_3 方向截断的问题。

用 2.5 维方法可以计算不同的问题，如一般的各向异性介质的波导。还可以用理想匹配层的方法计算截面无限大的问题。这方面已有许多研究，有许多文献可以参考。

复　习　题

1. 说明有限元方法的步骤和原理。
2. 你有没有接触过有限元商用软件？试选择其中一种介绍其基本功能和计算流程。

第 7 章 格子气自动机

经典的声学理论引入声压等宏观的物理量，根据质量、动量守恒等基本定律推导出声压满足的声波方程，进而求解分析。声学的宏观现象是由大量分子原子等微观粒子的运动产生的，但是声学研究一般不涉及微观粒子的运动。在物理学的有些领域是以微观粒子的运动为基础的，如研究理想气体物理性质的分子动力学。假定空间中气体分子的密度很低，它们的相互作用和碰撞可以忽略，根据分子动力学的规律可以研究分子的运动规律。对于大量的运动的分子，利用统计学的方法可以得到分子运动的统计规律，进而解释气体的宏观现象。通常遇到的介质的微观粒子的运动比理想气体复杂得多，运用解析的方法难以直接得到结果，于是产生了用数值计算模拟微观粒子运动，进而分析宏观现象的设想。但是微观粒子的数量非常巨大，数值计算难以实现。于是产生了一些折中的模型，这些模型假设介质是由大量的粒子组成的，这些粒子比分子原子等微观粒子大得多，每个粒子包含大量的微观粒子。假设这些粒子的运动遵循一些简单的规则，这些规则符合基本的物理规律。根据这些规则计算这些粒子的运动，对得到的结果进行统计分析，就可以得到宏观的物理量。这类方法常统称为格子气自动机 (lattice gas automata) 方法，它们的共同点是比较容易在计算机上实现，特别适于并行计算。长期以来格子气自动机方法主要用于流体力学的计算，近年来有人把这类方法用于声学问题，探索能解释声学现象的格子气自动机方法受到了广泛的关注。本章介绍一些这样的方法。

7.1 格子气方法

7.1.1 HPP 模型

我们从研究流体运动的格子气模型出发，第一个格子气模型是 1973 年提出的 HPP (Hardy-Pomeau-Pazzis) 模型，它用简化的方法模拟气体中粒子的运动。考虑二维问题，把介质划分成田字网格，大量质量都等于 1 的粒子位于田字网格的节点上。每个粒子具有大小相同的运动速度 $\boldsymbol{c}_i$，它们的方向是东西南北四个方向之一，分别用 $i=1,2,3,4$ 表示。用 $n_i(\boldsymbol{x},t)=1$ 表示时间 t 和位置 $\boldsymbol{x}$ 处有一个速度为 $\boldsymbol{c}_i$ 的粒子，而 $n_i(\boldsymbol{x},t)=0$ 表示没有这样的粒子。在同一个时刻，一个节点上最多可以有 4 个粒子，它们有不同的运动方向。在下一个时刻每个粒子向

$\boldsymbol{c}_i$ 指向的方向移动一个网格，到达相邻的一个节点。如图 7.1(a) 所示。如果在某一个时刻有两个粒子到达同一个节点，就会发生碰撞，碰撞后两个粒子分别转向 90° 离开，如图 7.1(b) 所示。介质在位置 $\boldsymbol{x}$ 和时间 t 下的密度 ρ 和动量密度 $\rho\boldsymbol{u}$ 分别是

$$\rho(\boldsymbol{x},t)=\sum_i n_i(\boldsymbol{x},t) \tag{7.1}$$

和

$$\rho(\boldsymbol{x},t)\,\boldsymbol{u}(\boldsymbol{x},t)=\sum_i c_i n_i(\boldsymbol{x},t) \tag{7.2}$$

式中，$\boldsymbol{u}$ 是介质的运动速度。

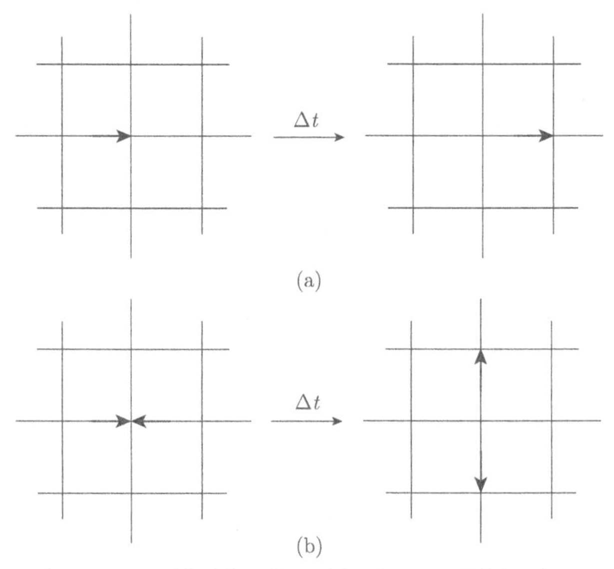

图 7.1　HPP 模型粒子的运动规则 (a) 和碰撞规则 (b)

在算法上 HPP 模型具有简单、内存小和容易并行化计算等优点，这也是其他格子气模型的共同优点。不难看出，HPP 模型每个粒子的质量和能量都不变，动量也是守恒的，因此宏观上满足质量、动量和能量守恒的基本物理规律，所以人们期望 HPP 模型能给出一些物理问题的有意义的结果。

式 (7.1) 给出了计算得到的介质的密度，利用物态方程就可以得到声压，处理声学问题。图 7.2 是 HPP 给出的两个相向传播的平面波遇到后继续传播离开的过程，它符合波动的过程。

但是这个模型的规则显然和波动理论不一样，譬如，它在与网格成 45° 方向的性质与 0° 和 90° 方向的性质不一样，不具有各向同性的特点，因此不能给出很多有意义的结果。

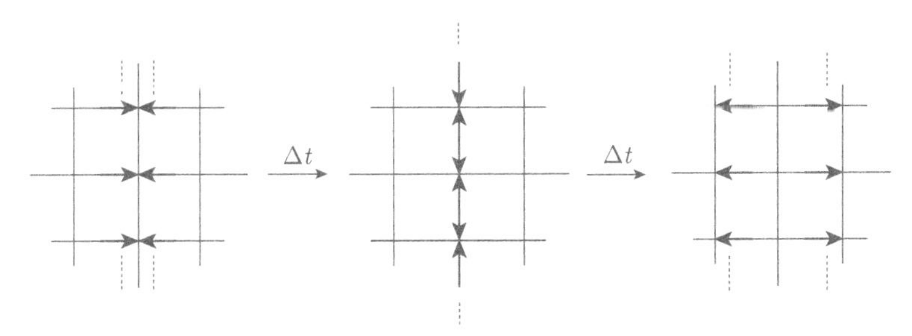

图 7.2 HPP 模型平面波遇到后继续传播

7.1.2 FHP 模型

针对 HPP 模型各个方向性质不一致的问题，1986 年提出的 FHP (Frisch-Hasslacher-Pomeau) 模型采用六角形网格替代 HPP 模型的田字形网格，如图 7.3 所示。每个节点上至多可以有 6 个质量相同、运动速度指向不同相邻节点的质点。这种模型有两种碰撞方式。当两个质点正对着碰撞后它们各自改变运动方向 60°，向相反方向运动。这时有图 7.3(a) 所示的两种满足动量守恒的传播方式，FHP 模型随机选取其中一种。另外一种碰撞方式是图 7.3(b) 所示的三个质点碰撞，碰撞

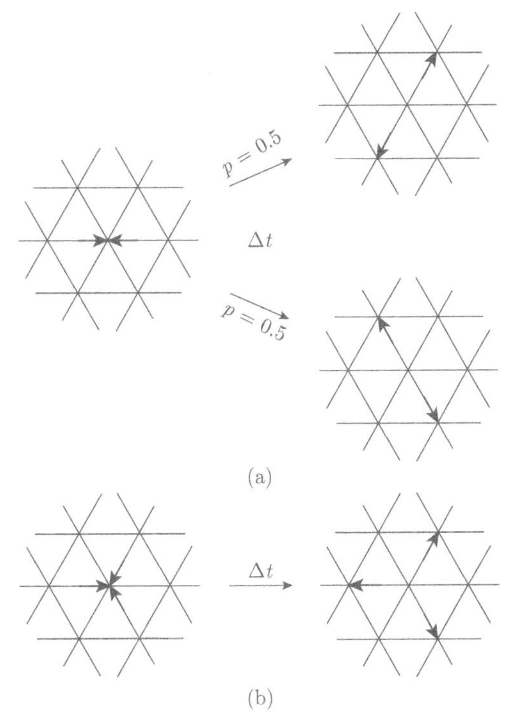

图 7.3 FHP 模型的双粒子碰撞 (a) 和三粒子碰撞 (b)

后的运动如图所示。这种模型曾经用于声学模拟并得到一些成果。但是格子气模型模拟各个粒子的运动，因此不能避免噪声。采用空间或时间的平均可以降低噪声，但是不能完全解决问题。

7.2　格子玻尔兹曼方法

针对格子气模型的噪声问题，1988 年提出了格子玻尔兹曼方法 (lattice Boltzmann method)。这种方法不追踪单个微观粒子的运动，而是在介观尺度计算粒子分布的变化，这种分布可以看作是大量微观粒子的平均。

格子玻尔兹曼方法在网格的每个节点定义若干时间的函数 $f_i(\boldsymbol{x},t)$，表示在时间 t 节点 $\boldsymbol{x}$ 处具有速度 $\boldsymbol{c}_i$ 的粒子密度，对于最常用的二维田字网格有九个函数，它们表示的速度如图 7.4 所示。介质宏观的密度和动量分别是

$$\rho(\boldsymbol{x},t)=\sum_i f_i(\boldsymbol{x},t) \tag{7.3}$$

和

$$\rho(\boldsymbol{x},t)\,\boldsymbol{u}(\boldsymbol{x},t)=\sum_i c_i f_i(\boldsymbol{x},t) \tag{7.4}$$

如果所有的粒子都独立地运动，根据上面的定义有 $f_i(\boldsymbol{x}+\boldsymbol{c}_i,t+\Delta t)=f_i(\boldsymbol{x},t)$。

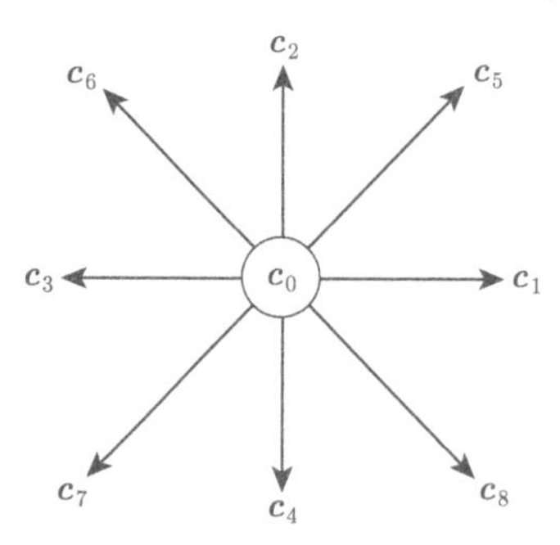

图 7.4　粒子的速度

这是粒子的运动规则，我们还需要考虑粒子之间的碰撞。我们把碰撞看作是对运动规则的扰动，考虑了碰撞的运动规则成为

$$f_i(\boldsymbol{x}+\boldsymbol{c}_i,t+\Delta t)=f_i(\boldsymbol{x},t)+\Omega_i(\boldsymbol{x},t) \tag{7.5}$$

式中，$\Omega_i(\boldsymbol{x},t)$ 称为碰撞算子。碰撞算子可以采用不同的形式，不同的碰撞算子形成不同的模型，产生不同的结果。对碰撞算子的基本要求是满足质量和动量守恒。近年来广泛采用的碰撞算子是 BGK (Bhatnagar-Gross-Krook) 算子：

$$\Omega_i(\boldsymbol{x},t)=-\frac{1}{\tau}\left(f_i-f_i^{\mathrm{eq}}\right) \tag{7.6}$$

式中，τ 是弛豫时间；f_i^{eq} 是模型处于平衡状态时的分布函数，类似于平衡状态的气体粒子速度的麦克斯韦–玻尔兹曼分布，这种分布的概率最大。在每个时间节点 f_i^{eq} 根据碰撞前的运动状态按下式计算：

$$f_i^{\text{eq}} = \rho t_i \left[1 + \frac{\boldsymbol{u} \cdot \boldsymbol{c}_i}{c_{\text{s}}^2} + \frac{(\boldsymbol{u} \cdot \boldsymbol{c}_i)^2}{2c_{\text{s}}^4} - \frac{\boldsymbol{u}^2}{2c_{\text{s}}^2}\right] \tag{7.7}$$

式中，c_{s} 是模型的声速，图 7.4 模型有 $c_{\text{s}} = \dfrac{\Delta x}{\sqrt{3}\Delta t}$；$t_i$ 是各个粒子速度矢量的权重，这里有 $t_0 = \dfrac{4}{9}$，$t_{1,2,3,4} = \dfrac{1}{9}$，$t_{5,6,7,8} = \dfrac{1}{36}$。把式 (7.6) 代入式 (7.5) 得到

$$f_i(\boldsymbol{x} + \boldsymbol{c}_i, t + \Delta t) = \left(1 - \frac{1}{\tau}\right) f_i(\boldsymbol{x}, t) + \frac{1}{\tau} f_i^{\text{eq}}(\boldsymbol{x}, t) \tag{7.8}$$

这是一个从当前状态 f_i 向平衡状态转变的弛豫过程。

由格子玻尔兹曼模型可以计算介质的密度，如式 (7.3) 所示。再利用物态方程可以得到声压，产生一些波动现象的结果，如图 7.5 所示的双缝干涉现象。格子玻尔兹曼模型也可用于非线性声场的计算，第 8 章会介绍一个例子。关于格子玻尔兹曼模型有不少基础理论和性能的分析，这里不再详细介绍。

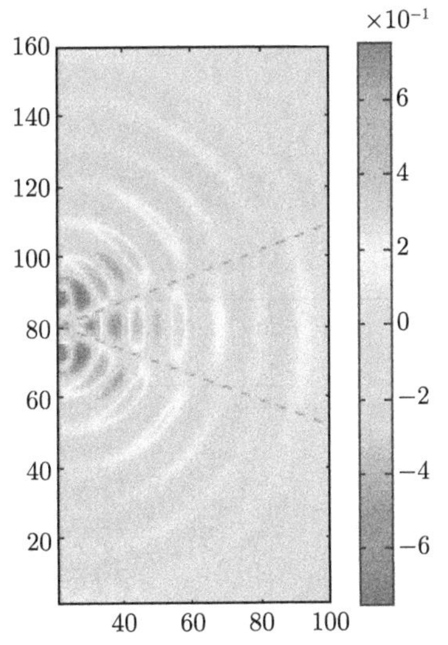

图 7.5 双缝干涉现象 (彩图扫封底二维码)

7.3 传输线方法

传输线方法是与格子气相近的方法。传输线方法也采用田字格网格，如图 7.6 所示。图中的连线是声波传播的管道，即声传输线，它们的声阻抗是 Z_0。

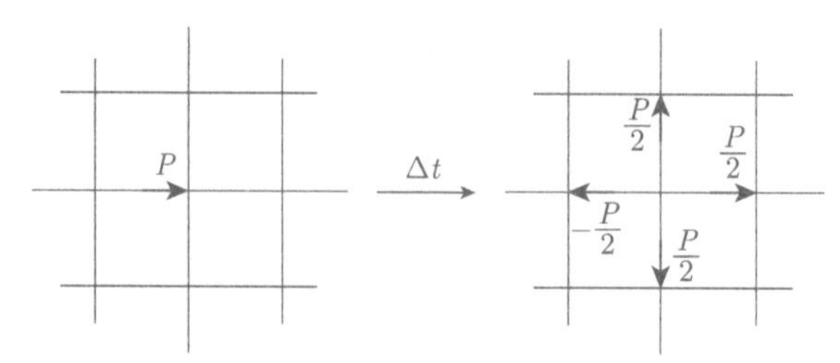

图 7.6　传输线方法

当声脉冲 P 沿着传输线传播到一个节点时，根据惠更斯原理，这个节点成为一个新的声源，它向各个方向发出 $\dfrac{P}{2}$ 的声脉冲，这就是传输线模型的运动规则，它们符合动量和能量守恒的规则。曾经有人用传输线模型计算了声波被刚性平面障板散射的现象，得到如图 7.7 所示的结果，其中可以看到反射和衍射的声波。

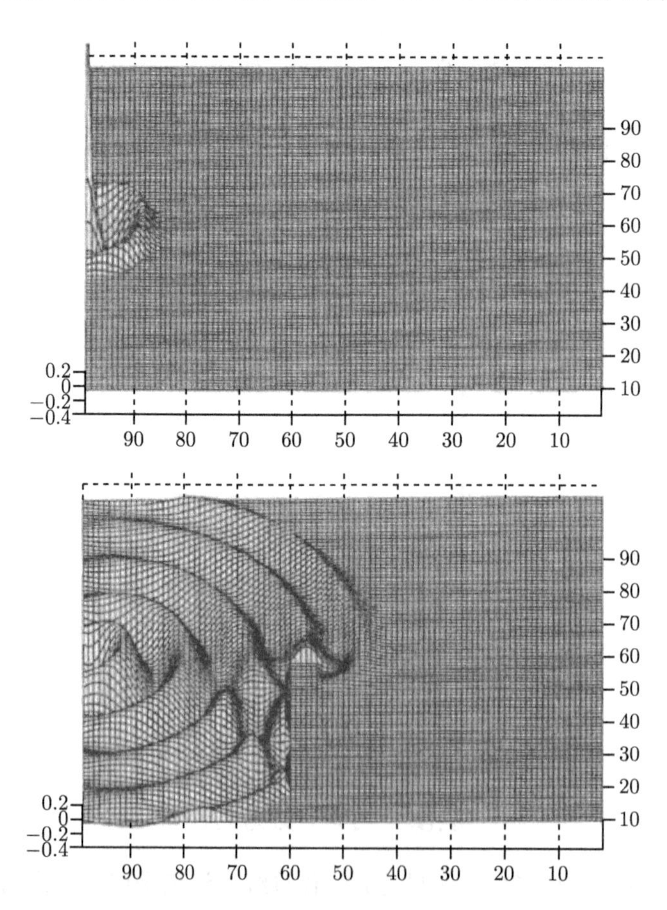

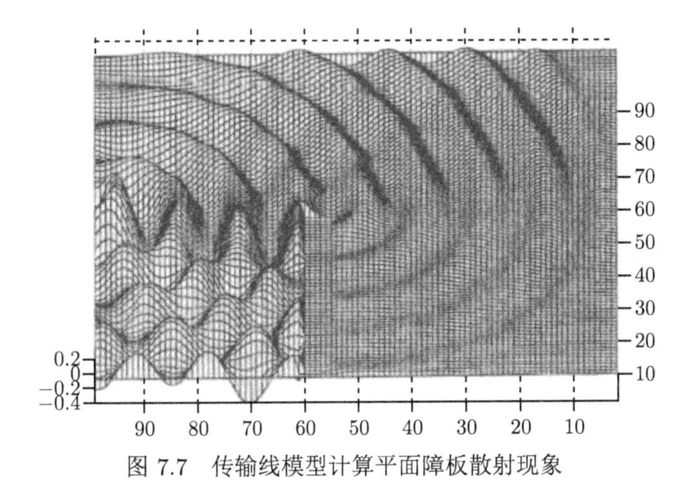

图 7.7 传输线模型计算平面障板散射现象

复 习 题

1. 什么是格子气模型？
2. 说明格子玻尔兹曼方法的原理。

第 8 章　非线性声学的数值计算

声学理论建立在运动方程、连续性方程和物态方程三个基本方程的基础上，它们都是非线性的。对于幅度很小的声波, 运动方程、连续性方程和物态方程中的二级及二级以上的小量可以忽略, 得到的近似理论就是广泛应用的线性声学。这里幅度很小是指，声压远小于介质中的静态压强，质点振动速度远小于声速，质点位移远小于波长，介质密度变化远小于静态密度。对于幅度比较大的有限振幅声波，声波方程线性化的条件不能成立。声波在传播中波形产生畸变，逐渐产生高频率成分，在传播距离较长，振幅较大时还能形成冲击波。随着科学技术的发展，在许多领域非线性声学越来越受到重视。

非线性声学的理论分析非常复杂, 至今没有满意的处理方法, 因此在研究实际问题中更多地依赖数值计算方法。前面介绍的有限差分和有限元等方法都可以用于非线性声学问题, 处理的原理和方法与线性问题没有大的不同。但是前面介绍的对算法性能的分析大都只适用于线性问题, 对非线性声学的各种算法的性能还没有系统的研究结果, 因此制订算法主要依靠尝试摸索。下面通过例子介绍这方面的情况。

8.1　高强度聚焦超声声场

8.1.1　背景

高强度聚焦超声 (HIFU) 是一种新兴的超声治疗方法，能够用于人体内部肿瘤的治疗。这种方法常采用图 8.1 所示的凹球面的高强度聚焦超声换能器。换能器发出声波，传入人体，在肿瘤靶区形成焦点区域。焦点区域的组织在数秒内达到 65 °C 以上的高温，产生凝固性坏死，而焦点区域外的组织几乎不受损伤。采用机械或电子的方法移动焦点，使加热区域覆盖肿瘤，达到治疗效果。下面介绍用有限差分方法在非线性条件下计算这种换能器的辐射声场。这部分内容主要是根据脚注中的文献 ∗和 ∗∗编写的。

∗ 彭哲凡. HIFU 精确聚焦中的时间反转方法及其应用研究 [D]. 北京：中国科学院大学、中国科学院声学研究所，博士学位论文，2016.

∗∗ Hallaj I M, Cleveland R O. FDTD simulation of finite-amplitude pressure and temperature fields for biomedical ultrasound [J]. The Journal of the Acoustical Society of America, 1999, 105(5): L7-L12.

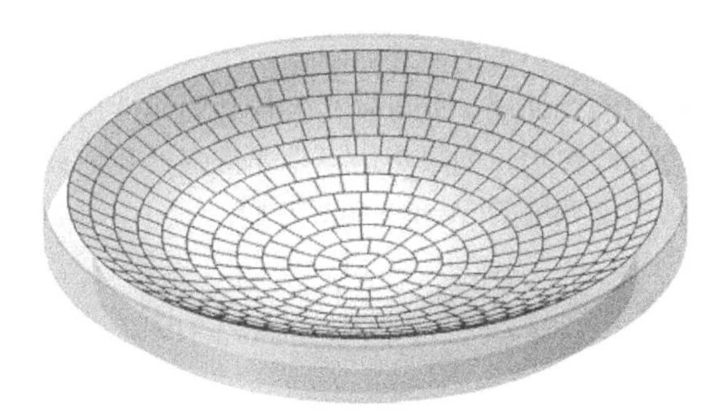

图 8.1 高强度聚焦超声换能器

8.1.2 非线性声学基本方程

建立声学理论的第一个基本方程是连续性方程，为

$$\frac{D\rho}{Dt}+\rho\nabla\cdot\boldsymbol{u}=\frac{\partial\rho}{\partial t}+\boldsymbol{u}\cdot\nabla\rho+\rho\nabla\cdot\boldsymbol{u}=0 \tag{8.1}$$

其中，ρ 为介质密度；$\boldsymbol{u}$ 为流体质点速度矢量。它们都是时间和位置的函数，即 $\rho(x,y,z,t)$ 和 $\boldsymbol{u}(x,y,z,t)$。如果跟踪一个单元，密度对时间的导数为 $\frac{D\rho}{Dt}=\frac{\partial\rho}{\partial t}+\frac{\partial\rho}{\partial x}\frac{\partial x}{\partial t}+\frac{\partial\rho}{\partial y}\frac{\partial y}{\partial t}+\frac{\partial\rho}{\partial z}\frac{\partial z}{\partial t}=\frac{\partial\rho}{\partial t}+\boldsymbol{u}\cdot\nabla\rho$，$\frac{D\rho}{Dt}$ 称为全导数。第二个基本方程是运动方程：

$$\rho\frac{D\boldsymbol{u}}{Dt}+\nabla P=\rho\frac{\partial\boldsymbol{u}}{\partial t}+\rho\boldsymbol{u}\cdot\nabla\boldsymbol{u}+\nabla P=0 \tag{8.2}$$

其中，P 为声压。第三个是物态方程：

$$P=P(\rho) \tag{8.3}$$

物态方程表示介质的物理性质，一般是复杂的函数，如果考虑吸收，还要包括密度的导数。这里我们不考虑温度对物态的影响。

令 $p=P-P_0$，$\rho'=\rho-\rho_0$，这里 ρ_0 和 P_0 是介质的静态密度和压强。p，ρ' 和 $\boldsymbol{u}$ 一起被称作一级小量。将其代入式 (8.1)~式 (8.3)，得到

$$\begin{gathered}\frac{\partial\rho'}{\partial t}+\rho_0\nabla\cdot\boldsymbol{u}=-\rho'\nabla\cdot\boldsymbol{u}-\boldsymbol{u}\cdot\nabla\rho'\\ \rho_0\frac{\partial\boldsymbol{u}}{\partial t}+\nabla p=-\frac{1}{2}\rho_0\nabla\boldsymbol{u}^2-\rho'\frac{\partial\boldsymbol{u}}{\partial t}\\ p=c_0^2\rho'+\frac{c_0^2}{\rho_0}\frac{B}{2A}\rho'^2+\cdots+\frac{\eta}{\rho_0}\frac{\partial}{\partial t}\rho'+\cdots\end{gathered} \tag{8.4}$$

物态方程在平衡点展开，还包含了反映介质吸收的弛豫项，式中，$\frac{B}{A}$ 是非线性参

数；η 是黏度；c_0 是小振幅声波的声速。

如果只保留方程中的线性项，就可以得到熟悉的线性声波方程。为了计算高强度声场，必须保留非线性项。如果声场不是非常强，我们只保留一阶和物态方程的二阶项，就得到广泛应用的 Westervelt 方程：

$$\nabla^2 p-\frac{1}{c_0^2}\frac{\partial^2 p}{\partial t^2}+\frac{\delta}{c_0^4}\frac{\partial^3 p}{\partial t^3}+\frac{\beta}{\rho_0 c_0^4}\frac{\partial^2 p^2}{\partial t^2}=0 \tag{8.5}$$

其中，$\delta=\dfrac{\eta}{\rho_0}$，$\beta=1+\dfrac{B}{2A}$。方程中前两项与理想介质的线性声波方程一样，第三项代表介质的线性吸收，第四项是介质非线性的贡献。这个方程没有解析解，需要通过数值方法来求解。一般情况下，聚焦换能器的声场是轴对称的，我们采用轴对称圆柱坐标系，方程中的 Laplace 算子是

$$\nabla^2 p=\frac{\partial^2 p}{\partial r^2}+\frac{1}{r}\cdot\frac{\partial p}{\partial r}+\frac{\partial^2 p}{\partial z^2} \tag{8.6}$$

其中，z 为声波传播方向；r 为径向。

8.1.3　有限差分算法

方程 (8.5) 可以利用时域有限差分方法求解。将声压离散化，按照第 4 章的讨论，声压可以表示为 $p(l_r,l_z,n)$，其中，l_r，l_z 和 n 分别是 r 方向、z 方向和时间的采样点的编号。采用常规的矩形网格。空间二阶、时间二阶的差分格式可以表示为

$$\frac{\partial^2 p}{\partial t^2}=\frac{p(l_r,l_z,n+1)-2p(l_r,l_z,n)+p(l_r,l_z,n-1)}{\Delta t^2}+O\left(\Delta t^2\right) \tag{8.7}$$

$$\frac{\partial^2 p}{\partial z^2}=\frac{p(l_r,l_z+1,n)-2p(l_r,l_z,n)+p(l_r,l_z-1,n)}{\Delta z^2}+O\left(\Delta z^2\right) \tag{8.8}$$

$$\begin{aligned}\frac{\partial^3 p}{\partial t^3}=&\frac{1}{2\Delta t^3}\left[6p(l_r,l_z,n)-23p(l_r,l_z,n-1)+34p(l_r,l_z,n-2)\right.\\&\left.-24p(l_r,l_z,n-3)+8p(l_r,l_z,n-4)-p(l_r,l_z,n-5)\right]+O\left(\Delta t^2\right)\end{aligned} \tag{8.9}$$

$$\begin{aligned}\frac{\partial^2 p}{\partial r^2}+\frac{1}{r}\frac{\partial p}{\partial r}=&\frac{p(l_{r+1},l_z,n)-2p(l_r,l_z,n)+p(l_{r-1},l_z,n)}{\Delta r^2}\\&+\frac{1}{r}\frac{p(l_{r+1},l_z,n)+p(l_{r-1},l_z,n)}{2\Delta r}+O\left(\Delta r^2\right)\end{aligned} \tag{8.10}$$

$$\begin{aligned}\frac{\partial^2 p^2}{\partial t^2}&=2\left[p\frac{\partial^2 p}{\partial t^2}+\left(\frac{\partial p}{\partial t}\right)^2\right]\\&=2p\frac{2p(l_r,l_z,n)-5p(l_r,l_z,n-1)+4p(l_r,l_z,n-2)-p(l_r,l_z,n-3)}{\Delta t^2}\end{aligned}$$

$$+\left[\frac{3p\left(l_r,l_z,n\right)-4p\left(l_r,l_z,n-1\right)+p\left(l_r,l_z,n-2\right)}{2\Delta t}\right]^2+O\left(\Delta t^2\right) \quad (8.11)$$

其中，Δr 为 r 方向空间步长；Δz 为 z 方向空间步长；Δt 为时间步长。$\partial^2 p/\partial t^2$ 项采用中心差分，其余时间项采用后向差分，可以得到显式的差分格式。

计算区域为 $0 \leqslant r < r_{\max}$ 和 $0 \leqslant z < z_{\max}$，如图 8.2 所示。计算区域周围有两种不同的边界条件，由于聚焦声场是轴对称的，所以在 $r=0$ 使用对称边界条件 $\left[\dfrac{\partial p}{\partial r}\right]_{r=0}=0$。其他边界上采用吸收边界，为 $\left[\dfrac{\partial p}{\partial z}-\dfrac{1}{c_0}\dfrac{\partial p}{\partial t}\right]_{z=0}=0$，$\left[\dfrac{\partial p}{\partial z}+\dfrac{1}{c_0}\dfrac{\partial p}{\partial t}\right]_{z=z_{\max}}=0$ 和 $\left[\dfrac{\partial p}{\partial r}+\dfrac{1}{c_0}\dfrac{\partial p}{\partial t}\right]_{r=r_{\max}}=0$，以消除由有限数值计算区域产生的反射。将边界条件离散化，可得

$$\begin{aligned}
p\left(l_r,l_z,n\right)&=p\left(l_r,l_z-1,n-1\right)\\
&\quad+\frac{c\Delta t-\Delta r}{c\Delta t+\Delta r}[p\left(l_r,l_z-1,n\right)-p\left(l_r,l_z,n-1\right)],\quad z=0\\
p\left(l_r,l_z,n\right)&=p\left(l_r,l_{z-1},n-1\right)\\
&\quad+\frac{c\Delta t-\Delta z}{c\Delta t+\Delta z}\left[p\left(l_r,l_{z-1},n\right)-p\left(l_r,l_z,n-1\right)\right],\quad z=z_{\max}\\
p_{i,j-1}^n&=p_{i,j+1}^n,\quad r=0\\
p\left(l_r,l_z,n\right)&=p\left(l_r+1,l_z,n-1\right)\\
&\quad+\frac{c\Delta t-\Delta z}{c\Delta t+\Delta z}[p\left(l_r+1,l_z,n\right)-p\left(l_r,l_z,n-1\right)],\quad r=r_{\max}
\end{aligned} \quad (8.12)$$

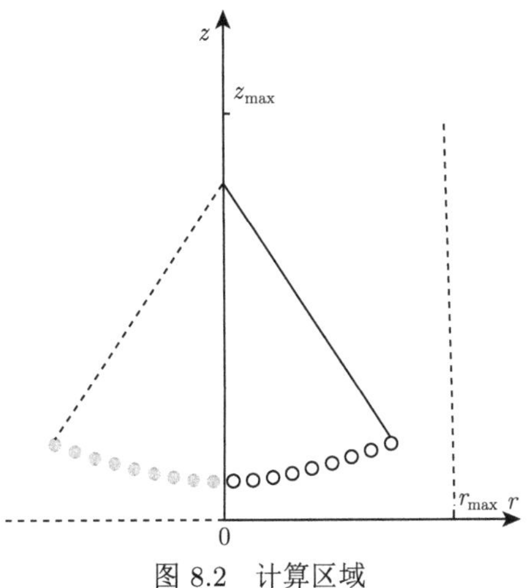

图 8.2　计算区域

高强度聚焦换能器的表面位于图 8.2 中小圆圈组成的圆弧处，换能器半径为 30 mm，球面半径即几何焦距为 75 mm，半张角为 23.6°。声源表面的声压波形为稳态正弦波

$$p_{\mathrm{s}} = p_0 \sin \omega t \tag{8.13}$$

声源表面声压幅值 $p_0 = 200\,\mathrm{kPa}$,频率为 1 MHz。介质为水,密度 $\rho_0 = 1000\,\mathrm{kg/m^3}$,声速 $c_0 = 1500\,\mathrm{m/s}$，非线性系数 $\beta = 3.5$，吸收系数 $\alpha = 0.02\,\mathrm{Np/m}$。数值计算的空间步长 $\Delta z = \Delta r = 4 \times 10^{-5}\,\mathrm{m}$，约为波长的 1/40。时间步长 $\Delta t = 5 \times 10^{-9}\,\mathrm{s}$。满足线性声场计算的稳定性条件。

8.1.4　数值模拟结果

图 8.3 是焦点处的波形。由于非线性效应，单频声波传播时会产生高频谐波，使波形畸变，不再是一个单频的正弦波。正负声压不再对称，正声压的峰值比负声压的峰值大，时间上正声压峰值的宽度比负声压的窄。图 8.4 是对称轴上正负声压的幅值随距离的变化。正声压和负声压的最大幅值分别为 7.1 MPa 及 −4.3 MPa，正声压幅值明显大于负声压幅值。正声压最大值位于 74.8 mm，负声压最大值位于 72.9 mm，正声压最大值位置比负声压最大值位置更靠近几何中心。图 8.5 中标有 N 的曲线是计算得到的对称轴上各点声压的幅值。标有 L 的曲线是把非线性系数取为 0，即忽略非线性效应的计算结果。非线性波形中包含高阶谐波的成分，利用傅里叶变换可以得到不同阶数谐波的幅度。图 8.5 中小方块是基波的幅度，小圆点是二次谐波的幅度，小三角形是三次谐波的幅度。可以看出，非线性正声压大于线性模型的计算结果。基波的幅度小于线性条件下的声压幅度，表明非线性条件下基波的能量向高次谐波发生了转移，产生高次谐波。比较这些曲线可以发现，只有焦点附近出现了明显的高次谐波，其他位置的高次谐波成分较小。

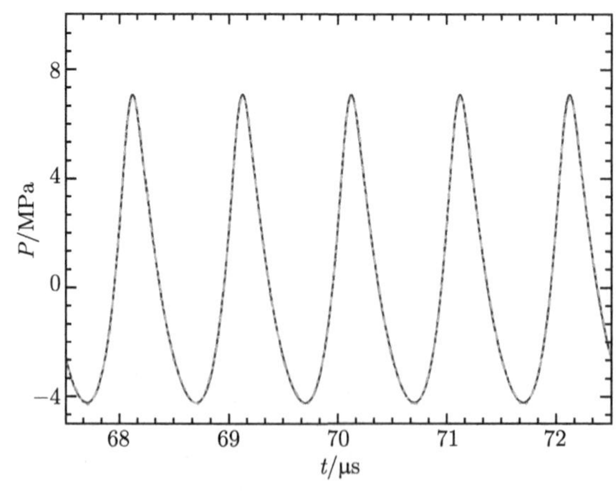

图 8.3　焦点处的声压波形 (彩图扫封底二维码)

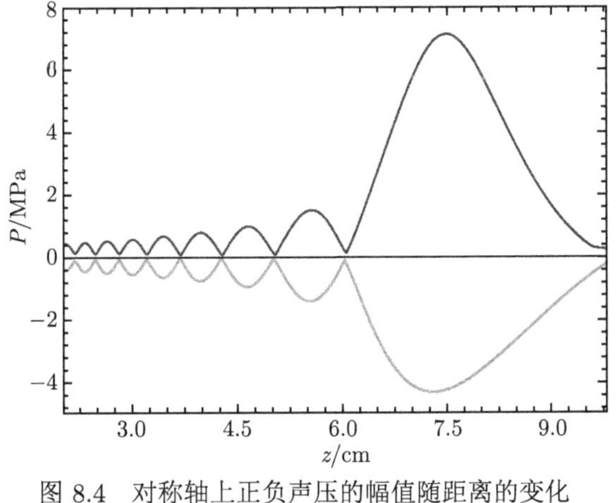

图 8.4 对称轴上正负声压的幅值随距离的变化

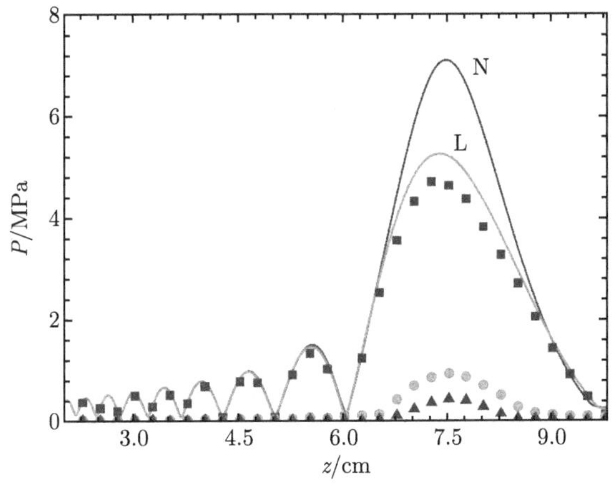

图 8.5 对称轴上 1 ~ 3 次谐波 z 轴上的分布

8.1.5 格子玻尔兹曼方法

高强度聚焦超声是一个有重要应用价值的复杂问题，有许多文献用各种方法研究这个问题，脚注中的文献 *采用第 7 章介绍的格子玻尔兹曼方法成功计算了高强度聚焦超声，是一个新的尝试。

8.2 空化气泡振动仿真

8.2.1 超声空化概念

这一节简单介绍数值计算在研究超声空化现象中的应用，这部分内容主要参

* 单锋，薛洪惠，郭霞生，屠娟，章东．格子 Boltzmann 方法及其在高强度聚焦超声声场建模的应用 [J]. 科学通报，2017, 62: 3335-3345.

照脚注中的文献 * 编写。当液体中的超声波声压大到一定程度时，声场中会出现气泡或者气泡团簇的剧烈膨胀和塌缩，通常将这种现象称为超声空化 (ultrasonic cavitation)。将这种剧烈膨胀和塌缩的气泡和气泡团簇分别称为空化泡 (cavitation bubble) 和空化云 (cavitation cloud)，如图 8.6 和图 8.7 所示。

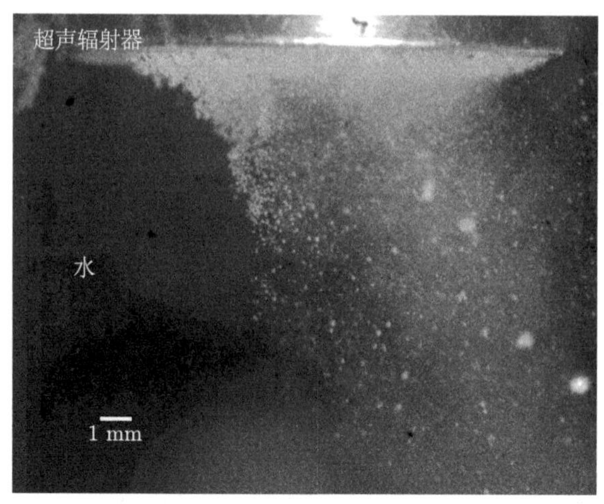

图 8.6　空化泡及空化云

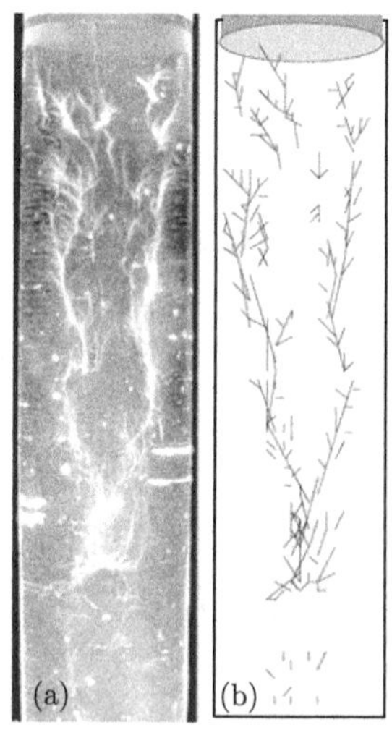

图 8.7　玻璃管中的空化云的实拍图 (a) 和示意图 (b)

8.2.2　超声空化泡振动模型

如图 8.8 所示，静压力为 p_0 的水中有一初始半径为 R_0 的气泡，泡内气体为

* 吴鹏飞. 声–流耦合空化机理研究 [D]. 北京：中国科学院大学、中国科学院声学研究所，博士学位论文，2018.

空气和少量水蒸气，气泡尺寸远小于声波波长，不考虑气泡的重力和浮力。气泡在幅值为 p_a 的超声波作用下膨胀和收缩。假设气泡只做径向振动并始终保持球对称，考虑水的表面张力、黏性、可压缩性和气泡辐射阻尼，气泡的振动由下面的 Keller-Miksis 方程描述:

$$\left(1-\frac{\dot{R}}{c}\right)R\ddot{R}+\frac{3}{2}\dot{R}^2\left(1-\frac{\dot{R}}{3c}\right)=\left(1+\frac{\dot{R}}{c}\right)\frac{p_1}{\rho}+\frac{R}{\rho c}\frac{\mathrm{d}p_1}{\mathrm{d}t} \tag{8.14}$$

其中，

$$p_1=\left(p_0-p_v+\frac{2\sigma}{R_0}\right)\left(\frac{R_0}{R}\right)^{3n}-p_0-\frac{2\sigma}{R}-\frac{4\mu}{R}\dot{R}-p(t) \tag{8.15}$$

$$p(t)=p_a\sin(2\pi ft) \tag{8.16}$$

R，$\dot{R}$ 和 $\ddot{R}$ 分别表示气泡半径及其对时间的一阶导数和二阶导数。$c=1500$ m/s 为水中声速, $p_0=101$ kPa 为水中静压，$p_v=2.33$ kPa 为泡内水蒸气压，$\sigma=0.0725$ N/m 为水的表面张力系数，$\mu=0.001$ Pa·s 为水的黏性系数，$n=4/3$ 为绝热系数，$\rho=998$ kg/m^3 为水的密度，R_0 为气泡的初始半径, p_a 为超声声压幅值。

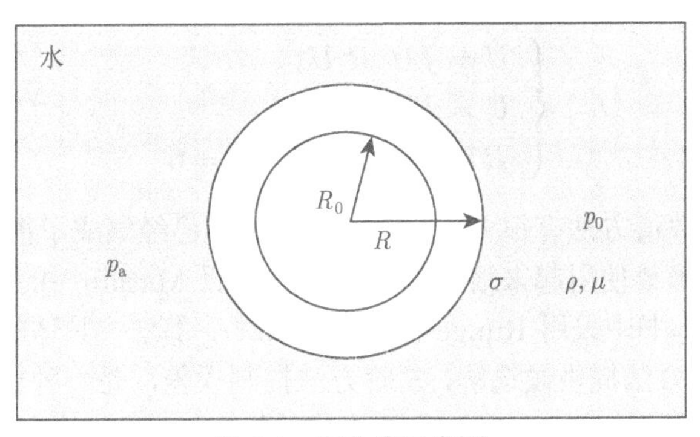

图 8.8 空化泡示意图

8.2.3 气泡振动方程线性化

当气泡振幅比较小时，令 $R(t)=R_0+\varepsilon R_1(t)$，代入式 (8.14)，按 ε 相同幂次合并，为了使方程成立，要求 ε 的各阶幂次的系数分别为 0。对于一阶项经过一些运算可得

$$\ddot{R}_1+\frac{4\mu}{\rho R_0^2}\dot{R}_1+\frac{1}{\rho R_0^2}\left[3n\left(p_0+\frac{2\sigma}{R_0}-p_v\right)-\frac{2\sigma}{R_0}\right]R_1=\frac{-p(t)}{\rho R_0} \tag{8.17}$$

上式和弹簧振子振动方程比较可以发现，其形式完全一样，只不过对于气泡振子，其阻尼系数和劲度系数表达式更复杂一些，其共振频率为

$$f_0=\frac{\omega_0}{2\pi}=\frac{1}{2\pi R_0}\sqrt{\frac{3n\left(p_0+\dfrac{2\sigma}{R_0}-p_{\mathrm{v}}\right)-\dfrac{2\sigma}{R_0}-\dfrac{4\mu^2}{\rho R_0^2}}{\rho}} \tag{8.18}$$

如果同时忽略饱和蒸气压、表面张力以及黏性，上式变成

$$f_{\mathrm{M}}=\frac{1}{2\pi R_0}\sqrt{\frac{3np_0}{\rho}} \tag{8.19}$$

可以看到，气泡越大，共振频率越低，这也是符合常理的。

8.2.4 数值计算方法

空化泡振动方程的定解问题可表示如下：

$$\begin{cases}\ddot{R}=f\left(t,R,\dot{R}\right)\\ R(0)=R_0,\quad \dot{R}(0)=0\end{cases} \tag{8.20}$$

这是一个二阶常微分方程的初值问题，可以引入中间函数将其转化为一阶微分方程组。令 $U=\dot{R}$，得到

$$\begin{cases}\dot{U}=f(t,R,U)\\ U=\dot{R}\\ R(0)=R_0,\quad U(0)=0\end{cases} \tag{8.21}$$

求解此类方程的数值方法有很多，目前 Matlab 中已经集成了很多求解常微分方程的函数，这些函数使用起来很方便，只需要按照 Matlab 中这些函数的语法调用就可以求解。本书中采用 Runge-Kutta-Fehlberg 算法，具体的 Matlab 函数是 ode45, 它用 4 阶方法提供候选解，5 阶方法控制误差，是一种自适应步长 (变步长) 的常微分方程数值解法。对这些具体的数值方法感兴趣的读者可以进一步查阅一般的数值分析和常微分方程数值解的教材，这里不再详细介绍。

8.2.5 计算结果

图 8.9 是取驱动超声频率 $f=20$ kHz，声压幅值 $P_{\mathrm{a}}=125$ kPa，气泡初始半径 $R_0=10$ μm 的情况下的气泡半径随时间变化曲线。横轴表示时间，左纵轴表示气泡的瞬时半径与初始半径之比 (相应的曲线用黑线表示)，右纵轴表示气泡所处超声场的瞬时声压 (相应的曲线用蓝线表示)。由该图可以看出，气泡在声压的负半周期相对缓慢膨胀，在声压的正半周期急剧塌缩到体积很小，并且还会快速衰减振荡直至半径接近初始半径，再开始下一个周期的振动。

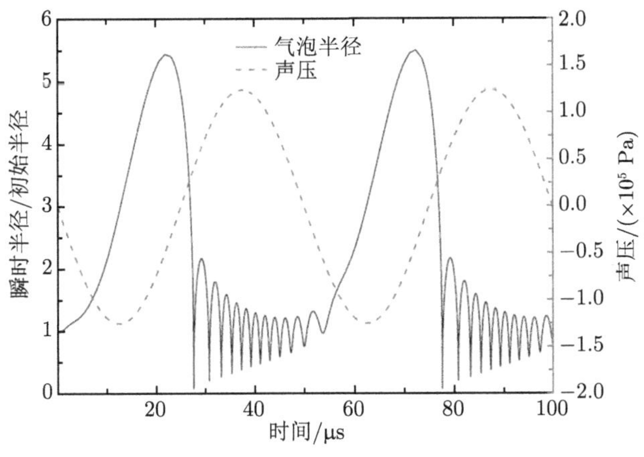

图 8.9 气泡半径随时间变化曲线

图 8.10 是不同声压驱动下气泡半径随时间变化的曲线，其中，气泡初始半径 $R_0 = 5\ \mu\text{m}$，超声频率 $f = 20\ \text{kHz}$。可以看到，声压比较小时，气泡接近于简谐振动，当声压比较大时后半周期才会出现高频衰减振动。

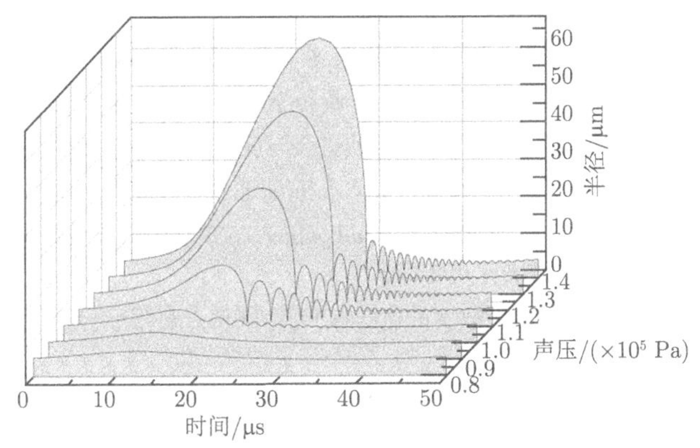

图 8.10 不同声压驱动下气泡半径随时间变化

复 习 题

1. 说明非线性声学问题数值计算的意义和主要困难。

参 考 文 献

董良国, 马在田, 曹景忠, 2000. 一阶弹性波方程交错网格高阶差分解法稳定性研究 [J]. 地球物理学报, 43(06): 856-864.

董良国, 马在田, 曹景忠, 等, 2000. 一阶弹性波方程交错网格高阶差分解法 [J]. 地球物理学报, 43(03): 411-419.

冯绍松, 章瑞铨, 2004. 非线性声学简介与在医学诊断中的应用 [J]. 声学技术, 23(F11): 3-6.

符力耘, 牟永光, 1994. 弹性波边界元法正演模拟 [J]. 地球物理学报, 37(4): 521-529.

李太宝, 2003. 计算声学: 声场的方程和计算方法 [M]. 北京: 科学出版社.

马大猷, 2004. 现代声学理论基础 [M]. 北京: 科学出版社.

钱祖文, 2009. 非线性声学 [M]. 2 版. 北京: 科学出版社.

任英俊, 黄建平, 刘梦丽, 等, 2018. 窗函数交错网格有限差分算子及其优化方法 [J]. Applied Geophysics, 15(02): 253-260, 363.

斯坦恩 E M, 沙卡什 R, 2020. 傅里叶分析 [M]. 燕敦验, 译. 北京: 机械工业出版社.

万明习, 冯怡, 路舒宽, 等, 2018, 计算生物医学超声学 [M]. 北京: 科学出版社.

王润田, 章瑞铨, 周艳, 等, 2007. 非线性声学的进展与应用 [J]. 声学技术, 26(2): 348-356.

王守东, 2003. 声波方程完全匹配层吸收边界 [J]. 石油地球物理勘探, 38(01): 31-34.

王之洋, 刘洪, 唐祥德, 等, 2015. 基于 Chebyshev 自褶积组合窗的有限差分算子优化方法 [J]. 地球物理学报, 58(02): 628-642.

吴光强, 盛云, 方园. 基于声学灵敏度的汽车噪声声-固耦合有限元分析 [J]. 机械工程学报, 45(3): 222-228.

吴国忱, 王华忠, 2005. 波场模拟中的数值频散分析与校正策略 [J]. 地球物理学进展, 20(01): 58-65.

延森 F B, 库珀曼 W A, 波特 M B, 等, 2017. 计算海洋声学 [M]. 2 版. 周利生, 王鲁军, 杜栓平, 译. 北京: 国防工业出版社.

张海澜, 2021. 理论声学 (修订版)[M]. 北京: 高等教育出版社.

张海澜, 王秀明, 张碧星, 2004. 井孔的声场和波 [M]. 北京: 科学出版社.

Aki K, Richards P G, 2002. Quantitative Seismology[M]. New York: University Science Books.

Andersen A H, Kak A C, 1982. Digital ray tracing in two-dimensional refractive fields[J]. The Journal of the Acoustical Society of America, 72(5): 1593-1606.

Anson L W, Chivers R C, 1993. Ultrasonic scattering from spherical shells including viscous and thermal effects[J]. The Journal of the Acoustical Society of America, 93(4): 1687-1699.

Arakawa M, Kanai H, Ishikawa K, et al, 2018. A method for the design of ultrasonic devices for scanning acoustic microscopy using impulsive signals[J]. Ultrasonics, 84: 172-179.

Atalar A, 1978. An angular-spectrum approach to contrast in reflection acoustic microscopy[J]. Journal of Applied Physics, 49(10): 5130-5139.

Bai L, Wu P, Liu H, et al, 2018. Rod-shaped cavitation bubble structure in ultrasonic field[J]. Ultrasonics Sonochemistry, 44: 184-195.

Bai L, Xu W, Deng J, et al. Generation and control of acoustic cavitation structure[J]. Ultrasonics Sonochemistry, 2014, 21(5): 1696-1706.

Barbieri R, Barbieri N, 2006. Finite element acoustic simulation based shape optimization of a muffler[J]. Applied Acoustics, 67(4): 346-357.

Bathe K J, 2006. Finite Element Procedures[M]. Englewood: Prentice Hall.

Berenger J P, 1994. A perfectly matched layer for the absorption of electromagnetic waves[J]. Journal of Computational Physics, 114(2): 185-200.

Bolin K, Boué M, Karasalo I, 2009. Long range sound propagation over a sea surface[J]. The Journal of the Acoustical Society of America, 126(5): 2191-2197.

Booker H G, Clemmow P C, 1950. The concept of an angular spectrum of plane waves, and its relation to that of polar diagram and aperture distribution[J]. Proceedings of the IEE-Part III: Radio and Communication Engineering, 97(45): 11-17.

Brekhovskikh L M, Lysanov Y P, Beyer R T, 1991. Fundamentals of Ocean Acoustics[M]. Berlin: Springer-Verlag.

Bres G, Pérot F, Freed D, 2009. Properties of the lattice Boltzmann method for acoustics[C]. 15th AIAA/CEAS Aeroacoustics Conference (30th AIAA Aeroacoustics Conference), Miami, USA: 3395.

Cheng C H, Toksöz M N, 1981. Elastic wave propagation in a fluid-filled borehole and synthetic acoustic logs[J]. Geophysics, 46(7): 1042-1053.

Chernov L A, 2017. Wave propagation in a random medium[M]. Courier Dover Publications.

Chu C, Stoffa P L, 2012. Determination of finite-difference weights using scaled binomial windows[J]. Geophysics, 77(3): W17-W26.

Collino F, Tsogka C, 2001. Application of the perfectly matched absorbing layer model to the linear elastodynamic problem in anisotropic heterogeneous media[J]. Geophysics, 66(1): 294-307.

Crighton D G, 1979. Model equations of nonlinear acoustics[J]. Annual Review of Fluid Mechanics, 11(1): 11-33.

Culick F E C, 1994. Some recent results for nonlinear acoustics in combustion chambers[J]. AIAA Journal, 32(1): 146-169.

Cunefare K A, Koopmann G, Brod K, 1989. A boundary element method for acoustic radiation valid for all wavenumbers[J]. The Journal of the Acoustical Society of America, 85(1): 39-48.

de Jong N, Cornet R, Lancée C T, 1994. Higher harmonics of vibrating gas-filled microspheres. Part one: simulations[J]. Ultrasonics, 32(6): 447-453.

de Jong N, Emmer M, van Wamel A, et al, 2009. Ultrasonic characterization of ultrasound contrast agents[J]. Medical & Biological Engineering & Computing, 47(8): 861-873.

Desmet W, Vandepitte D, 2005. Finite element modeling for acoustics[C]. International Seminar on Applied Acoustics (ISAAC13), Leuven, Belgium: 37-85.

Doolittle R D, Überall H, 1966. Sound scattering by elastic cylindrical shells[J]. The Journal of the Acoustical Society of America, 39(2): 272-275.

Duck F A, 2002. Nonlinear acoustics in diagnostic ultrasound[J]. Ultrasound in Medicine & Biology, 28(1): 1-18.

Dyer I, 1970. Statistics of sound propagation in the ocean[J]. The Journal of the Acoustical Society of America, 48(1B): 337-345.

Elvira-Segura L, 2000. Acoustic wave dispersion in a cylindrical elastic tube filled with a viscous liquid[J]. Ultrasonics, 37(8): 537-547.

España A L, Williams K L, Plotnick D S, et al, 2014. Acoustic scattering from a water-filled cylindrical shell: measurements, modeling, and interpretation[J]. The Journal of the Acoustical Society of America, 136(1): 109-121.

Everstine G C, 1997. Finite element formulatons of structural acoustics problems[J]. Computers & Structures, 65(3): 307-321.

Everstine G C, Henderson F M, 1990. Coupled finite element/boundary element approach for fluid–structure interaction[J]. The Journal of the Acoustical Society of America, 87(5): 1938-1947.

Faran jr J J, 1951. Sound scattering by solid cylinders and spheres[J]. The Journal of the Acoustical Society of America, 23(4): 405-418.

Fischer M, Gauger U, Gaul L, 2004. A multipole Galerkin boundary element method for acoustics[J]. Engineering Analysis with Boundary Elements, 28(2): 155-162.

Flax L, Neubauer W G, 1977. Acoustic reflection from layered elastic absorptive cylinders[J]. The Journal of the Acoustical Society of America, 61(2): 307-312.

Graves R W, 1996. Simulating seismic wave propagation in 3D elastic media using staggered-grid finite differences[J]. Bulletin of the Seismological Society of America, 86(4): 1091-1106.

Gunda R, 2008. Boundary element acoustics and the fast multipole method (FMM)[J]. Sound and Vibration, 42(3): 12-16.

Guo W, Li T, Zhu X, et al, 2017. Vibration and acoustic radiation of a finite cylindrical shell submerged at finite depth from the free surface[J]. Journal of Sound and Vibration, 393: 338-352.

Harari I, Magoulès F, 2004. Numerical investigations of stabilized finite element computations for acoustics[J]. Wave Motion, 39(4): 339-349.

Hasegawa T, Hino Y, Annou A, et al, 1993. Acoustic radiation pressure acting on spherical and cylindrical shells[J]. The Journal of the Acoustical Society of America, 93(1): 154-161.

Higdon R L, 1987. Numerical absorbing boundary conditions for the wave equation[J]. Mathematics of Computation, 49(179): 65-90.

Huang Z, Zheng H, Guo L, et al, 2020. Influence of the position of artificial boundary on computation accuracy of conjugated infinite element for a finite length cylindrical shell[J]. Acoustics Australia, 48(2): 287-294.

Hughes T J R, 2012. The Finite Element Method: Linear Static and Dynamic Finite Element Analysis[M]. North Chelmsford, MA: Courier Corporation.

Ihlenburg F, 2006. Finite Element Analysis of Acoustic Scattering[M]. Berlin: Springer Science & Business Media.

Jensen J A, 1996. Field: a program for simulating ultrasound systems[C]. 10th Nordic-Baltic Conference on Biomedical Imaging Published in Medical & Biological Engineering & Computing, 34: 351-353.

Jensen J A, Svendsen N B, 1992. Calculation of pressure fields from arbitrarily shaped, apodized, and excited ultrasound transducers[J]. IEEE Trans. Ultrason., Ferroelec., Freq. Contr., 39: 262-267.

Ji C, Zhao D, 2014. Lattice Boltzmann investigation of acoustic damping mechanism and performance of an in-duct circular orifice[J]. The Journal of the Acoustical Society of America, 135(6): 3243-3251.

Johnson W M, Cunefare K A, 2002. Structural acoustic optimization of a composite cylindrical shell using FEM/BEM[J]. J. Vib. Acoust., 124(3): 410-413.

Joshi S G, Jin Y, 1991. Propagation of ultrasonic Lamb waves in piezoelectric plates[J]. Journal of Applied Physics, 70(8): 4113-4120.

Julian B R, Gubbins D, 1977. Three-dimensional seismic ray tracing[J]. Journal of Geophysics, 43(1): 95-113.

Kaltenbacher B, Thalhammer M, 2018. Fundamental models in nonlinear acoustics part I. Analytical comparison[J]. Mathematical Models and Methods in Applied Sciences, 28(12): 2403-2455.

Keefe D H, 1984. Acoustical wave propagation in cylindrical ducts: Transmission line parameter approximations for isothermal and nonisothermal boundary conditions[J]. The Journal of the Acoustical Society of America, 75(1): 58-62.

Kirkup S M, 2007. The Boundary Element Method in Acoustics[M]. Integrated Sound Software.

Klepka A, Staszewski W J, Jenal R B, et al, 2012. Nonlinear acoustics for fatigue crack detection–experimental investigations of vibro-acoustic wave modulations[J]. Structural Health Monitoring, 11(2): 197-211.

Kundu T, 2018. Nonlinear Ultrasonic and Vibro-Acoustical Techniques for Nondestructive Evaluation[M]. Berlin: Springer.

Kurkjian A L, Chang S K, 1986. Acoustic multipole sources in fluid-filled boreholes[J]. Geophysics, 51(1): 148-163.

Lafleur L D, Shields F D, 1995. Low-frequency propagation modes in a liquid-filled elastic tube waveguide[J]. The Journal of the Acoustical Society of America, 97(3): 1435-1445.

Lallemand P, Luo L S, 2003. Theory of the lattice Boltzmann method: Acoustic and thermal properties in two and three dimensions[J]. Physical Review E, 68(3): 036706.

Langlet P, Hladky-Hennion A C, Decarpigny J N, 1995. Analysis of the propagation of plane acoustic waves in passive periodic materials using the finite element method[J]. The Journal of the Acoustical Society of America, 98(5): 2792-2800.

Lee J H, Kim J, 2003. Study on sound transmission characteristics of a cylindrical shell using analytical and experimental models[J]. Applied Acoustics, 64(6): 611-632.

Lee M W, Balch A H, 1982. Theoretical seismic wave radiation from a fluid-filled borehole[J]. Geophysics, 47(9): 1308-1314.

Leung R C K, So R M C, Kam E W S, et al, 2006. An Attempt to Calculate Acoustic Directivity Using LBM[C]. 12th AIAA/CEAS Aeroacoustics Conference (27th AIAA Aeroacoustics Conference): 2574.

Li Y, Shan X, 2011. Lattice Boltzmann method for adiabatic acoustics[J]. Philosophical Transactions of the Royal Society A: Mathematical, Physical and Engineering Sciences, 369(1944): 2371-2380.

Liu Y, 2013. Globally optimal finite-difference schemes based on least squares[J]. Geophysics, 78(4): T113-T132.

Liu Y, 2014. Optimal staggered-grid finite-difference schemes based on least-squares for wave equation modelling[J]. Geophysical Journal International, 197(2): 1033-1047.

Liu Y, Sen M K, 2011. Scalar wave equation modeling with time–space domain dispersion-relation-based staggered-grid finite-difference schemes[J]. Bulletin of the Seismological Society of America, 101(1): 141-159.

Malyarenko E V, Hinders M K, 2001. Ultrasonic Lamb wave diffraction tomography[J]. Ultrasonics, 39(4): 269-281.

Marburg S, Nolte B, 2008. Computational Acoustics of Noise Propagation in Fluids: Finite and Boundary Element Methods[M]. Berlin: Springer.

Mittleman J, Thompson R B, Roberts R, 1992. Ultrasonic scattering from anisotropic shells[J]. Review of Progress in Quantitative Nondestructive Evaluation, 1113: 89-96.

Moroney R M, White R M, Howe R T, 1991. Microtransport induced by ultrasonic Lamb waves[J]. Applied Physics Letters, 59(7): 774-776.

Munk W H, 1974. Sound channel in an exponentially stratified ocean, with application to SOFAR[J]. The Journal of the Acoustical Society of America, 55(2): 220-226.

Nazarov V E, Ostrovsky L A, Soustova I A, et al, 1988. Nonlinear acoustics of micro-inhomogeneous media[J]. Physics of the Earth and Planetary Interiors, 50(1): 65-73.

Ondet A M, Barbry J L, 1989. Modeling of sound propagation in fitted workshops using ray tracing[J]. The Journal of the Acoustical Society of America, 85(2): 787-796.

Perot F, Freed D, 2013. Acoustic absorption of porous materials using LBM[C]. 19th AIAA/CEAS Aeroacoustics Conference, Germany: 2070.

Petyt M, Lea J, Koopmann G H, 1976. A finite element method for determining the acoustic modes of irregular shaped cavities[J]. Journal of Sound and Vibration, 45(4): 495-502.

Porter M B, Bucker H P, 1987. Gaussian beam tracing for computing ocean acoustic fields[J]. The Journal of the Acoustical Society of America, 82(4): 1349-1359.

Rafat Y, Habibi K, Mongeau L, 2013. Direct numerical simulations of acoustic streaming in standing wave tubes using the lattice Boltzmann method[C]. Proceedings of Meetings on Acoustics ICA2013, Acoustical Society of America, 19(1): 045006.

Robinson B S, Greenleaf J F, 1986. The scattering of ultrasound by cylinders: Implications for diffraction tomography[J]. The Journal of the Acoustical Society of America, 80(1): 40-49.

Schubert L K, 1972. Numerical study of sound refraction by a jet flow. I. Ray acoustics[J]. The Journal of the Acoustical Society of America, 51(2A): 439-446.

Shen L, Liu Y J, 2007. An adaptive fast multipole boundary element method for three-dimensional acoustic wave problems based on the Burton—Miller formulation[J]. Computational Mechanics, 40(3): 461-472.

Sinai J, Waag R C, 1988. Ultrasonic scattering by two concentric cylinders[J]. The Journal of the Acoustical Society of America, 83(5): 1728-1735.

Singh A K, Chen B Y, Tan V B C, et al, 2017. Finite element modeling of nonlinear acoustics/ultrasonics for the detection of closed delaminations in composites[J]. Ultrasonics, 74: 89-98.

Song H, Cho C, Hodgkiss W, et al, 2018. Underwater sound channel in the northeastern East China Sea[J]. Ocean Engineering, 147(01): 370-374.

Stinson M R, 1991. The propagation of plane sound waves in narrow and wide circular tubes, and generalization to uniform tubes of arbitrary cross-sectional shape[J]. The Journal of the Acoustical Society of America, 89(2): 550-558.

Thompson L L, 2006. A review of finite-element methods for time-harmonic acoustics[J]. The Journal of the Acoustical Society of America, 119(3): 1315-1330.

Viggen E M, 2013. Acoustic multipole sources for the lattice Boltzmann method[J]. Physical Review E, 87(2): 023306.

Virieux J, 1986. P-SV wave propagation in heterogeneous media: Velocity-stress finite-difference method[J]. Geophysics, 51(4): 889-901.

Wang G, Cui X Y, Liang Z M, et al, 2015. A coupled smoothed finite element method (S-FEM) for structural-acoustic analysis of shells[J]. Engineering Analysis with Boundary Elements, 61: 207-217.

Weinberg H, Burridge R, 1974. Horizontal ray theory for ocean acoustics[J]. The Journal of the Acoustical Society of America, 55(1): 63-79.

Wrobel L C, 2002. The Boundary Element Method, Volume 1: Applications in Thermo-Fluids and Acoustics[M]. New York: John Wiley & Sons.

Wu P, Bai L, Lin W, et al, 2017. Stability of cavitation structures in a thin liquid layer[J]. Ultrasonics Sonochemistry, 38: 75-83.

Wu P, Bai L, Lin W, et al, 2018. Mechanism and dynamics of hydrodynamic-acoustic cavitation (HAC)[J]. Ultrasonics Sonochemistry, 49: 89-96.

Wu T W, 2000. Boundary Element Acoustics: Fundamentals and Computer Codes[M]. Southampton UK: Wit Press/Computational Mechanics.

Yamamoto H, Tabei M, Ueda M, 1990. Acoustic ray tracing in discrete wave velocity by deploied triangle[J]. Trans. Inst. Electron. Inf. Commun. Eng. A J73-A: 1187-1195.

Yang L, Yan H, Liu H, 2014. Least squares staggered-grid finite-difference for elastic wave modelling[J]. Exploration Geophysics, 45(4): 255-260.

Zeng Y Q, Liu Q H, 2001. A staggered-grid finite-difference method with perfectly matched layers for poroelastic wave equations[J]. The Journal of the Acoustical Society of America, 109(6): 2571-2580.

Zhou C, 2017. Ray tracing and modal methods for modeling radio propagation in tunnels with rough walls[J]. IEEE Transactions on Antennas and Propagation, 65(5): 2624-2634.

Zhou Q, Joseph P F, 2005. A numerical method for the calculation of dynamic response and acoustic radiation from an underwater structure[J]. Journal of Sound and Vibration, 283(3-5): 853-873.